JN333641

ポスト京都議定書を
巡る多国間交渉

規範的アイデアの衝突と調整の政治力学

角倉一郎 Ichiro Sumikura

法律文化社

はしがき

　「いかなる状況，そしていかなる条件の下でも京都議定書第2約束期間には参加しない。……第2約束期間の設定を盛り込んだいかなる決定案にも賛成しない」。気候変動問題への対応に関する2010年のカンクン会議冒頭の日本政府代表団のこの発言は，EUや途上諸国の強い反発を招いた。議論の趨勢が京都議定書第2約束期間設定に傾く中，京都議定書第2約束期間設定反対論を最も強く展開し，一部の先進国のみに排出削減義務を課す京都議定書に代えて，米中を含むすべての主要国を対象とした包括的な国際枠組の構築を主張したのが日本であった。

　本書は，京都議定書第2約束期間設定反対という日本の主張の柱の一つが，なぜ最終合意に反映されなかったのかという問題意識から出発したものであり，2007年から本格的な交渉がスタートし，2009年のコペンハーゲン会議，2010年のカンクン会議を経て，2011年のダーバン会議で大枠について合意が成立した，いわゆるポスト京都議定書を巡る一連の多国間交渉を対象としたものである。また本書は，筆者自身が2009年のコペンハーゲン会議に参加したことから得られた臨場感など独自の視点を踏まえて内外の公開資料を幅広く収集した上で，これらの公開資料に基づき一連の多国間交渉の過程を日を追って再現し，詳細な事例研究と明快な理論的分析によって，多国間交渉を左右する政治力学に関する新しい知見の提供を試みたものである。国際レジーム論や多国間交渉の理論的側面に関心のある方々のみならず，ポスト京都議定書を巡る一連の多国間交渉が具体的にどのような過程を辿って展開したのかに関心のある方々にとっても，本書が一定の意義のある歴史的記録と分析を提供するものとなれば幸いである。なお，本書の内容は，筆者の所属組織の見解を代表するものではなく，あくまでも筆者の個人的な見解であることを申し添えたい。

　本書の基になる原稿は，政策研究大学院大学に提出した博士論文（「ポスト京都議定書を巡る多国間交渉：規範的アイデアの衝突と調整の政治力学」）として執筆した。本書はそれを大幅に縮約し，加筆修正したものである。

本書を脱稿するに当たり、政策研究大学院大学の飯尾潤教授、そして、同志社大学の大矢根聡教授に、何にもましてまず感謝の意を表したい。飯尾教授には指導教官として、事例研究の方法論はもとより、論文作成のイロハについても懇切丁寧に御指導いただいた。また、飯尾教授からは、行政官が陥りがちな方法論上の誤りや見落としがちな視点について、論文の構想段階から執筆の段階までの要所要所で御指摘いただき、目から鱗が落ちること度々であった。大矢根教授には、博士論文の出版を勧めていただいただけでなく、論文の執筆から出版に至るまで貴重な御指導御助言を数多くいただいた。大矢根教授の御指導御助言がなければ本書の出版は到底実現しなかったものであり、衷心より感謝の意を表したい。また、本書の基となった博士論文の執筆に当たっては、政策研究大学院大学の大山達雄教授、白石隆教授、恒川惠市教授、増山幹高教授、そして首都大学東京の山田高敬教授（現在、名古屋大学）から、貴重な御助言を数多く賜った。深く感謝申し上げたい。

　また、筆者の学部生時代の恩師である故佐藤誠三郎東京大学名誉教授と英国インペリアル・カレッジ留学時代の恩師である Richard Macrory 教授（現在、ユニヴァーシティ・カレッジ・ロンドン）にも改めて感謝申し上げたい。両教授に御指導いただいた基礎がなければ、本書の基となった博士論文を仕上げることは到底できなかったと思われる。

　感謝の意を表したい方々はこのほかにもまだまだ多い。一人一人の名前を挙げ、感謝の意を表したいところであるが、限られた紙幅の制約上、多くの方々には、本書出版の報告とともに感謝の意を表させていただくこととしたい。

　本書をとりまとめるに当たり、法律文化社編集部の小西英央氏に大変お世話になった。小西氏の御尽力と暖かい御配慮によって本書は上梓が可能となったものであり、この場を借りて深く感謝申し上げたい。

　　　2015年10月

　　　　　　　　　　　　　　　　　　　　　　　　　　　　筆　者

目　次

はしがき

第1章　理論的枠組 ―― 1
　第1節　はじめに：問題意識と問い　1
　第2節　関連する先行研究　3
　第3節　分析枠組　14

第2章　ポスト京都議定書を巡る多国間交渉の背景と構造 ―― 30
　第1節　気候変動レジームの概要　30
　第2節　気候変動レジームの動揺　33
　第3節　ポスト京都議定書を巡る多国間交渉の構造　37
　第4節　多様な交渉グループによる多国間交渉の展開　40

第3章　コペンハーゲン会議（2009年）の攻防 ―― 47
　　　　　：歴史的な成果を期待された会議
　第1節　コペンハーゲン会議の前哨戦　47
　第2節　コペンハーゲン会議の開幕と2トラックでの合意を目指した
　　　　　交渉の挫折　50
　第3節　首脳級によるハイレベル交渉の急展開とコペンハーゲン合意の
　　　　　採択失敗　64
　第4節　分　析：主な規範的アイデアの衝突と調整　70

第4章　カンクン会議（2010年）の攻防 ―― 83
　　　　　：ダーバンへの道筋
　第1節　コペンハーゲン会議後の議論の展開：カンクン会議の前哨戦　83

第2節　カンクン会議の開幕：協調ムードの中の相互牽制　85
第3節　事務レベル協議の攻防と相互牽制　87
第4節　ハイレベル協議の開始と合意への始動　100
第5節　カンクン合意の成立：プロセスとバランスの成果　103
第6節　分　析：主な規範的アイデアの衝突と調整　109

第5章　ダーバン会議（2011年）の攻防 ―――― 122
　　　　：ポスト京都議定書の基本合意の成立

第1節　ダーバン会議前夜までの状況：複雑に絡み合う2つの争点　122
第2節　ダーバン会議の開幕：京都議定書を人質にとったEUの攻勢　124
第3節　平行線を辿る事務レベル協議　126
第4節　ハイレベル協議の開始　131
第5節　法的拘束力を巡る土壇場の攻防とダーバン合意の成立　138
第6節　分　析：主な規範的アイデアの衝突と調整　146

第6章　規範的アイデアの衝突と調整の政治力学 ―――― 161

第1節　規範的アイデアの妥当性の作用　161
第2節　規範的アイデアの妥当性と他の要因との相関　180
第3節　3つの事例の比較分析と結論　192
第4節　おわりに　198

主要参考文献　211
索　　引　229

略語一覧

ALBA	米州ボリバル同盟諸国(ベネズエラ, キューバ, ボリビア, ニカラグア等)
AOSIS	小島嶼諸国連合(ツバル, フィジー, モルディブ, グレナダなど)
AWG-KP	京都議定書の下での附属書Ⅰ国の更なる約束に関する特別作業部会
AWG-LCA	気候変動枠組条約の下での長期的協力の行動のための特別作業部会
BASIC	中国, インド, ブラジル及び南アフリカの4か国からなる交渉グループ
BAU	特段の追加的な排出削減対策を講じなかった場合のなりゆきケース
CMP	京都議定書締約国会合
COP	気候変動枠組条約締約国会議
EIG	環境十全性グループ(スイス, 韓国, メキシコなど)
EU	欧州連合
ICA	国際的な協議・分析
IEA	国際エネルギー機関
IPCC	気候変動に関する政府間パネル
LDC	後発開発途上国
MRV	測定・報告・検証
UNFCCC	気候変動枠組条約又は同条約事務局
附属書Ⅰ国	気候変動枠組条約附属書Ⅰに掲載されている国々(主として先進諸国)

図表一覧

[図]

図1-1	妥当性の要因と他の要因との相関	19
図2-1	世界のエネルギー起源二酸化炭素排出量（2007年）に占める京都議定書義務付け対象の割合	35
図3-1	コペンハーゲン会議で提唱された主な規範的アイデアの対立構造	71
図4-1	カンクン会議で提唱された主な規範的アイデアの対立構造	110
図5-1	ダーバン会議で提唱された主な規範的アイデアの対立構造	147
図6-1	世界のエネルギー起源CO_2排出量（2009年）	182

[表]

表1-1	妥当性要求の3要素	18
表2-1	気候変動枠組条約締約国194か国の京都議定書上の位置づけ（2009年12月時点）	32
表3-1	コペンハーゲン合意案のポイント	67
表4-1	カンクン合意のポイント	108
表5-1	*The Bigger Picture*（2011年12月6日火曜日14時25分版）の概要	137
表5-2	Nkoana-Mashabane 議長案（2011年12月9日金曜日午前8時版）（抄）	139
表5-3	Nkoana-Mashabane 議長案（2011年12月9日金曜日午後11時版）（抄）	140
表5-4	Nkoana-Mashabane 議長案（2011年12月10日土曜日版）（抄）	142
表5-5	法的拘束力を巡る文言の変遷	143
表5-6	ダーバン合意の概要	145
表6-1	コペンハーゲン会議における主な規範的アイデアの妥当性	162
表6-2	カンクン会議における主な規範的アイデアの妥当性	168
表6-3	ダーバン会議における主な規範的アイデアの妥当性	174
表6-4	コペンハーゲン会議における主な規範的アイデアの妥当性の要因と他の要因	186
表6-5	カンクン会議における主な規範的アイデアの妥当性の要因と他の要因	188
表6-6	ダーバン会議における主な規範的アイデアの妥当性の要因と他の要因	191

第1章
理論的枠組

第1節　はじめに：問題意識と問い

　気候変動問題は，人間活動に伴って発生する二酸化炭素などの温室効果ガス[1]が大気中の温室効果ガス濃度を増加させることにより，地球全体の地表及び大気の温度を追加的に上昇させ，自然の生態系及び人類社会に深刻な影響を及ぼすものであり，その予想される影響の大きさや深刻さからみて，人類の生存基盤に関わる最も重要な環境問題の1つであるとされている。[2]気候変動問題への国際社会の対応に関しては，「気候変動に関する国際連合枠組条約」（気候変動枠組条約）が1992年に採択され1994年に発効するとともに，同条約の下，温室効果ガスの排出削減を先進諸国に対して義務付けた「気候変動に関する国際連合枠組条約の京都議定書」（京都議定書）が1997年に採択され2005年に発効するなど，少しずつ取組が前に進められてきたところである。

　そして，京都議定書に基づき先進諸国に排出削減義務が課せられている期間である京都議定書第1約束期間（2008年〜2012年）終了後の国際枠組（ポスト京都議定書）[3]の在り方については，2007年のバリ会議（気候変動枠組条約第13回締約国会議（COP13）・京都議定書第3回締約国会合（CMP3））で採択されたバリ行動計画[4]を受けて本格的な多国間交渉がスタートし，2011年末に開催されたダーバン会議（COP17・CMP7）[5]においてダーバン合意が採択され，気候変動問題への対応を巡る国際交渉は次の段階に進むこととなった。[6][7]

　ポスト京都議定書を巡る一連の多国間交渉において日本は，世界全体の二酸化炭素排出量の約3割しかカバーしていない京都議定書は実効性に欠けることを理由として，京都議定書第2約束期間の設定に反対するとともに，米国や新興諸国（中国，インド等）も含めた全ての主要国を対象とした法的拘束力のある

包括的な新たな国際枠組を構築すべきであるとの主張を展開した。しかしながら，2011年のダーバン合意においては京都議定書第2約束期間を設定することが盛り込まれる結果となった。その一方で，一連の多国間交渉の過程で大多数の国々の支持を集めたのは，米国，そしてEUの提案であった。

こうした中で本書の問題意識は，世界全体の温室効果ガスの排出削減という観点からはもっとも実効性が高いと思われる日本の提案ではなく，なぜ米国やEUの提案を軸に合意形成が図られたのかという点である。本書の分析において類書にない新しさがあるとすれば，次の3点である。

第1に，ポスト京都議定書を巡る多国間交渉について，単にその結果を分析するのではなく，各国・各交渉グループの発言内容にまで遡って，その主張と駆け引きの展開を詳細に追い，その全体像を包括的に明らかにしている点である。ポスト京都議定書を巡る一連の多国間交渉については，各会合の議論の概要が公開されているだけでなく，主要な会合における実際の議論の応酬も動画記録がweb上で公開されており，会合終了後も視聴可能であった。また，主要各国の交渉ポジションに関する公式文書は公開されており，交渉参加者による詳細な会議参加報告も多数公開されている。本書は，公開されているこうした豊富な一次資料を基に，交渉の展開を再現している。

第2に，ポスト京都議定書を巡る一連の多国間交渉の経緯と結果を一貫性をもって説明し得る視点として，温室効果ガスの排出削減に関してどの国がどのような責任を負うべきかという規範を巡る政策アイデア（規範的アイデア）の作用に着目し，この概念レンズを通じてコンストラクティヴィズムや規範研究，国際レジーム論等に関する先行研究も踏まえて分析を行っている点である。気候変動問題を巡る多国間交渉に関する先行研究においては，しばしばパワーや経済的利益の要因，あるいはリーダーシップ論などの交渉の要因に着目して分析が行われている。しかしながら本書は，ポスト京都議定書を巡る多国間交渉を規範的アイデアの衝突と調整という観点から捉え，なぜいずれの規範的アイデアが優位になり，他はそうならなかったのかの政治力学について，規範的アイデアの妥当性の作用に着目して分析を行った。

第3に，規範的アイデアの妥当性の作用のみでは説明できない事項がある点に留意し，規範的アイデアを中心的な概念レンズとして用いながらも，アイデ

ア還元論的な分析ではなく，国際関係におけるパワーや経済的利益の要因などの他の要因の作用にも着目して総合的な分析を行っている点である。これにより，ポスト京都議定書を巡る一連の多国間交渉について，より厚みのある説明を試みたものとなっている。

以下では，関連する先行研究について検討を行い，その成果を踏まえた上で，本書における分析枠組を提示することとしたい。

第2節　関連する先行研究

ポスト京都議定書を巡る多国間交渉において様々な主張や提案が衝突し，合意を目指して調整が図られる中で，なぜいずれの主張や提案が優位になり，他はそうならないのかという本書の主題を直接扱った先行研究はないものの，本書の関心事項の各側面に関連する様々な分析がこれまでなされてきている。以下ではこれらの先行研究について概観することとしたい。

第1項　国際レジームの形成・維持・発展における規範の作用に関する先行研究

国際レジームの形成・維持・発展の要因としては，通常，パワーの要因，経済的利益の要因，規範や知識などの観念的な要因が指摘されている[10]。そして，地球環境問題については，規範の要因が特に強く作用することが指摘されており，先行研究においては，IPCC（気候変動に関する政府間パネル）などの科学的知見を踏まえた地球環境保全が望ましいとする一般的な規範が各アクターに大きな影響を及ぼしたことが明らかにされている[12]。

こうした中で，アクターが提唱する規範的アイデアによって国際レジームが形成され，維持，変化する側面に着目して，規範の対立という観点も含めて，国際レジームの形成・維持・発展における規範の作用に関して分析視角を提示しているのが山本である[13]。山本は，国際レジームの包括的な定義として，Krasnerによる「暗黙の，あるいは明白な原則，規範，ルール，そして意思決定手続のセットであり，それを中心として国際関係の特定の分野において行為者の期待が収斂していくもの」という定義を紹介した上で[14]，国際レジームの規

範に取り込まれる前の規範は個別の主体によって保持されているものであり，それが主体間にどのくらい共有されているか（すなわち，どれくらい間主観性（intersubjectivity）を獲得しているか）は様々なレベルが存在し，通常は主体間で全く共有されていない場合と完全に共有されている場合の中間にあるため，部分的に規範を共有する主体がコミュニケイションや説得，討議のプロセスを通じて相互作用しつつ国際レジームが形成されると指摘している。そして，規範が一定の目的や政治的な実践のために構成されることがあり，もし規範をこのような機能に着目して捉えるとすれば，国際レジームの形成・維持・発展過程において，それぞれの主体（の連合）が提唱する規範が衝突する場面が出現すると指摘している。

　また，レジームの外で形成・受容された規範が国際レジームの中に取り込まれていくという規範の制度化の分析視角を気候変動レジームの形成・維持・発展に当てはめて分析したのが渡邉である[15]。渡邉は，気候変動レジームの形成・維持・発展過程は，規範企業家による規範的アイデア（規範的主張）が枠組条約としての制度化を通じて規範性を獲得し，各国へと浸透していく「規範の浸透」としてある程度説明ができるとしている。その上で渡邉は，各規範起業家の当初の規範的アイデアがそのままの形で制度化されるわけではなく，特に制度化の過程では複数の規範的アイデアの対立・調整が問題となると指摘し，気候変動枠組条約を介した制度化の過程における規範の作用を，①規範的アイデアの作用と，②気候変動枠組条約の一要素として既に制度化された規範の作用の二つに分けて捉えることが必要であるとしている。

　本書の主題との関係で山本や渡邉の指摘で特に重要な点は次の2点である。第1に，規範の作用を論じるに当たっては，①国際レジームの一要素として制度化された規範の作用と，②国際レジームの一要素としてまだ制度化されておらず各アクターの規範的アイデア（規範的主張）にとどまっている規範の作用とを区別して捉える必要があると指摘している点である。第2に，規範的アイデアの作用に関しては，国際レジームの形成・維持・発展を巡って各アクターが相互に対立・競合する規範的アイデアをそれぞれ提唱する場合において，各規範的アイデアが相互作用しつつ，国際レジームは形成・維持・発展するとの分析視角を提示している点である。

その一方で，山本や渡邉も，国際レジームの形成・維持・発展において相対立・競合する規範的アイデアが提唱されている場合において，なぜいずれの規範的アイデアが優位に立ち，他はそうならないのかの政治力学については必ずしも十分に分析対象とはしていない。そこで以下ではこの点に関連する先行研究について概観することとしたい。

第2項　国際規範の形成過程における規範の競合の政治力学に関する先行研究

国際関係における規範の変動の局面において相競合する様々な規範の中で，なぜいずれかの規範が優位になり（すなわち国際規範として確立し），他はそうならないのかに関する政治力学を正面から扱った先行研究としては，Florini の論考を挙げることができる[16]。Florini は，進化論における自然淘汰の比喩を用いて，複数の規範が競合する状況を規範のプール（norm pool）になぞらえ，新たに登場した規範がこのプールの中での生存競争で生き残り，既存の規範にとって代わる形で国際的な影響力を発揮するに至るためには，①当該規範が規範のプールの中において橋頭堡を築けるだけの顕著さ（prominence）を有していること，②先行規範との整合性（coherence）を有するものであること，そして③当該規範の生き残りにとって有利な外部環境（environment）が存在することの三つの条件を全て満たす必要があると指摘している。

Florini は第1に，ある規範が顕著さを獲得するためには，当該規範の国際的な定着に向けた規範企業家（norm entrepreneurs）による熱心な努力が必要であり，当該規範企業家が大国（powerful state）であればあるほど，当該規範の顕著さは増すと指摘している。第2に，先行規範との整合性に関しては，新たな規範は数多くの先行規範が既に存在する規範のプールの中で登場するものであるため，その生き残りのためにはこれらの先行規範と整合性のとれたものであることが必要であり[17]，先行規範との整合性が高い規範ほど正統性の高い規範として生き残りの可能性が高くなると指摘している。そして，国際交渉の大半は，新たな規範（specific potential new norms）を，先行規範の枠組（existing normative framework）の拡充として許容することが可能かどうかという点に関する国際交渉にほかならないと指摘している。第3に Florini は，新たな規範

の生き残りにとって有利な国際環境（各国間の力関係や技術進歩など）の存在を指摘している。例えば，Floriniは，軍事面の透明性確保規範を例に挙げ，イラクによる秘密裏の大量破壊兵器の開発といった国際的な事件や，他国の軍事情報の入手に関する様々な科学技術の発展などが，軍事面の透明性確保規範が影響力を発揮する上で有利な国際環境として作用したと指摘している。そしてFloriniは，新たな規範として選択される規範は上記3条件を全て満たす規範であり，当該規範が，他国による模倣（emulation）のプロセスを通じて国際的な広がりをみせ，国際規範としての地位を獲得することとなると述べている。

一方，規範が誕生し国際規範として確立するに至る一連の過程を規範のライフサイクルとして捉え，その各段階に分けて規範の競合に関する政治力学を分析しているのがFinnemoreとSikkinkである。[18] FinnemoreとSikkinkは，規範が国際政治における影響力を発揮するに至る規範のライフサイクルを，①規範の登場（norm emergence），②規範の連鎖的な広がり（norm cascade），③規範の国際化（internationalization）の3段階の過程に分類している。この一連の過程において特に重要なのは①の段階から②の段階への移行であり，この移行が生じるための条件として，当該規範が臨界点（tipping point）を超えることが必要であるとし，この臨界点のメルクマールとして，概ね3分の1以上の関係国が当該規範を支持し，かつ，当該国がなくてはその規範が国際規範として意味をなさない重要な国が当該規範を支持するようになることの2つを挙げている。そして，この臨界点を乗り越えるためには，規範企業家（norm entrepreneurs）による説得（persuasion）が重要な役割を果たすと指摘している。

FinnemoreとSikkinkは，全ての規範がこのライフサイクルを全うするわけではない（すなわち多くの規範が①の段階から②の段階への移行に失敗する）ことを指摘した上で，様々な規範が競合する中でいずれの規範が国際的な影響力を発揮するに至るかについて，2つの仮説的要因を提示している。第1の要因は，当該規範の顕著さ（prominence）であり，当該規範を提唱している国が国際社会において成功を収め，好ましいモデルと目されている国であればあるほど，当該規範は国際的な影響力を発揮しやすいと指摘している。第2の要因は，当該規範の本質的な特徴（intrinsic characteristics）であり，この要因はさらに形式面の特徴と実質面の特徴の2つに分けて捉えられている。形式面の特徴とし

ては，明確で特定しやすい規範であればあるほど，国際的な影響力を発揮しやすいと指摘されている。また，実質面の特徴としては，特に国際法の分野に関連して，先行規範との近接性（adjacency）が高い規範ほど国際的な影響力を発揮しやすいと指摘している。さらに Finnemore と Sikkink は，説得（persuasion）のプロセスを通じて，主観的なアイデアが間主観性を有する規範になると指摘しつつ，相競合する規範的主張（normative claims）がある場合，この説得のプロセスにおいていずれの規範的主張が優位に立つかについては，法律学のアプローチに基づき当該規範の先行規範との整合性を強調する見解と，心理学のアプローチに基づき主観的要因（共感など）も重要視する見解の２つがあることを紹介しつつ，いずれの見解が妥当かについてはさらに検証が必要であり，今後の課題であると指摘している。

　相競合する規範の中で，いずれの規範が優位になり，他はそうならないのかを左右する要因に関する Florini の議論と Finnemore と Sikkink の議論は，特に規範の顕著さ（大国が提唱しているものかどうか等）や先行規範との整合性を重要な要因として挙げている点において共通する部分が大きいといえる。その一方で Florini の議論と Finnemore と Sikkink の議論が大きく異なる点は，前者の議論においては，規範のライフサイクルの段階ごとの違いに着目することなく，規範が一定の要件を満たせば模倣（emulation）のプロセスを通じて規範が国際化すると述べるにとどまっている一方，後者の議論においては，規範が登場してから国際規範化するまでの各ライフサイクルの段階ごとで，規範の競合の政治力学は異なったものとなると指摘し，「規範の登場」段階においては「説得」（persuasion）が果たす役割が大きい指摘している点である。

　また，Florini の議論や Finnemore と Sikkink の議論において共通する点は，両者とも規範の「競合」に力点を置きつつ，競合規範間の「調整」については正面から分析対象とされていないことである。これに対して，先行規範と挑戦規範の衝突と調整という観点から，競合規範間の相互作用を正面から捉えた分析視角を提示している先行研究として，大矢根の論考を挙げることができる。大矢根は，規範を巡る国際関係に関し，①規範がアクターに作用する側面と，②規範がアクターの行動によって形成され，維持，変化する側面を区別した上で，後者の側面は，アクターが特定の理念やその修正構想を提起し，それ

らが広範な関係者の間主観的意味へと発展してゆく，又は，アクターが既存の間主観的意味を肯定し続け，その変化を防ぐ過程として捉えることができるとしている。また，規範の形成，変化は，通常は先行規範と競合しながら実現し，規範の維持もまた新たな規範の挑戦を退けてこそ可能になると指摘しており，規範の形成，維持，変化は，先行規範と挑戦規範の衝突と調整の結果変数であるとの分析視角を提示している。こうした規範を巡る政治力学の分析に当たっては，関係アクターによる規範の受容，提起などが鍵となるため，物理的影響力の行使にもまして説得や討議のプロセスが重要であると指摘している。

　本項で紹介した以上の先行研究を踏まえれば，ポスト京都議定書を巡る多国間交渉における規範的アイデアの衝突と調整の政治力学を考える上では，各規範的アイデアの顕著さ（大国が提唱しているものかどうか等）や先行規範との整合性も重要な要因として取り扱うことが重要であると考えられる。その際，特に説得のプロセスに着目して分析を行うことが重要であると考えられる。

第3項　政策アイデアの衝突と調整の政治力学に関する先行研究

　ポスト京都議定書を巡る多国間交渉における各国の主張の争いは，将来のあるべき国際規範の在り方に関するアイデア論争という意味において，政策アイデアの衝突と調整という側面からも捉えることができる。そして，アイデア論争という観点から国際交渉を捉え，その政治力学を分析した先行研究として，大矢根の論考を挙げることができる[20]。大矢根は，「政策アイデア」を「政策の立案，変更などに自律的影響力をもつような知的要素，具体的には理念，着想，知見などを指す[21]」と定義した上で，日米及び米韓の半導体交渉の事例について，単に経済的利益を巡る関係者のパワー・ゲームとしてではなく，伝統的な自由貿易主義に基づく政策アイデアと数値目標的な市場開放を求める政策アイデアとの間のアイデア論争と捉え[22]，この政策アイデアの自律的作用に着目して分析を行っている。

　また，国内政治に関するものであるが，政策アイデアの競合の政治力学を正面から捉えて分析しているのが Kingdon である[23]。Kingdon は，政策の専門家からなる政策コミュニティの中で多種多様な数多の政策アイデアが浮遊している状況を政策の原始スープ（policy primeval soup）になぞらえ，この政策の原

始スープの中で各政策アイデアが相互に競合・衝突し様々な政策アイデアの要素の組み直し（recombination）を通して変化・発展を繰り返し，最終的には少数の政策アイデアのみが有望な政策アイデアとして浮上することとなると指摘している。そして，この政策アイデアの生存競争においては，政治的な権力や影響力，圧力などの要因に加え，当該政策アイデアの内容自体も重要な意味を持つと指摘した上で，政策アイデアの生き残りの条件として，①実現可能性（technical feasibility），②政策コミュニティ内の価値観との整合性（value acceptability），③予算の制約の範囲内に収まることや世論や政治家の支持が得られる見込みがあることなど，政策アイデアが直面すると見込まれる制約の範囲内に収まる見通しがあること（anticipation of future constraints）の3つをKingdonは挙げている。そして，これら3つの条件をクリアした一部の政策アイデアについては，説得（persuasion）のプロセスを通じてバンドワゴン効果やテイクオフ効果が生じ，最終的に有望な政策アイデアとして政策コミュニティの中で生き残ることになるとしている。なお，こうして政策コミュニティの中で生き残った少数の有望な政策アイデア（a short list of proposals）が，政策として決定されるためには政治的なコンセンサスが形成される必要があるが，政治的なコンセンサスが形成されるメカニズムは，上記の説得（persuasion）のメカニズムとは別であり，政治的取引（bargaining）のメカニズムを通じて政治的なコンセンサスは形成されるため，最終的な政策には様々な政策アイデアの要素が盛り込まれることとなるとしている。

　同じく国内政治に関する分析ではあるが，有望な政策アイデアとして生き残った政策アイデア間の競合が，政策変化にどのように作用するのかの政治力学についての分析枠組を，唱道連携グループ（advocacy coalitions）の間の相互作用という枠組で捉えて提示したのが，Sabatierである[24]。Sabatierのいう唱道連携グループとは，特定の政策アイデアを共有し，長期にわたって協調した活動を展開する様々な関係者からなるグループを意味するとした上で[25]，政策変化は，対抗的唱道連携グループ間の純粋なパワー・ゲームの結果として生じるのではなく，対抗的唱道連携グループ間のせめぎあいの過程で生じる政策志向的学習（policy-oriented learning）にも影響されるとしている。この政策志向的学習の過程で各唱道連携グループは，自らが提唱する政策アイデアの弱みについ

て学習し，対抗的唱導連携グループの政策アイデアの一部を取り込むなどにより，その政策アイデアを変化・発展させていくとしている。そして，唱道連携グループ間での政策志向的学習の結果，政治的資源において優勢な支配的な唱導連携グループの政策アイデアの中核的要素が，政治的資源において劣り少数派に属する唱道連携グループの政策アイデアによって変容を迫られることもあり得ると指摘している。

政策アイデアの競合に関するこれらの先行研究は，本書における分析枠組を構築するに当たって，有用な視点を提供するものとなっている。第1に，国際交渉を単に経済的利益を巡るパワー・ゲームとしてではなく政策アイデア間の論争という視点でも捉え，その政策アイデアの自律的作用に着目した分析を行っている点である。第2に，政策アイデア自体の自律的な作用を捉えるに当たっては，政策コミュニティ内の価値観との整合性など，政策アイデアの内容そのものに着目することが重要であるとしている点である。第3に，政策アイデアの内容を固定的なものとして捉えるべきではなく，他の政策アイデアとの衝突と調整の過程で変化・発展していくものとして捉えることが適当であるとしている点である。

第4項　説得と討議のプロセスに着目した先行研究

前述の第2項及び第3項で概観した規範あるいは政策アイデアの衝突と調整に関する先行研究においては，規範あるいは政策アイデアの衝突と調整を左右する大きな要因の1つとして，当事者間の説得と討議のプロセスが大きな役割を果たしていることが指摘されている。こうした中で，コミュニケイション的合理性に関するHabermasの論考[26]を踏まえ，国際政治の世界においても説得と討議のプロセスが重要な役割を果たしていると指摘しているのがRisse[27]である。まずHabermasは，コミュニケイション的合理性は議論を前提とし，発言内容の妥当性を議論によって認証できるという合理性を意味するとした上で，このコミュニケイション的合理性に基づき議論が公明に行われ，長期にわたって継続される理想的な発言状況という条件が充分に満たされているという前提から出発して行われる議論が「討議」であるとしている[28]。そしてHabermasは，妥当性要求の要素としては①真理性，②正当性，③誠実性の3つの

要素があると指摘した上で，コミュニケイション的合理性に基づき相互了解を目指して行われる「討議」の場においては，この3つの要素のどの局面からでも相手の発言を拒否することができるとしている[29]。こうした Habermas の論考を受けて Risse は，「討議の論理（logic of arguing）」が通用する理念的な状況に近い状況であればあるほど，国際政治においても合意形成に当たっては主張の妥当性の要因が大きく作用し，パワーや利益の要因の作用は後景に退くこととなると指摘している[30]。ここで Risse がいう「討議の論理（logic of arguing）」とは，必ずしも自らの利益の最大化を図るのではなく，お互いの主張の妥当性について討議をし，お互いに説得あるいは説得されることを通じて，妥当性に基づく合理的なコンセンサスを得ることを目指すとする論理のこととされている。そして Risse は，妥当性要求の3要素として Habermas が挙げる3つの要素，すなわち①真理性，②正当性，③誠実性の3つの要素を国際政治の文脈にも適用し[31]，①主張が事実に即しているか（the conformity with perceived facts in the world），②主張が道義的に正しいといえるか（moral rightness），③発言者の誠実さ（truthfulness and authenticity）の3つの尺度で妥当性の程度を評価することができるとしている。国際政治の世界においてこうした「討議の論理」が当てはまる条件として Risse は，各当事者が「共通の生活世界」（common lifeworld）を共有していることや，各当事者がお互いに対等の立場に立ち同等の発言権を有していることなどを挙げるとともに，貿易や人権保護，環境などの分野における国際レジームはここでいう「共通の生活世界」に該当するとしている。また，Risse は，現実の国際政治の場面においては「討議の論理」がそのまま当てはまる理念的な状況が存在するわけではないとしつつも，説得と討議のプロセスを通じて妥当性の高い合理的な合意を目指すことはしばしばみられると指摘し，例えば，自国の利益に反するような場合であっても，討議の結果，大国がその主張を変更したと認められるような場合や，小国の主張が大国の主張に比し優位に立っているとみられるような場合は，「討議の論理」が作用しているといえると述べている。さらに Risse は，説得と討議のプロセスを通じて相互学習が進み，社会化が進展することとなると指摘し，討議を重ねれば重ねるほど，「討議の論理」の作用が強くなるとしている。

　コミュニケイション的合理性に関する Habermas の論考を踏まえた Risse の

分析枠組を国際レジームの文脈に具体的に当てはめ，ワシントン条約[32]に基づく絶滅危惧種の国際取引規制に関する国際レジームの発展プロセスに関し，各国の主張の妥当性の作用の分析を行ったのが阪口[33]である。阪口は，国際政治の世界においては，自国の利己的な利益を追求する道具的合理性と規範やルールに依拠してコンセンサスを形成しようとするコミュニケイション的合理性が混在しており，どのような場合にコミュニケイション的合理性が前面に出るかは状況に左右されるとしている。その上で阪口は，各アクターが国際レジームの原理や規範を共有している「緩やかに社会化された状況」[34]においては，多国間交渉におけるコンセンサス形成に向けて働く力は，議論の説得力だけであるとし，この議論の説得力は，Habermas が提示する妥当性要求の3要素を満たす程度により定義されるとしている。そして，Habermas が妥当性要求の3要素として提示する①真理性，②正当性，③誠実性の3要素は，レジーム論の文脈で言い換えると，①事実・科学的知識との整合性，②レジームの規範やルールとの整合性，③発言の一貫性と言い換えることができるとして事例分析を行っている。その上で阪口は，「緩やかに社会化された状況」においてはコミュニケイション的合理性が前面に出るため，提案の妥当性に基づく議論の説得力がコンセンサス形成に向けた要因となるのに対し，「緩やかに社会化された状況」に至っていない状況においては，道具的合理性が前面に出るため，議論の説得力ではなく，パワーの要因や経済的利益の要因が多国間交渉の結果を大きく左右することとなるとしている。

　説得と討議のプロセスにおける妥当性の作用に関するこれらの先行研究は，国際レジームの発展プロセスにおいて複数の主張や提案が競合する場合において，その妥当性の優劣が，その衝突と調整の結果にどのように作用したのかを直接の分析対象としたものではないが，国際政治の場面においても，コミュニケイション的合理性が前面に出る「討議の論理」が当てはまる状況においては妥当性の要因がパワーの要因や経済的利益の要因よりも合意形成に当たって強く働くとしている点で，本書にも有用な分析枠組を提供するものとなっている。

第5項 国際レジームの形成・維持・発展における規範と他の要因との相関に関する先行研究

　国際レジームの形成・維持・発展に及ぼす要因としては，パワー，経済的利益，規範や知識などの様々な要因が指摘されており[35]，前項までの各項で概観した関連先行研究においても，パワーや経済的利益の要因の作用と規範の要因の作用との相関が示唆されている。このように国際レジームの形成・維持・発展において規範は唯一の要因ではないことに鑑みれば，その影響を捉えるためには規範と他の要因との相対的な位置づけまで含めた分析が必要であると考えられる[36]。こうした中で，国際レジームの形成・維持・発展に影響を及ぼす要因に関し，パワーや経済的利益の要因や観念的な要因などの様々な要因を包括的に捉えた分析を行っている先行研究は数多く存在する。例えば，YoungとOsherenkoは，パワー，経済的利益及び知識の3つの要因を社会的推進要因（social driving forces）と位置づけ，これらに加えリーダーシップ（leadership）と国際的な文脈（context）を国際レジームの形成・維持・発展に作用する横断的要因（crosscutting factors）として付け加えた分析モデルを提示している[37]。

　なお，この分析モデルにおいては，規範の要因について必ずしも明確な位置づけが与えられていないが，観念的な要因として規範の要因に着目し，パワーや経済的利益の要因との相互作用も含めた包括的な分析枠組を提示しているのが山本[38]である。山本は，国際レジームの形成・維持・発展に働く要因としては，通常，パワー，経済的利益，規範（信条体系）などのいくつかの要因があるとした上で，これらの要因は，独自に，又は相互作用しながらレジームの形成・維持・発展に影響を与えるとしている。パワーの要因が規範に影響を与える場合として，例えばパワー（や影響力）を行使して相手に規範を受容させる場合を例として挙げている。また，経済的利益の要因と規範の要因との相互作用に関しては，経済的利益が規範に影響する場合として経済的利益を促進したり経済的利益と整合的な規範が選択される場合を例に挙げている。山本の分析枠組は，国際レジームの形成・維持・発展における規範と他の要因との相互作用に正面から焦点を当てた点において，本書にも有益な示唆を与えるものとなっている。

第3節　分析枠組

第1項　分析視角

　本章第2節で概観した先行研究においては，国際レジームの形成・維持・発展を巡って複数の主張や提案が対立・競合する場合において，いずれの主張や提案が国際レジームの形成・維持・発展により強く影響するのかに関する政治力学については必ずしも十分に明らかにはされておらず，残された課題となっている。そこで本書においては，前述の先行研究の知見を踏まえ，①規範的アイデアの衝突と調整，②規範的アイデアの妥当性の作用，③規範的アイデアの妥当性と他の要因との相関の3つの分析視角を用いて，ポスト京都議定書を巡る多国間国交渉における政治力学について分析を行うものとする。

(1)　規範的アイデアの衝突と調整

　ポスト京都議定書を巡る多国間交渉の政治力学を分析対象とした先行研究は数多くあるが[39]，その多くは各国・各交渉グループ間の力関係や利害対立に着目したり，科学的知識の要因や気候変動枠組条約の1要素として制度化された規範の作用に着目する一方，前述のように各国の規範的主張の段階にある規範的アイデアの作用については必ずしも十分な分析がなされていない。しかしながら，ポスト京都議定書を巡る多国間交渉は，温室効果ガスの排出削減に関し，いずれの国がどのような責任を負うべきかという国際規範の在り方に関する政策アイデア（規範的アイデア）の論争を伴うものであり，様々な規範的アイデアが提唱され，複数の規範的アイデア間の衝突と調整を経て，国際レジームの1要素として制度化されていく過程としても捉えることできると考えられる[40]。

　そこで本書においては，国際レジームの1要素として制度化された規範（先行規範）と規範的アイデア（規範的主張）を区別した上でこの両者の作用を論じている渡邉[41]や山本[42]の議論を踏まえて「規範的アイデア」を概念レンズとして用いるとともに，複数の規範的アイデアの相互作用を通じて国際レジームは形成・維持・発展すると捉える山本[43]や渡邉[44]の議論を踏まえ，ポスト京都議定書を巡る多国間交渉における規範的アイデアの衝突と調整の側面に着目して分析を

行うこととする。

　なお，規範的アイデアは当該規範的アイデア提唱国の主張と同じであり，あえて規範的アイデアという概念を用いる必要はないとの指摘も考えられる。しかしながら本書が主として着目するのは，将来のあるべき国際規範の在り方に関する各国の規範的主張が，交渉の過程を通じて相互に衝突と調整を繰り返しながら多くの国の賛同を得て間主観性を獲得し，国際レジームの一要素として制度化されていく過程である。そして，各国の主張には，当該国ごとの固有の事情を背景とした様々な要素が含まれているのが通常であるが，この制度化の過程において多数の国々の間で間主観性を獲得していくのは，こうした様々な要素を含んだ当該国の主張全体ではなく，その主張のコアの部分であると考えられる。こうした各国の規範的主張のコアの部分を捉える概念としては，規範的アイデアという概念レンズを用いることが有用であると考えらえる。

(2) 規範的アイデアの妥当性の作用

　本書においては，国際レジームの形成・維持・発展に対するアイデア自体の自律的な作用に着目した大矢根の議論を参考に[45]，ポスト京都議定書を巡る多国間交渉における各国の規範的アイデアの衝突と調整の政治力学に関し，各規範的アイデア自体の自律的な作用に着目して分析を行う。

　ただし，規範的アイデアの衝突と調整の局面において，いずれの規範的アイデアが優位になり，他はそうならないのかは，規範的アイデア自体の自律的な作用の結果ではなく，専らパワーの要因や経済的利益の要因の作用の結果に過ぎない可能性もある[46]。また，規範的アイデアの作用は概念上は区別できても現実的にはパワーや経済利益の要因の作用と分かちがたく結合しており，規範的アイデアの自律的な作用を検出するのは容易ではないと考えられる[47]。一方で，ポスト京都議定書を巡る多国間交渉の場面においては，気候変動枠組条約締約国会議（COP）又は京都議定書締約国会合（CMP）という共通の枠組の下で議論されるため，各アクターが気候変動レジームの原則や規範を概ね共有している「緩やかに社会化された状況」にあると考えられ[48]，かつ，締約国会議の意思決定方式も各国1票のコンセンサス方式によっており[49]，少なくとも形式的には関係国が対等の立場に立って交渉に参加する形となっている。このため，前述のRisse[50]や阪口[51]の議論を踏まえれば，ポスト京都議定書を巡る多国間交渉の場

は，「討議の論理」[52]が強く作用する状況にあると考えられる。したがって，規範的アイデア自体の自律的な作用を検証するに当たっては，規範的アイデアの妥当性に着目し，その作用を規範的アイデアの説得力の観点から捉えることが有用であると考えられる[53]。

そこで本書においては，説得と討議のプロセスにおける主張の妥当性の作用に関し，Habermas[54]の論考を国際レジーム論の文脈に応用した前述の阪口の分析枠組[55]を参考に，各規範的アイデアの妥当性の程度を3つの要素に分けて評価することとしたい。まずHabermasは，妥当性は①真理性，②正当性，③誠実性の3つの要素からなると指摘した上で，この妥当性要求の3要素を全て満たす場合にはじめて相互了解が成立するものであり，妥当性要求の3要素のいずれかを欠いた主張については当該要素の欠如を以て反論することが可能であるため，相互了解は成立しないとしている[56]。ここでいう「真理性」とは，客観的世界（物理的環境世界）に照らして発言が正当であることを意味し，「正当性」とは，社会的世界（社会的規範）に照らして発言が正当であることを意味し，「誠実性」とは，内的世界（内的感覚）に照らして発言が誠実になされていることとされている[57]。そして阪口は，レジーム論の文脈に置き換えると，真理性は「事実・科学的知識との整合性」，正当性は「規範・ルールとの整合性」，誠実性は「発言の一貫性」という平易な言葉に置き換えることができるとしている[58]。そこで本書においては，こうした阪口の整理を踏まえつつ，Habermasの妥当性要求の3要素を，ポスト京都議定書を巡る多国間交渉の文脈に，より即した形で置き換えて分析することしたい。

第1に，阪口が事実・科学的知識との整合性に置き換えている真理性の要素に関しては，当該規範的アイデアに即してポスト京都議定書の国際枠組が構築された場合における世界全体の温室効果ガスの排出削減の実効性に置き換えられると考えられる。気候変動レジームの形成・維持・発展に関する先行研究においては，知識共同体の役割に着目したHaas[59]の議論を踏まえ，気候変動分野における知識共同体の中核を占めるIPCC（気候変動に関する政府間パネル）の役割がクローズアップされ，気候変動による悪影響を防止又は緩和するためには世界全体の温室効果ガス排出量の大幅な削減が必要であるというIPCCの科学的知識が気候変動レジームの形成・維持・発展に大きな影響を及ぼしたことが

指摘されている[60]。こうした点を踏まえれば，真理性の要素としては，世界全体の温室効果ガス排出量の大幅な削減が必要というIPCCの科学的知識との整合性に着目することが適当であり，本書においては「真理性」の要件を「世界全体の温室効果ガス排出削減の実効性」に具体的に置き換えて分析することとしたい。

　第2に，阪口が規範・ルールとの整合性に置き換えている「正当性」に関しては，規範的アイデアの競合に関連する先行研究において先行規範との整合性が規範の優劣を左右する要因の1つとして指摘されていることを踏まえれば[61]，気候変動レジームの一部としてこれまで制度化されてきた先行規範との整合性に置き換えることが適当であると考えられる。後述するようにポスト京都議定書を巡る一連の多国間交渉において特に議論となったのは，気候変動枠組条約第3条1項において明文化された「共通だが差異のある責任の原則」であった[62]。また，京都議定書においては，第2章第1節第2項で後述するように第1約束期間（2008年～2012年）の終了後は第2約束期間を改めて設定することが予定されており，これとの整合性もポスト京都議定書を巡る多国間交渉においては大きな争点となったところである[63]。こうした点に鑑み本書においては，「正当性」に関しては，「共通だが差異のある責任の原則」という先行規範，そして京都議定書第2約束期間を設定すべきであるという先行規範との整合性の2つに特に着目して分析することとしたい[64]。

　第3に，阪口が「発言の一貫性」に置き換えている「誠実性」の要素に関しては，説得と討議のプロセスの結果，合意成立に向けて自らの主張を変えていくことは，国際交渉の現場においてはしばしばみられることであり必ずしも不誠実とは評価できないと考えられる。また，Habermas自身も「誠実性」の要件として「発言の一貫性」までは求めていないことから，「誠実性」の要件を「発言の一貫性」に置き換えるのは必ずしも適当ではないと考えられる。なお，Habermasは，「誠実性」とは「言った通りのことを思っている」ということを意味するとしているが[65]，多国間交渉の場において，各国がその提唱する規範的アイデアどおりのことを思っているかどうかを検証することは容易ではなく，主観的な判断を伴わざるを得ないため，分析に当たってのメルクマールとして用いることは困難であると考えられる。一方，ある国が提唱する規範的

■表1-1　妥当性要求の3要素

	真理性	正当性	誠実性
意　味	客観的世界（物理的環境世界）に照らして発言が正当であること	社会的世界（社会的規範）に照らして発言が正当であること	内的世界（内的感覚）に照らして発言が誠実になされていること
ポスト京都議定書を巡る多国間交渉の事例への当てはめ	世界全体の温室効果ガス排出削減の実効性	先行規範（特に「共通だが差異のある責任の原則」及び京都議定書第2約束期間設定に関する先行規範）との整合性	誠実性に関する評判（発言が誠実になされていると受け止められていること）

出典：妥当性要求の3要素に関する阪口の整理表を参考に，ポスト京都議定書を巡る多国間交渉の文脈に即して筆者作成。阪口功『地球環境ガバナンスとレジームの発展プロセス：ワシントン条約とNGO・国家』（国際書院，2006），49，表2-1.

　アイデアが誠実になされたと他の国々が受け止めたかどうかについては，多国間交渉の場での各国の発言から評価することは可能であると考えられる。このため本書においては，「誠実性」の要件を「誠実性に関する評判」に置き換えて分析することとしたい。

　本書においては，主要国・主要交渉グループの規範的アイデアに関し，以上述べた妥当性要求の3要素，すなわち①世界全体の温室効果ガス排出削減の実効性，②先行規範との整合性，③誠実性に関する評判の3つの要素をメルクマールとして，その妥当性の程度（妥当性要求の3要素の充足度）が規範的アイデアの衝突と調整の場面でどのように作用したのかについて，規範的アイデアの説得力という観点から捉えて分析を行うこととしたい（表1-1参照）。なお，妥当性要求の3要素の充足度を評価するに当たっては，筆者の主観的な評価をできるだけ避けるため，一連の多国間交渉において他の主要各国・主要交渉グループがどのように評価していたのか，それぞれの要素の充足度について他の主要国や主要交渉グループから批判や反論が提起されているかどうかに着目して評価を行うこととする。

(3)　規範的アイデアの妥当性と他の要因との相関

　前述のように本書においては，規範的アイデアの妥当性の作用に着目して規範的アイデアの衝突と調整の政治力学について分析を行うこととするが，規範

第1章　理論的枠組

■図1-1　妥当性の要因と他の要因との相関

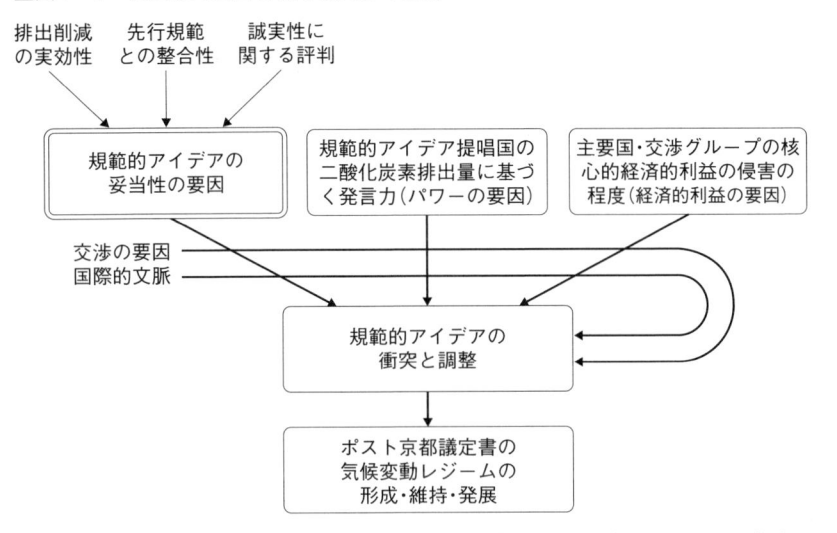

```
排出削減      先行規範      誠実性に
の実効性    との整合性    関する評判
     ↓          ↓          ↓
  ┌─────────────┐   ┌─────────────────┐   ┌─────────────────┐
  │ 規範的アイデアの │   │ 規範的アイデア提唱国の│   │ 主要国・交渉グループの核│
  │  妥当性の要因  │   │ 二酸化炭素排出量に基づ│   │ 心的経済的利益の侵害の│
  └─────────────┘   │ く発言力（パワーの要因）│   │ 程度（経済的利益の要因）│
                    └─────────────────┘   └─────────────────┘
  交渉の要因
  国際的文脈
              ↓         ↓         ↓
           ┌─────────────┐
           │ 規範的アイデアの │ ←──┐
           │   衝突と調整   │ ←──┤
           └─────────────┘
                  ↓
           ┌─────────────┐
           │ ポスト京都議定書の│
           │ 気候変動レジームの│
           │ 形成・維持・発展 │
           └─────────────┘
```

出典：国際レジームの形成に関するYoungとOsherenkoの多変数モデル（multivariate model）を参考に本書の分析枠組に即して筆者作成。Oran R. Young and Gail Osherenko, "International Regime Formation: Findings, Research Priorities, and Applications," in Polar Politics: Creating International Environmental Regimes, eds. Oran R. Young and Gail Osherenko (Ithaca: Cornell University Press, 1993), 247, fig. 7.1.

的アイデアの妥当性の要因だけで規範的アイデア間の優劣が決まるとは考えにくい[66]。このため本書においては，パワーの要因や経済的利益の要因との相関も含めて妥当性の要因の作用を検証することとし，リーダーシップなどの交渉の要因や国際的な文脈等の横断的な要因についても補完的な分析視角として用いることとする（図1-1参照）。

　　　パワーの要因　　パワーの要因に関しては，気候変動レジームを巡る多国間交渉の場面において，軍事力が交渉に直接影響を与えることはないと考えられ，この過程で影響力の源泉になりえるものがあるとすれば，それは人為起源の温室効果ガス排出の主要部分を占める二酸化炭素排出量の規模であると考えられる[67]。二酸化炭素排出量が大きければ大きいほど，その国の協力なくして世界全体の温室効果ガス排出量の削減を行うことは困難となるため，他の国々はその国に譲歩してでも合意を形成しようとすると考えられるからである[68]。こうした観点から，気候変動交渉に関する先行研究においても，パワーの要因とし[69]

19

ては二酸化炭素排出量に着目した分析を行っており，本書においてもこれに倣うこととしたい。その上で本書においては，ポスト京都議定書を巡る多国間交渉の文脈に即した形で，「パワー」の用語をより平易な「二酸化炭素排出量に基づく発言力」に置き換えて分析することしたい。

　　経済的利益の要因　　次に，経済的利益の要因の作用に関しては，SprinzとVaahtoranta[70]の分析枠組が参考になると考えられる。SprinzとVaahtorantaは，国際環境レジームの形成・維持・発展に関しては経済的利益の要因が大きく作用するとした上で，経済的利益の要因を生態学的脆弱性（ecological vulnerability）と対策コスト（abatement costs）の2つに分けた分析枠組を提示している。具体的には，生態学的脆弱性（環境悪化による被害の程度）が高い国ほど国際環境レジームの形成に積極的なポジションをとることとなり，対策コストが高い国ほど消極的なポジションをとることとなると指摘している。

　しかしながらここで注意すべき点は，こうした経済的利益の要因が実際の多国間交渉における各国のポジションにどう影響を及ぼすかは，各国の国内要因にも左右されると考えられることである。例えば山田[71]は，Drezner[72]の論考を踏まえ[73]，国際レジームの形成・維持・発展に関連して生じる経済的な不利益を「経済的な『調整コスト』」と概念整理した上で，当該「経済的な『調整コスト』」が「政治的な『調整コスト』」に変換されることによってはじめて各国の交渉ポジションに影響を及ぼすことになると指摘している。

　そこで本書においては，こうしたSprinzとVaahtorantaや山田の論考を踏まえ，各国が提唱する規範的アイデアの内容が実現したとした場合に，主要国・主要交渉グループにとって生態学的脆弱性（気候変動による被害の程度）又は対策コスト（二酸化炭素などの温室効果ガスの排出削減コスト）の面で経済的な不利益を生じさせるものかどうかに単に着目するのではなく，当該経済的な不利益が政治的にも受け入れ困難なものかどうか，すなわち主要国・主要交渉グループにとって核心的な経済的利益を侵害する程度が高いものと受け止められているかどうかに着目して分析を行うこととしたい。そして，ある特定の規範的アイデアが実現したとした場合，その内容が主要国・主要交渉グループにとって核心的な経済的利益を侵害する程度が高いものと受け取られているかどうかは，多国間交渉の場における主要国・主要交渉グループの発言内容にも表

れると考えられることから，この点に関しては各国の発言内容を基に評価することとしたい。

その他の要因　国際レジームの形成・維持・発展の要因としては，パワーや経済的利益の要因以外の横断的な要因として，リーダーシップなどの交渉の要因や国際的な状況なども指摘されている。例えば，YoungとOsherenkoは，国際レジームの形成・維持・発展の要因として，パワー，経済的利益及び知識の3つの要因を社会的推進要因（social driving forces）と位置づけるとともに，これらの社会的推進要因の作用に影響を及ぼす横断的要因（crosscutting factors）としてリーダーシップ（leadership）と国際的な文脈（context）を付け加えている[74]。また，大矢根も規範を巡る政治力学の分析に当たっては，規範の内容自体にもまして規範の変動に関連するアクター（規範企業家など）の動態，その類型やパターンが，規範の変動を巡る因果関係に関する有望な分析ポイントになるとの見解を示している[75]。こうした先行研究の指摘を踏まえれば，規範的アイデア自体の妥当性の作用を本書において分析するに当たっては，リーダーシップなどの交渉の要因や国際的な文脈などの横断的な要因の影響についても併せて注目することが必要であると考えられる。ただし，リーダーシップなどの横断的な要因は，規範的アイデア自体の妥当性の要因やパワーや経済的利益の要因がどのように作用するのかに影響を及ぼすことによって，規範的アイデアの衝突と調整に間接的に影響を及ぼす要因であるため，規範的アイデアの妥当性の要因やパワーや経済的利益の要因と同列に位置づけられるものではないと考えられる。このため，補完的な分析視角としてこれらの横断的な要因も本書の分析枠組に位置づけることとしたい。

　また，前述のように規範的アイデアの作用と他の要因の作用は概念上は区別できても現実的にはパワーや経済利益の要因の作用と分かちがたく結合していると考えられるため，それぞれの要因の作用を個別に取り出して分析するのは容易ではないと考えられる[76]。特に，コンストラクティヴィズムの観点からは，アイデアなどの観念的要素は，パワーや経済的利益の要因と同等に作用するというより，それらの前提として作用し，関係アクターが何をパワーや経済的利益とみるのか，それ自体を規定するとの指摘もなされている[77]。このため，本書においては，規範的アイデアの妥当性の要因を説得力，パワーの要因を二酸化

炭素排出量を背景とした発言力，経済的利益の要因を，自らの核心的な経済的利益を侵害する程度の高い規範的アイデアに対する抵抗力の観点で捉えることとし，このようにそれぞれの要因の作用をそれぞれ異なった観点で捉えることにより，それぞれの要因の作用を区別して分析することとしたい。

第2項　分析方法：プロセス・トレーシングと3つの事例の比較分析

　前述のように，規範的アイデアの衝突と調整に影響を及ぼす要因としては，妥当性の要因以外に様々な要因が指摘されており，妥当性の要因の作用を分析するに当たっては，他の要因の作用と切り分けた分析が必要となる。このため本書においてはいわゆるプロセス・トレーシング（process tracing）の手法を用[78]いて一連の多国間交渉の過程を分析し，他の要因との相関において妥当性の要因がどのように作用したのかを明らかにすることとしたい。

　なお，気候変動枠組条約締約国会議（COP）及び京都議定書締約国会合（CMP）の場でのポスト京都議定書を巡る多国間交渉の模様については，IISD発行の日刊の会議情報紙 *Earth Negotiations Bulletin* にその詳細な議事概要が[79]非公式協議の模様も含めて掲載されている。このため本書においては，*Earth Negotiations Bulletin* 掲載の議事概要をベースとしつつ[80]，会議の模様に関する新聞報道，締約国会議等の場での各国のステイトメントや記者会見録，交渉参加者による報告レポート等の各種の公開資料も適宜参照しながら，ポスト京都議定書を巡る多国間交渉の過程を詳細に追跡し，分析することとしたい。また，COP及びCMPでの主な会合での実際の発言については，各国代表の記者会見も含め，録画中継がオンライン上で過去に遡って視聴可能であるため，必要に応じてこれらの録画中継も参照することとする[81]。

　また本書の分析に当たっては，バリ行動計画を採択した2007年のバリ会議（COP15・CMP5）後のポスト京都議定書を巡る多国間交渉を3つの事例に分解して分析を行い，3つの事例間の比較分析を行うことにより，規範的アイデアの衝突と調整の政治力学を，より詳細に検証することとする。具体的には，①コペンハーゲン合意に留意する旨決定したコペンハーゲン会議（COP15・CMP5）までの多国間交渉（2009年），②カンクン合意を採択したカンクン会議（COP16・CMP6）までの多国間交渉（2010年），③ダーバン合意を採択したダー

バン会議（COP17・CMP7）までの多国間交渉（2011年）の3つの事例である。このように3つの事例を比較分析することにより，ポスト京都議定書を巡る多国間交渉における規範的アイデアの衝突と調整の政治力学に関し，より厚みのある分析が可能になると考えられる。

第3項　章 構 成

第2章以下の本書の構成は大きく3つに分かれる。まず，第2章ではポスト京都議定書を巡る多国間交渉の背景と構造を概観する。

第3章から第5章までの各章の前半においては，2009年のコペンハーゲン会議（COP15・CMP5），2010年のカンクン会議（COP16・CMP6），2011年のダーバン会議（COP17・CMP7）の3つの事例を時系列に沿ってそれぞれ取り上げ，各国・各交渉グループの発言内容にまで遡って，その主張と駆け引きの展開を詳細に追い，その全体像を包括的に明らかにする。その上で各章の後半において，規範的アイデアという概念レンズを用いて各会議の展開を捉え直し，どのような規範的アイデアが競合し，いずれの規範的アイデアが優位に立ったのか，その衝突と調整の全体像を明らかにする。

最後に第6章においては，各事例の比較分析を行い，規範的アイデアの妥当性の作用のみならず，国際関係におけるパワーや経済的利益の要因などの他の要因の作用にも着目して，規範的アイデアの衝突と調整の政治力学について総合的な分析を行う。また，第6章においては本書によって得られた知見とその政策的意義について考察するとともに，今後の残された課題を明らかにする。

---

1) 日本においては「地球温暖化」の用語が使われることが多いが，最近では問題の特徴をより的確に示す「気候変動」の用語が用いられることが多く，諸外国でも「気候変動（Climate Change）」という用語が一般的なため，本書においても「気候変動」の用語を用いる。
2) 日本国政府『京都議定書目標達成計画（平成20年3月28日全部改訂）』（日本国政府，2008），1.
3) 「ポスト京都議定書」といった場合は，京都議定書第2約束期間を設定しないとのニュアンスが強いため，より中立的な表現としてポスト2012年（Post 2012）という表現が用いられることも多い。
4) COP は Conference of the Parties の略であり，CMP は Conference of the Parties serv-

ing as the Meeting of the Parties to the Kyoto Protocol の略である。COPとCMPは毎年同時に開催されることとされている。京都議定書第13条第6項。
5) *Bali Action Plan*, Decision 1/CP.13 (FCCC/CP/2007/6/Add.1, March 14, 2008).
6) ダーバン合意とは、ダーバン会議における一連の決定を指す。*Establishment of an Ad Hoc Working Group on the Durban Platform for Enhanced Action,* Decision 1/CP.17 (FCCC/CP/2011/9/Add.1, March 15, 2012); *Outcome of the Work of the Ad Hoc Working Group on Long-Term Cooperative Action under the Convention,* Decision 2/CP.17 (FCCC/CP/2011/9/Add.1, March 15, 2012); *Outcome of the Work of the Ad Hoc Working Group on Further Commitments for Annex I Parties under the Kyoto Protocol at Its Sixteenth Session,* Decision 1/CMP.7 (FCCC/KP/CMP/2011/10/Add.1, March 15, 2012).
7) 本書の執筆時点においては、ダーバン合意に基づく2020年以降の新たな国際枠組に関し、2015年末に開催予定のパリ会議（COP21・CMP11）での合意成立に向けて国際交渉が進められているところである。
8) 「規範（norm）」の定義としては、一般的には「ある行為者のアイデンティティに相応しい適切な行動に関する期待の集合」とされており、「当為（oughtness）」を表すと同時に評価の基準ともなるものとされている。このうち本書においては、特に「当為（oughtness）」、すなわち、温室効果ガスの排出削減に関しどの国がどのような責任を負うべきかを表すものとして「規範」の語を用いるものとする。規範の定義については、例えば、Peter J. Katzenstein, "Introduction: Alternative Perspectives on National Security," in *The Culture of National Security: Norms and Identity in World Politics*, ed. Peter J. Katzenstein (New York: Columbia University Press, 1996), 5; Ann Florini, "The Evolution of International Norms," *International Studies Quarterly* 40 (1996): 364-65; 山本吉宣『国際レジームとガバナンス』（有斐閣、2008）、44.
9) パワーやリーダーシップの要因に着目したものとしては、例えば、蟹江憲史『地球環境外交と国内政策：京都議定書をめぐるオランダの外交と政策』（慶應義塾大学出版会、2001）。専らパワーの要因に着目したものとしては、高沢剛史「気候変動交渉を支配するパワー：COP15におけるレジーム形成過程を事例にして」『防衛学研究』44号（2011年3月）：23-44. また、特に経済的利益の要因に着目したものとしては、例えば澤昭裕『エコ亡国論』（新潮社、2010）。
10) 山本『国際レジーム』59-60.
11) 「気候変動に関する政府間パネル（IPCC：Intergovernmental Panel on Climate Change）」は、人為起源による気候変化、影響、適応及び緩和方策に関し、科学的、技術的、社会経済学的な見地から包括的な評価を行うことを目的として、1988年に世界気象機関（WMO）と国連環境計画（UNEP）により設立された組織。文部科学省・経済産業省・気象庁・環境省『気候変動に関する政府間パネル（IPCC）第5次評価報告書統合報告書の公表について』（報道発表資料、平成26年11月2日）、別紙2、アクセス日：2015年8月13日、http://www.env.go.jp/press/files/jp/25330.pdf.
12) 例えば、山田高敬「地球環境領域における国際秩序の構築」藤原帰一・李鍾元・古城佳子・石田淳一編『国際政治講座④　国際秩序の変動』（東京大学出版会、2004）、214-25; 山田高敬「地球環境」山田高敬・大矢根聡編『グローバル社会の国際関係論』新版（有斐閣、2011）。
13) 山本『国際レジーム』第2章及び第3章.
14) Stephen D. Krasner, "Structural Causes and Regime Consequences: Regimes as Interven-

ing Variables," in *International Regimes,* ed. Stephen D. Krasner (Ithaca: Cornell University Press, 1983), 2.
15) 渡邉智明「地球環境政治の制度化：枠組み条約の『フレーム』と『規範』」『政治研究』53（2006年3月）：31-60.
16) Florini, "The Evolution," 363-89.
17) なお，ここでいう先行規範の中には，新たに登場した規範が競合することとなる先行規範（すなわち挑戦規範が取って代わろうとする既存の規範）は含まれないとFloriniは整理している。Ibid., 374.
18) Martha Finnemore and Kathryn Sikkink, "International Norm Dynamics and Political Change," *International Organization* 52, no. 4 (Autumn 1998): 887-917.
19) 大矢根聡「コンストラクティヴィズムの視座と分析：規範の衝突・調整の実証的分析へ」『国際政治』143号（2005年11月）：124-40.
20) 大矢根聡『日米韓半導体摩擦：通商交渉の政治経済学』（有信堂, 2002）.
21) Ibid., 33.
22) 例えば，「5年間で日本市場のシェア［占有率］20％まで，外国製半導体を導入」など。Ibid., 2.
23) John W. Kingdon, *Agendas, Alternatives, and Public Policies,* 2nd ed. (New York: Harper Collins College Publishers, 1995), chap. 6.
24) Paul A. Sabatier, "An Advocacy Coalition Framework of Policy Change and the Role of Policy-Oriented Learning Therein," *Policy Sciences* 21 (1988): 129-68.
25) Sabatierの用語では，信念システム（belief system）。Sabatierのいう信念システムは，優先すべき価値観とそれを実現するための方策のセットからなる政策（public policy/program）を指すものとされている。Ibid., 131-32.
26) ユルゲン・ハーバーマス『コミュニケイション的行為の理論（上）』河上輪逸・M.フーブリヒト・平井俊彦訳（未来社, 1985）；ユルゲン・ハーバーマス『コミュニケイション的行為の理論（中）』藤沢賢一郎ほか訳（未来社, 1986）；ユルゲン・ハーバーマス『コミュニケイション的行為の理論（下）』丸山高司ほか訳（未来社, 1987）.
27) Thomas Risse, "'Let's Argue!': Communicative Action in World Politics," *International Organization* 54, no. 1 (Winter 2000): 1-39.
28) ハーバーマス『コミュニケイション（上）』30-77. なお，コミュニケイション的合理性に基づく理想的な発言状況という条件が充分に満たされているという前提は，しばしば事実に反するとハーバーマス自身も述べており，コミュニケイション的合理性は一種の理念型とされている。Ibid., 71.
29) ハーバーマス『コミュニケイション（中）』46-48.
30) Risse, "Let's Argue!"
31) ハーバーマス『コミュニケイション（中）』46-48.
32) 絶滅のおそれのある野生動植物の種の国際取引に関する条約。
33) 阪口功『地球環境ガバナンスとレジームの発展プロセス：ワシントン条約とNGO・国家』（国際書院, 2006）.
34) 阪口は，社会化された状態を，「レジームの基本的な構成要素がアクターにより妥当なものとして受容され，共有されている状態として定義」している。そして，完全に社会化された状況は例外的であるとし，緩やかに社会化された状況を前提として分析を行っている。Ibid., 49-50.

35) 山本『国際レジーム』59-60.
36) 例えば納家も，「国際関係は，様々な経路で規範に拘束されるが，規範の発展だけで変化するわけではない。錯綜する諸規範に優先順位と方向付け，拘束力を生み出す力や権威がどのように発展するのか，その議論を含まなければ規範的要求はスローガンの列挙に留まる。その意味で国際関係における力や利害との相関において『規範の領分』を捉えることは今後の規範研究の重要課題となろう」と述べ，規範の作用を分析するに当たっては，パワーや経済的利益の要因も含めた分析枠組が必要と指摘している。納家政嗣「序文　国際政治学と規範研究」『国際政治』143号（2005年11月）：6.
37) Oran R. Young and Gail Osherenko, "International Regime Formation: Findings, Research Priorities, and Applications," in *Polar Politics: Creating International Environmental Regimes*, ed. Oran R. Young and Gail Osherenko (Ithaca: Cornell University Press, 1993), 246-51.
38) 山本『国際レジーム』第2章.
39) 例えば，高村ゆかり・亀山康子編『地球温暖化交渉の行方：京都議定書第一約束期間後の国際制度設計を展望して』（大学図書，2005）；亀山康子・高村ゆかり編『気候変動と国際協調：京都議定書と多国間協調の行方』（慈学社，2011）；「環境・持続社会」研究センター編『カーボン・レジーム：地球温暖化と国際攻防』（オルタナ，2010）.
40) こうした点を指摘するものとして，例えば，渡邉「地球環境政治」47.
41) 渡邉「地球環境政治」47.
42) 山本『国際レジーム』63-64.
43) 山本『国際レジーム』100-3.
44) 渡邉「地球環境政治」44-50.
45) 大矢根「日米韓半導体摩擦」.
46) Judith Goldstein and Robert O. Keohane, "Ideas and Foreign Policy: An Analytical Framework," in *Ideas and Foreign Policy: Beliefs, Institutions, and Political Change*, ed. Judith Goldstein and Robert O. Keohane (Ithaca: Cornell University Press, 1993), 13.
47) John Kurt Jacobsen, "Much Ado about Ideas: The Cognitive Factor in Economic Policy," *World Politics* 47 (January 1995): 309; 大矢根「日米韓半導体摩擦」20.
48) 阪口「地球環境ガバナンス」50.
49) 詳細は，後述の第2章第3節第2項参照.
50) Risse, "Let's Argue!"
51) 阪口「地球環境ガバナンス」.
52) 「討議の論理（logic of arguing）」とは，各アクターが必ずしも自らの利益の最大化を図るのではなく，お互いの主張の妥当性について討議をし，お互いに説得あるいは説得されることを通じて，妥当性に基づく合理的なコンセンサスを得ることを目指すとする論理を指す。Risse, "Let's Argue!," 7.
53) この点に関して例えばBernsteinは，Habermasが説く討議の論理が通用する理想的な状況において，相互了解を目指して行われる討議で働く力は，妥当性の観点に基づく，より良い議論の力（force of better argument）だけであると指摘している。Richard J. Bernstein, "Introduction," in *Habermas and Modernity*, ed. Richard J. Bernstein (Cambridge: Polity Press, 1985), 19.
54) ハーバーマス『コミュニケイション（上）』；ハーバーマス『コミュニケイション（中）』；ハーバーマス『コミュニケイション（下）』.

第 1 章　理論的枠組

55) 阪口『地球環境ガバナンス』47-54.
56) ハーバーマス『コミュニケイション（中）』46-62.
57) Habermas が妥当性要求の 3 要素として掲げる真理性・正当性・誠実性の意味内容については野村が簡潔に要約しているため，本書においては野村の要約を引用した．野村一夫『リフレクション：社会学的な感受性へ』新訂版（文化書房博文社，2003），184-85.
58) 阪口『地球環境ガバナンス』49.
59) Peter M. Haas, *Saving the Mediterranean: The Politics of International Environmental Cooperation* (New York: Columbia University Press, 1990).
60) 沖村理史「気候変動レジームの形成」信夫隆司編著『地球環境レジームの形成と発展』（国際書院，2000）；山田「地球環境」．
61) 第 1 章第 2 節第 2 項及び第 3 項参照．
62) 「共通だが差異のある責任の原則」に関しては，気候変動枠組条約第 3 条第 1 項において，「締約国は，衡平の原則に基づき，かつ，それぞれ共通に有しているが差異のある責任及び各国の能力に従い，人類の現在及び将来の世代のために気候系を保護すべきである．したがって，先進締約国は，率先して気候変動及びその悪影響に対処すべきである」と規定されている．共通だが差異のある責任の原則の意義と背景については，例えば，杉山晋輔（元外務省国際協力局地球規模課題審議官）「地球規模の諸課題と国際社会のパラダイム・シフト：気候変動枠組交渉と日本の対応（1）」『早稲田法學』86 巻 4 号（2011）：269.
63) 京都議定書第 3 条 9 項においては，第 2 約束期間以降における附属書Ⅰ国（主として先進諸国）の排出削減目標についての決定手続を定めるとともに，第 1 約束期間（2008 年〜 2012 年）の最終年の少なくとも 7 年前（2005 年）に検討を当該約束について開始することが規定されている．また，2007 年のバリ会議（COP13・CMP3）における AWG-KP（京都議定書の下での附属書Ⅰ国の更なる約束に関する特別作業部会）では，2009 年までに附属書Ⅰ国の 2013 年以降の新たな削減目標について結論を得ることが決められている．
64) なお，気候変動枠組条約第 3 条においては，「共通だが差異のある責任の原則」の前に，「衡平の原則に基づき（on the basis of equity）」という文言があり，ポスト京都議定書を巡る一連の多国間交渉においても，「共通だが差異のある原則」と並んで，「衡平の原則」（equity）についてもしばしば言及されているが，その概念は必ずしも明確ではなく，往々にして公平性の議論と混在して用いられている．また，衡平の原則に度々言及しているインド代表のステイトメントにおいては，「衡平の原則」は「共通だが差異のある責任の原則」を主要な要素とするものとして位置づけている．このため，気候変動枠組条約第 3 条第 1 項で掲げられている原則に関しては，本書では「衡平の原則」ではなく「共通だが差異のある責任の原則」に専ら着目して分析を行うこととしたい．「衡平の原則」については，杉山晋輔（元外務省国際協力局地球規模課題審議官）「地球規模の諸課題と国際社会のパラダイム・シフト：気候変動枠組交渉と日本の対応（2・完）」『早稲田法學』87 巻 1 号（2011）：79-81. インドのステイトメントについては，"Statement by Ms. Jayanthi Natarajan, Minsiter of Environment & Forests, Government of India, High Level Segment, 17th Conference of Patries (COP 17), Durban (December 7, 2011)," UNFCCC, accessed November 29, 2013, http://unfccc.int/files/meetings/durban_nov_2011/statements/application/pdf/111207_cop17_hls_india.pdf.
65) ハーバーマス『コミュニケイション（中）』47.
66) Risse, "Let's Argue!," 16-19. 山本も，「討議の論理」が働く場は 1 つの理念型であり，実

際の場においては行為者の経済的利益や影響力も働くと指摘している。山本『国際レジーム』103. また，この点に関連して例えば納家は，「規範は国際関係に影響する重要な要因ではあるが，唯一の要因ではあり得ない。規範の意義を捉えるためには，規範研究は何らかの形で規範と国際関係に影響する他の要因との相対的な位置づけまで含まなくてはならないであろう。」と指摘している。納家「国際政治学」5.

67) 山田「地球環境」192. なお，2010年時点の排出量でみると，人為起源の温室効果ガス排出量のうち二酸化炭素排出量が占める割合は約76％であった。IPCC, *Climate Change 2014: Synthesis Report* (Geneva: IPCC, 2014), 46.

68) 山田高敬「気候変動のグローバル・ガバナンス論：規範的空間と調整コスト」『財政と公共政策』33巻1号（2011年5月）：74.

69) 例えば，沖村「気候変動レジーム」；山田「地球環境」；高沢「気候変動交渉を支配するパワー」23-44.

70) Detlef Sprinz and Tapani Vaahtoranta, "The Interest-Based Explanation of International Environmental Policy," *International Organization* 48, no. 1 (Winter 1994): 77-105.

71) Ibid., 104-5.

72) 山田「規範的空間」.

73) Daniel W. Drezner, *All Politics Is Global: Explainign International Regulatory Regimes* (Princeton: Princeton University Press, 2007).

74) Young and Osherenko, "International Regime Formation," 246-51.

75) 大矢根「視座と分析」137.

76) Jacobsen, "Much Ado," 309; 大矢根『日米韓半導体摩擦』20.

77) 例えば，大矢根「視座と分析」126.

78) プロセス・トレーシングの手法の概要については，Alexander L. George and Andrew Bennett, *Case Studies and Theory Development in the Social Sciences* (Cambridge, Massachusetts: MIT Press, 2005), 205-32.

79) IISD (International Institute for Sustainable Development) は，カナダに本部を置く非営利法人（NPO: Non-Profit Organization）であり，持続可能な開発に関する国際的な公共政策研究機関である。そして，*Earth Negotiations Bulletin* (ENB) は，環境関連の国際会議の開催期間中に当該国際会議の議論の概要についてIISDが発行している日刊紙であり，気候変動枠組条約締約国会議（COP）・京都議定書締約国会合（CMP）に関しても，その開催期間中は，日々の議論の概要を取りまとめて毎日発行され，交渉参加者にも広く配布されている。その発行のための経費は，先進各国政府からの資金提供によって賄われている。IISD, "IISD Fast Facts," IISD, アクセス日：2013年12月21日, http://www.iisd.org/pdf/2012/iisd_fast_facts.pdf.

80) ENBのバックナンバーは，以下のURLで入手可能。http://www.iisd.ca/vol12（アクセス日：2013年12月21日）.

81) コペンハーゲン会議（COP15・CMP5）の録画中継については，"UNFCCC Webcast: United Nations Climate Change Conference, Dec 7 - Dec 18 2009 Copenhagen," UNFCCC, accessed December 27, 2013, http://unfccc4.meta-fusion.com/kongresse/cop15/templ/archive.php?id_kongressmain=1&theme=unfccc. カンクン会議（COP16・CMP6）の録画中継については，"UNFCCC Webcast: 16th UNFCCC Conference of the Parties, Cancun, Mexico," UNFCCC, accessed December 27, 2013, http://unfccc.int/resource/webcast/player/app/ovw.php?id_collection=87. ダーバン会議（COP17・CMP7）

の録画中継については，"UNFCCC Webcast: COP 17/CMP 7, Durban, South Africa," UNFCCC, accessed December 27, 2013, http://unfccc4.meta-fusion.com/kongresse/cop17/templ/ovw_onDemand.php?id_kongressmain=201.

第2章
ポスト京都議定書を巡る多国間交渉の背景と構造

　第3章以降で個別の事例の分析に入る前に，本章では，ポスト京都議定書を巡る一連の多国間交渉が，どのような背景と構造の下に展開したのかについて概観することとしたい。

第1節　気候変動レジームの概要

第1項　気候変動枠組条約

　2011年のダーバン会議（COP17・CMP7）以前における気候変動問題への国際社会の対応に関する国際レジーム（気候変動レジーム）は，理念，原則等の基本的な枠組を定めた「気候変動に関する国際連合枠組条約」（気候変動枠組条約）と同条約の附属書Ⅰ国（主として先進諸国）に対して二酸化炭素などの温室効果ガスの排出削減義務を課した「気候変動に関する国際連合枠組条約の京都議定書」（京都議定書）の2つの法的枠組を中核としていた。このうち，気候変動枠組条約は1992年に採択され1994年に発効した条約であり，気候変動問題への対応に関する国際的な枠組を定めたものである。同条約の締約国数は，2009年12月のコペンハーゲン会議（COP15・CMP5）の時点で194か国・地域であり[1]，世界の主要国を含むほぼ全ての国々が締約国となっていた。

　気候変動枠組条約は，この条約の目的に関し「気候系に対して危険な人為的干渉を及ぼすこととならない水準において大気中の温室効果ガスの濃度を安定化させることを究極的な目的とする」と第2条において規定している。また，同条約では，途上国における1人当たりの温室効果ガス排出量は先進国と比較して少ないこと，産業革命以降の世界全体の温室効果ガス排出量増加の大部分

は先進国によるものであること，各国における気候変動対策を巡る状況や対応能力には差異があることなどから[2]，第3条第1項において，「締約国は，衡平の原則に基づき，かつ，それぞれ共通に有しているが差異のある責任及び各国の能力に従い，人類の現在及び将来の世代のために気候系を保護すべきである。したがって，先進締約国は，率先して気候変動及びその悪影響に対処すべきである」という，いわゆる共通だが差異のある責任の原則を同条約の基本原則の1つとして掲げている。そして，この共通だが差異のある責任の原則に基づき，気候変動問題に対する責務について，途上国を含む全ての締約国と附属書Ⅰ国（主として先進諸国）[3]の2つに分けて異なるレベルの責務を規定している。まず，全ての締約国の責務として自国の温室効果ガスの排出量・吸収量に関するデータを作成・公表し，締約国会議に提供することや，温室効果ガス排出を抑制するための計画を作成・実施・公表するとともに，当該計画を定期的に見直すことなどを規定している。一方，附属書Ⅰ国のみに係る責務としては，二酸化炭素等の温室効果ガスの排出量を1990年代の終わりまでに従前のレベルまで戻すことを目的に排出削減活動を締約国会議に報告することなどを義務付けている。

第2項　京都議定書

気候変動枠組条約の究極的な目的を達成するため，1997年12月に開催された京都会議（COP3）において，共通だが差異のある責任の原則を指針とし[4]，気候変動枠組条約の下のサブ・レジームとして，温室効果ガスの排出削減に関する具体的な数値目標の達成を気候変動枠組条約の附属書Ⅰ国（主として先進諸国）に法的に義務付けたのが京都議定書である。

京都議定書では，排出削減・抑制義務の対象となる温室効果ガスを二酸化炭素（CO_2），メタン（CH_4），一酸化二窒素（N_2O），ハイドロフルオロカーボン（HFC），パーフルオロカーボン（PFC），六ふっ化硫黄（SF_6）としている。これらの温室効果ガスの排出量を2008年から2012年までの第1約束期間（first commitment period）において先進国全体で1990年レベルと比べて少なくとも5％削減することを目的として，各国ごとに法的拘束力のある数量化された目標を定めている。各国の排出削減・抑制率は，日本が6％削減，米国が7％削

■表2-1　気候変動枠組条約締約国194か国の京都議定書上の位置づけ(2009年12月時点)

京都議定書の締結		京都議定書における数値約束	
		あり	なし
	締結	附属書Ⅰ国（40か国・地域） EU25か国（EUバブルaは旧15か国），ロシア，カナダ，アイスランド，日本，オーストラリア，ニュージーランド，ノルウェー，スイス，ウクライナ，チェコ，トルコbなど	非附属書Ⅰ国（150か国） 韓国，メキシコ，エジプト，サウジアラビア，EU2か国（キプロス，マルタ），中国，インド，ブラジル，南アフリカなど
	未締結	附属書Ⅰ国（1か国） 米国	非附属書Ⅰ国（3か国） アフガニスタン，サンマリノ，ソマリア

出典：環境省資料及び気候変動枠組条約事務局資料を基に2009年12月時点の締約国数を筆者集計。環境省資料については，環境省地球環境局「次期枠組に向けた国際交渉について／日中韓環境大臣会合について」（第11回関東地域エネルギー・温暖化対策推進会議配布資料，平成22年7月20日），9，アクセス日：2013年12月23日，http://www.kanto.meti.go.jp/seisaku/ondanka/pdf/20100720/20100720shiryo2-1.pdf．気候変動枠組条約の締約国については，UNFCCC, "Status of Ratification of the Convention," UNFCCC, アクセス日：2013年12月23日，http://unfccc.int/essential_background/convention/status_of_ratification/items/2631.php．京都議定書の締約国については，UNFCCC, "Status of Ratification of the Kyoto Protocol," UNFCCC, アクセス日：2013年12月23日，http://unfccc.int/kyoto_protocol/status_of_ratification/items/2613.php．
　a　EU加盟国のうち旧15か国（2004年5月の拡大前）は，共同でマイナス8％の削減約束を負っている（個々の国々の総排出量が各国の割当量の合計量を上回らない限り，各国の目標達成の有無によらず，目標が達成されたとみなされる。）。
　b　トルコの数値目標は定まっていない。

減，EUが8％削減などと国別差異化方式がとられ，附属書Ⅰ国全体で約5.2％の削減となっている。そして，各国は，①排出量取引，②共同実施，③クリーン開発メカニズムといういわゆる京都メカニズム[5]の活用により，海外から排出削減枠を購入することが認められている。京都議定書においては，第1約束期間終了後の2013年以降の附属書Ⅰ国の排出削減目標については規定されていない。ただし，京都議定書第3条第9項においては，第1約束期間（2008年～2012年）終了の7年前（2005年末）までに，第2約束期間以降における附属書Ⅰ国の排出削減・抑制目標について交渉を開始することを規定しており，第1約束期間終了後も，現行の京都議定書の枠組が継続することが想定されている。

　2009年12月に開催されたコペンハーゲン会議開催の時点で京都議定書の締約国数は190か国・地域となっている。なお，米国は気候変動枠組条約の締約国ではあるが，京都議定書の締約国ではないため，京都議定書に基づく排出削減・抑制義務の対象外となっている（表2-1参照）。

第2節　気候変動レジームの動揺

第1項　米国による京都議定書からの離脱宣言

　京都議定書を中核とする気候変動レジームの実効性に対し最初の打撃を与えたのは，京都議定書採択時に世界最大の温室効果ガスの排出国であった米国の京都議定書離脱宣言であった[6]。1997年の京都会議（COP3）において米国は京都議定書の採択に賛成・署名したが，それは米国上院議会の方針を逸脱するものであり，当時のClinton政権の政治的決断によるものであった。京都会議前の1997年7月25日に米国上院議会は，「途上国に排出削減義務を課さない内容か，米国経済に深刻な悪影響がある内容ならば批准しない」という決議（いわゆるByrd-Hagel決議）[7]を95対0で可決している一方，同年12月に実際に採択された京都議定書は途上国に排出削減義務を課すものとなっていなかった。この結果，Clinton政権による京都議定書への賛成・署名にもかかわらず，米国議会には，その後京都議定書を批准しようという動きはみられなかった。

　2001年1月に誕生したBush政権になると，米国政府は京都議定書を締結する意思のないことを明確にした。Hagel上院議員ら4人の上院議員に宛てた2001年3月13日付の書簡[8]においてBush大統領は，京都議定書は中国やインド等の主要新興国を排出削減義務の対象としておらず，米国経済に深刻な打撃を与えるおそれがあるとして，京都議定書に反対である旨を明確に述べている。そして同年3月28日になるとFleischer米大統領報道官が記者会見の場で「大統領は京都議定書を支持しない。京都議定書は途上国を排出削減義務の対象から除外しており，米国の経済的な利益に合致するものではない。」と述べ[9]，米国政府として京都議定書を締結する意図がないことを公式に表明するに至った。

　この結果，一時は京都議定書の発効自体が危ぶまれる事態となった。京都議定書は，①55か国以上の国が締結すること，②気候変動枠組条約の附属書Ⅰ国（主として先進諸国）であって京都議定書を締結した国々の1990年の二酸化炭素の排出量を合計した量が，全附属書Ⅰ国の1990年の二酸化炭素総排出量の55％

以上を占めること，という2つの条件を満たしてから90日後に発効することを規定している[10]。そして，2001年3月時点では気候変動枠組条約附属書Ⅰ国はいずれも京都議定書をまだ締結していなかった一方，気候変動枠組条約附属書Ⅰ国の1990年の二酸化炭素排出量総量に占める米国の二酸化炭素排出量は約35%であり[11]，米国抜きで発効を目指しても京都議定書自体の実効性が大きく削がれる結果となるため，京都議定書の発効要件を満たすことは容易ではなく，京都議定書の早期発効は絶望的になったとの声も聞かれるようになった[12]。

しかしながら，その後主要先進諸国が相次いで京都議定書を締結し，EU諸国，日本に続いて，2004年11月にロシアが京都議定書を締結し，発効要件を満たした結果，2005年2月に京都議定書は発効することとなった[13]。ただし，米国抜きの発効を余儀なくされたため，京都議定書発効時点の2005年の排出量でみると，京都議定書に基づく排出削減義務を負っている国々が世界全体の二酸化炭素排出量に占める割合は約3割となり[14]，世界全体の温室効果ガスの排出削減を進めていく上で，京都議定書は，その発効当初から実効性の面で大きな疑問符がつくものとなった。

第2項 新興諸国の排出量の急増

さらに京都議定書の実効性に動揺をもたらしたのは，中国やインド等の新興諸国の二酸化炭素排出量の急激な増加である。京都議定書は，共通だが差異のある責任の原則を指針として，まずは気候変動枠組条約の附属書Ⅰ国（主として先進諸国）のみに排出削減・抑制義務を課している。そして，京都議定書が排出削減の基準年とする1990年時点における世界全体の二酸化炭素排出量に占める附属書Ⅰ国の排出量の割合は約66%であり[15]，世界全体の温室効果ガスの排出削減に京都議定書は一定の効果があると見込まれていた。

しかしながら，京都議定書が採択された1997年の排出量と京都議定書が発効した2005年の排出量をIEAのデータ[16]を基に比較すると，附属書Ⅰ国の二酸化炭素排出量は約5%の増加にとどまった一方，中国やインドを始めとする新興諸国の高い経済成長に伴い世界全体の二酸化炭素排出量は約21%増加している。例えば2005年時点の中国の二酸化炭素排出量は1997年と比べて約76%増加し総量で約23億CO_2トンの増加（2005年の日本の総排出量の約2倍に相当）となっ

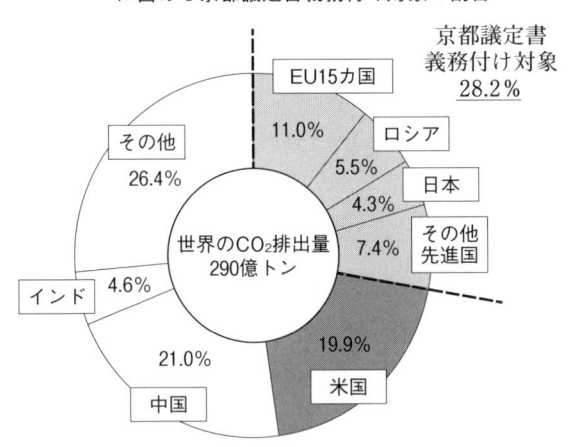

■図2-1　世界のエネルギー起源二酸化炭素排出量（2007年）に占める京都議定書義務付け対象の割合

- EU15カ国　11.0%
- ロシア　5.5%
- 日本　4.3%
- その他先進国　7.4%
- 米国　19.9%
- 中国　21.0%
- インド　4.6%
- その他　26.4%
- 世界のCO₂排出量　290億トン
- 京都議定書義務付け対象　28.2%

出典：「世界のエネルギー起源二酸化炭素排出量（2007年）に占める京都議定書義務付け対象の割合」環境省，アクセス日：2013年12月24日，http://www.env.go.jp/earth/cop/co2_emission_2007.pdf.

ており，世界全体の二酸化炭素排出量増加分の約49％を占めている。さらに中国に関しては，2007年には米国を抜き世界最大の温室効果ガス排出国に躍り出るに至っていた（図2-1参照）。

このように，新興諸国を中心として途上国の二酸化炭素排出量が急増する中，主として先進諸国のみに排出削減を義務付け，世界全体の排出量の3割弱しかカバーしていない京都議定書だけでは，世界全体の温室効果ガスの排出削減という面で実効性に欠け，不十分な状況となっていた。

第3項　全ての主要排出国による排出削減の必要性

気候変動枠組条約は「気候系に対して危険な人為的干渉を及ぼすこととならない水準において大気中の温室効果ガス濃度を安定化させる」ことを究極の目的として規定している[17]。しかしながら，危険な影響が何を意味するかについての具体的な記述や明確な数値は同条約には規定されていない。こうした中で，最新の科学的知見に基づき，この点に関し一定の手掛かりを与えたのが2001年に公表されたIPCC第3次評価報告書であり[18]，これをさらに補強したのが2007

年に公表されたIPCC第4次評価報告書[19]であった。IPCC第3次評価報告書で示された「懸念の根拠（reasons for concern）」では，脆弱な生態系システムは僅かな気温の上昇でも深刻な影響を被るおそれがあり，世界経済全体への影響を考えると2～3℃を超えると悪影響が卓越することを指摘している[20]。そして，2007年に公表されたIPCCの第4次評価報告書では，水資源，生態系，食糧問題，沿岸域，健康などの全ての分野における深刻な影響が2～3℃以上の気温上昇で起こることが示されている[21]。

また，IPCC第4次評価報告書では，温室効果ガス濃度を安定化させるための6つの排出削減シナリオを提示している[22]。そのうち，最も低い安定化水準のシナリオ群においては，産業革命前は280ppmであった大気中の二酸化炭素濃度を350～400ppm（温室効果ガス全体では445～490ppm CO_2-eq）[23]で安定化させるためのシナリオが描かれており，その達成のためには世界全体の二酸化炭素排出量の増加を2000年～2015年の間に減少に転じさせ，2050年の世界全体の二酸化炭素排出量を2000年比で50～85％削減する必要があるとされている。そして，このもっとも低い安定化水準のシナリオ群であっても，産業革命前からの気温上昇は，2.0～2.4℃になると予測されている。

さらに，IPCC第4次評価報告書第3作業部会報告書[24]においては，大気中の温室効果ガスの濃度を450ppm CO_2-eq（すなわち気温上昇を2.0～2.4℃以下とするために必要な温室効果ガス濃度）で安定化させるために必要な排出削減数値目標を附属書Ⅰ国と非附属書Ⅰ国に分けて示している。これによれば，気候変動枠組条約の附属書Ⅰ国（主として先進諸国）は1990年比で2020年までに25～40％の削減，2050年までに80～95％の排出削減が必要であり，非附属書Ⅰ国（附属書Ⅰ国以外の国々であり，主として途上諸国）についても，2020年までにラテンアメリカ，中東，東アジアなどではベースラインからの大幅な削減が必要であり，2050年までに全ての地域でベースラインからの大幅な削減が必要とされている。

こうしたIPCCの科学的知見を踏まえれば，京都議定書締約国である附属書Ⅰ国（米国を除く先進諸国）のみに排出削減義務を課す京都議定書だけでは，世界全体の温室効果ガスの排出削減を進めていく上では限界があり，全ての主要排出国による排出削減が必要な状況となっていた。

第3節　ポスト京都議定書を巡る多国間交渉の構造

第1項　バリ行動計画を受けた2トラックでの多国間交渉の枠組

　ポスト京都議定書を巡る多国間交渉の構造を複雑にしている要因の1つに，締約国会議の二重構造がある。まず京都議定書は，気候変動枠組条約の締約国のみが京都議定書の締約国となることができると規定しており[25]，2009年12月のコペンハーゲン会議（COP15・CMP5）の時点でみると気候変動枠組条約締約国194か国中，米国などの4か国を除く190か国が京都議定書の締約国となっている[26]。そして気候変動枠組条約は，気候変動枠組条約締約国会議（COP：Conference of the Parties to the Treaty）を毎年開催することを規定しており[27]，京都議定書は，京都議定書締約国会合（CMP：Conference of Parties to the Treaty as the Meeting of the Parties to the Protocol）をCOPと併せて毎年開催することを規定している[28]。また，気候変動枠組条約の締約国ではあるが京都議定書の締約国とはなっていない国（米国など）については，CMPにオブザーバーの資格で参加できることとされている[29]。このように気候変動枠組条約締約国会議（COP）と京都議定書締約国会合（CMP）の2つの会議は毎年同時に開催されるが，形式的には両者は別々の会議として開催されており，気候変動枠組条約締約国会議（COP）での交渉トラックと京都議定書締約国会合（CMP）での交渉トラックの2つの交渉トラックで並行して交渉が行われる枠組となっている。

(1)　京都議定書締約国会合の枠組の下での交渉（議定書トラック）

　京都議定書は，第1約束期間（2008年～2012年）終了の7年前（2005年末）までに，第2約束期間以降における気候変動枠組条約附属書Ⅰ国の新たな排出削減目標について交渉を開始することを規定している[30]。そして，2005年2月の京都議定書の発効を受けて同年11月にカナダ・モントリオールにおいて開催されたモントリオール会議（COP11・CMP1）においては，京都議定書第1約束期間後の2013年以降の次期国際枠組に向けた議論を正式に開始するため，「京都議定書の下での附属書Ⅰ国の更なる約束に関する特別作業部会（AWG-KP：Ad Hoc Working Group on Further Commitments for Annex I Parties under the Kyoto

Protocol)」の設置が決定された[31]。

その後数次の会合を経て2007年のバリ会議（COP13・CMP3）に併せて開催されたAWG-KP第4回再開会合（AWG-KP 4-2）においては，附属書Ⅰ国の第2約束期間以降の削減目標について2009年末までに結論を得，その結果を2009年の京都議定書第5回締約国会合（CMP 5）に提出し，その採択を目指すとする今後の作業計画について合意がなされた[32]。また，AWG-KP 4-2においては，IPCC第4次評価報告書第3作業部会報告書[33]の成果について言及がなされ，①附属書Ⅰ国が全体として温室効果ガスの排出量を各自可能な手段で2020年までに1990年に比して25～40％の範囲まで削減する必要があるとIPCC第4次評価報告書第3作業部会報告書で指摘されていることをAWG-KPとして認識することとされ，②この削減目標を達成することで気候変動枠組条約の究極の目的の達成に寄与することができるとAWG-KPとして認識することについて合意がなされた[34]。

このように，京都議定書締約国会議（CMP）の交渉トラックにおいては，京都議定書第2約束期間以降における附属書Ⅰ国の削減目標を設定することが予定され，かつ，その排出削減目標は，第1約束期間の排出削減目標よりもさらに深堀する方向で議論が進められることとされた。

(2) 気候変動枠組条約の枠組の下での交渉（条約トラック）

米国や新興諸国も含む全ての主要国を対象とした新たな国際枠組の構築に向けた議論の開始については，気候変動枠組条約において特段の規定は置かれていない。しかしながら，前述の京都議定書の実効性の限界を踏まえ，全ての主要排出国を対象とした新たな国際枠組の構築を目指す先進諸国は，気候変動枠組条約締約国会議（COP）の場を足掛かりとして，議論のプロセスを発展させていくことに成功した。まず，2005年にカナダ・モントリオールで開催された気候変動枠組条約第11回締約国会議（COP11）においては，気候変動枠組条約に基づき，全ての締約国の参加による長期的な協力行動の在り方についての対話を開始することが正式に決定された[35]。

そして，2007年にインドネシア・バリで開催されたバリ会議（COP13）においては，前述の対話の結果を踏まえた包括的な交渉プロセスの開始を定めたバリ行動計画が採択された[36]。バリ行動計画においては，IPCC第4次評価報告書

を受け世界全体の温室効果ガス排出の大幅な削減が必要であるとの認識の下，米国や中国を含む全ての締約国の参加による「気候変動枠組条約の下での長期的協力の行動のための特別作業部会（AWG-LCA：Ad Hoc Working Group on Long-Term Cooperative Action under the Convention）」を設置し，気候変動枠組条約の下での2013年以降の包括的な国際枠組に関し2009年までに合意（agreed outcome）を得て，同年の気候変動枠組条約第15回締約国会議（COP15）での採択を目指すこととされた。そして，この合意（agreed outcome）に盛り込むべき要素としては，①排出削減に関するグローバルな長期目標，②先進国及び途上国による排出削減の取組の強化，③海面上昇などの気候変動の影響に対する適応策の強化，④途上国への技術移転の強化，⑤途上国への資金協力の強化の5つの要素がバリ行動計画で規定された。特に重要な点は，排出削減の取組に関し，米国を含む全ての先進国による計測・報告・検証可能な排出削減の約束又は行動（measurable, reportable, and verifiable nationally appropriate mitigation commitments or actions）について検討することが明記されたことに加え，途上国による計測・報告・検証可能な緩和の行動（NAMA：nationally appropriate mitigation actions）についても検討することが明記された点である。

バリ行動計画の採択の結果，ポスト京都議定書を巡る多国間交渉は，AWG-KPの場における京都議定書第2約束期間の設定に関する交渉トラックと並んで，米国や途上諸国を含む包括的な国際枠組の構築に関するAWG-LCAの場における交渉トラックの2トラックで行われることとなった。

第2項 コンセンサス方式による意思決定手続

気候変動枠組条約締約国会議（COP）及び京都議定書締約国会合（CMP）の決定手続の特色として，コンセンサス方式による決定手続を挙げることができる。コンセンサスとは，投票なしで会議が決定を下す手続とされ，会議の議長は，コンセンサスが存在しているかどうか，各国が表明した意見や会議の雰囲気に照らして判断することとされている。1995年に開催された気候変動枠組条約第1回締約国会議（COP1）においては，手続規則案について議論がなされたものの，投票による決定手続について規定した規則42について各締約国の間で合意が成立せず採択されなかった。それ以降も合意が成立しなかったため，

その後の気候変動枠組条約締約国会議（COP）の決定も投票による決定方式ではなくコンセンサス方式のみによることとなり，京都議定書締約国会合（CMP）の決定も同様の扱いとなっている。[42]

第4節　多様な交渉グループによる多国間交渉の展開

　ポスト京都議定書を巡る各国の立場や考え方は，南北対立を基軸として先進国と途上国の間で基本的な違いがみられた。主として先進諸国は，世界全体の温室効果ガスの排出量の大幅な削減を図る上で，世界全体の排出量の約3割しかカバーしていない京都議定書では不十分であるとして，途上諸国も含めた全ての主要排出国を対象とした法的拘束力のある包括的な国際枠組の構築を目指したのに対し，主として途上諸国は，まずは先進諸国が率先して排出削減対策に取り組むべきであるとして，京都議定書第2約束期間の設定を強く求めた。ただし，各国の立場や考え方の違いは，先進国間や途上国間にも存在しており，先進諸国の間では，京都議定書第2約束期間の設定や包括的な国際枠組の法的拘束力の取扱いに関して立場や考え方の違いがみられた。また，途上諸国の間にも，近年の経済成長に伴い温室効果ガス排出量の増加が見込まれる中国やインドなどの新興諸国，気候変動による海面上昇の影響を直接受ける小島嶼諸国，排出量が低レベルでありながら気候変動の影響を多大に受けるとみられる後発開発途上国などの間で立場や考え方の違いがみられた。[43]

　こうした立場や考え方の違いを反映して，ポスト京都議定書を巡る多国間国際交渉の場においては，次のように様々な交渉グループが形成されており，重要な役割を果たすものとなっている。[44]

第1項　先進諸国からなる主な交渉グループ

　EU（欧州連合）　欧州連合（EU：European Union）は，EU加盟27か国（ポスト京都議定書を巡る多国間交渉当時）からなる交渉グループである。[45] EUは国際的な気候変動対策の推進におけるリーダーたるべきという意識が1990年代から非常に強く，ポスト京都議定書を巡る多国間交渉においても，世界全体の温室効果ガス排出量の大幅な削減を図るため，全ての主要国を対象とした法的拘束

力のある包括的な国際枠組の構築を強く訴えるスタンスをとっていた。

　　　アンブレラ・グループ　　EU 以外の先進諸国の主な交渉グループとしては，アンブレラ・グループ（Umbrella Group）を挙げることができる。アンブレラ・グループは，EU 諸国以外の先進諸国による緩やかな連合であり，京都議定書の採択を機に結成されたものである。参加メンバーは，オーストラリア，カナダ，アイスランド，日本，ニュージーランド，ノルウェー，ロシア，ウクライナ及び米国の9か国となっており，グループ内の各国の意見や立場も様々なものとなっている。例えば米国は，京都議定書の締約国ではないため，京都議定書第2約束期間の設定の是非については中立的な立場をとっていた一方，京都議定書第2約束期間の設定に一貫して反対の立場をとったのが日本，ロシア，カナダの3か国であった。

　　　その他の交渉グループ　　その他の先進諸国の交渉グループとしては，例えば，韓国，メキシコ，スイスなどからなる環境十全性グループ（EIG：Environmental Integrity Group）を挙げることができる[46]。

第2項　途上諸国からなる主な交渉グループ

　　　G77/中国　　途上諸国は，国際連合の場における多国間交渉において通常G77という交渉グループを形成している。中国は，G77の正式メンバーではなく準メンバーという位置づけであるが，気候変動枠組条約締約国会議（COP）及び京都議定書締約国会合（CMP）の場において中国は G77 と密接に連携しており，G77/中国（G-77 and China）という1つの交渉グループを形成している。その参加国は130か国以上である。

　なお，ポスト京都議定書の国際枠組の在り方に関して G77/中国は，京都議定書第2約束期間を設定すべきという点では統一的な立場を維持していたが，その他の論点についてはグループ内の各国の意見や立場は大きく異なるものとなっていた。こうした違いを反映して，ポスト京都議定書を巡る一連の多国間交渉の過程では，個々の国単位での発言が行われることやサブ・グループ単位での発言が行われることが通例であった。

　　　BASICグループ　　こうしたサブ・グループのうち，BASICグループは，途上諸国の中でも経済成長が著しい中国，インド，ブラジル，南アフリカの4

41

か国により構成される，いわゆる新興国グループである[47]。BASICグループ諸国の二酸化炭素排出量が世界全体の排出量に占める割合は，その経済成長に伴い近年急速に拡大し，コペンハーゲン会議が開催された2009年時点の排出量をみると約3割となっており[48]，今後，その経済成長に伴い中国・インドを中心にさらにその排出量が大幅に増加することが見込まれている[49]。このため，ポスト京都議定書を巡る多国間交渉においては，温室効果ガスの主要排出国である新興諸国と温室効果ガスの排出量が少ない他の途上国との間の立場や考え方の違いが次第に大きくなり，こうした中でコペンハーゲン会議の期間中にその結成が発表されたものである[50]。

アフリカ・グループ　アフリカ諸国は世界でも開発がもっとも遅れた地域であり，IPCC第4次評価報告書においては干ばつや砂漠化などにより気候変動の影響を特に強く受けると予測されている[51]。こうした観点から，G77/中国とは別にしばしば独自の発言をポスト京都議定書を巡る多国間交渉の場において行っていたのがアフリカ諸国からなるアフリカ・グループであった。

AOSIS諸国　AOSIS諸国は気候変動による海面上昇による影響の被りやすいツバルやモルディブなどの小島嶼諸国約40か国からなる交渉グループである[52]。IPCC第4次評価報告書によれば，小島嶼諸国は，気候変動によりもっとも深刻な影響を受ける地域の1つと指摘されている[53]。こうした中で，ポスト京都議定書を巡る一連の多国間交渉において，より実効性の高い国際枠組の速やかな構築を求めたのがAOSIS諸国であった。

LDC諸国　LDC諸国は，国連開発計画委員会（CDP：United Nations Committee for Development Policy）が認定した基準に基づき，国連経済社会理事会の審議を経て，国連総会の決議により特に開発の遅れた国々として認定された約50か国からなる交渉グループである[54]。これらの国々は気候変動による砂漠化の加速，食料生産の減少などの影響を受けやすく，対応能力も十分ではないことから，ポスト京都議定書を巡る多国間交渉においては，気候変動による深刻な影響に対応するため，より実効性の高い国際枠組の構築を強く求めることとなった。

その他の交渉グループ　この他の交渉グループとしては，例えば，米州ボリバル同盟諸国（ALBA：Alianza Bolivariana para los Pueblos de Nuestra América)[55]，石油輸出国機構（OPEC：Organization of Petroleum Exporting Countries），CACAM グループ（中央アジア諸国，コーカサス諸国，アルバニア及びモルドヴァがメンバー），アラブ連盟（League of Arab States），仏語圏諸国機関（AIF：Agence Intergouvernementale de la Francophonie）などがある。

---

1) 気候変動枠組条約事務局資料を基に2009年12月時点の締約国数を筆者集計。"Status of Ratification of the Convention," UNFCCC，アクセス日：2013年12月23日，http://unfccc.int/essential_background/convention/status_of_ratification/items/2631.php.
2) 環境省編『環境・循環型社会・生物多様性白書』平成20年版（日経印刷，2008），5.
3) 附属書Ⅰ国とは，気候変動枠組条約を批准した国のうち，同条約の附属書Ⅰに記されている国を指す。附属書Ⅰに掲載されている国は次のとおりである。オーストラリア，オーストリア，ベラルーシ，ベルギー，ブルガリア，カナダ，チェコ，スロヴァキア，デンマーク，欧州経済共同体，エストニア，フィンランド，フランス，ドイツ，ギリシャ，ハンガリー，アイスランド，アイルランド，イタリア，日本，ラトヴィア，リトアニア，ルクセンブルグ，オランダ，ニュージーランド，ノルウェー，ポーランド，ポルトガル，ルーマニア，ロシア，スペイン，スウェーデン，スイス，トルコ，ウクライナ，イギリス，アメリカ。
4) 京都議定書前文．
5) 国際排出量取引とは，京都議定書締約国である附属書Ⅰ国間での排出枠の国際取引であり，共同実施とは，附属書Ⅰ国同士の共同の排出削減プロジェクトで生じた排出削減量を当該附属書Ⅰ国同士で移転することであり，クリーン開発メカニズムとは，附属書Ⅰ国と非附属書Ⅰ国との間の共同プロジェクトで生じた排出削減量を，当該附属書Ⅰ国が自国の排出削減目標の達成に活用することである。京都メカニズムの詳細については，京都議定書第6条，第12条，第17条の規定を参照。
6) 米国のブッシュ政権の京都議定書離脱宣言の経緯と背景については，Greg Kahn, "The Fate of the Kyoto Protocol under the Bush Administration," *Berkeley Journal of International Law* 21 (2003): 548-71.
7) "Expressing the Sense of the Senate Regarding the Conditions for the United States Becoming a Signatory to Any International Agreement on Greenhouse Gas Emissions under the United Nations Framework Convention on Climate Change, S. Res. 98, 105th Cong." *Congressional Record*, vol. 143, no. 107 (July 25, 1997): S8138-39.
8) George W. Bush, "Letter to Members of the Senate on the Kyoto Protocol on Climate Change," March 13, 2001, *Weekly Compilation of Presidential Documents* 37 no. 11 (March 19, 2001): 444-45.
9) Office of the Press Secretary, "Press Briefing by Ari Fleischer," White House, March 28, 2001, accessed November 9, 2011, http://georgewbush-whitehouse.archives.gov/news/briefings/20010328.html#KyotoTreaty.
10) 京都議定書第25条第1項．
11) IEA のデータを基に筆者集計。IEA, *CO_2 Emissions from Fuel Combustion: Highlights*, 2013 ed. (Paris: IEA, 2013), 16, table 1.

12) 「米，事実上の離脱表明」『日本経済新聞』2001年3月29日朝刊1面縮刷版1797;「米産業界の声重視」『日本経済新聞』2001年3月29日朝刊2面縮刷版1798.
13) 京都議定書発効に至る経緯については，浜中裕徳（元環境省地球環境審議官）・久保田泉「マラケシュ合意後：京都議定書の発効と実施，および第1約束期間後の国際枠組み交渉の開始」『京都議定書をめぐる国際交渉：COP3以降の交渉経緯』改訂増補版（慶應義塾大学出版会，2009），198-202.
14) IEAのデータを基に筆者集計。"CO$_2$ Highlights 2013: Excel Tables," IEA, accessed December 23, 2013, http://www.iea.org/media/freepublications/2013pubs/CO2HighlightsExceltables.XLS.
15) IEAのデータを基に筆者集計。IEA, *CO$_2$ Emissions 2013*, 16, table 1.
16) "CO$_2$ Highlights 2013: Excel Tables," IEA, accessed December 23, 2013, http://www.iea.org/media/freepublications/2013pubs/CO2HighlightsExceltables.XLS.
17) 気候変動枠組条約第2条.
18) IPCC, *Climate Change 2001: Synthesis Report* (Cambridge: Cambridge University Press, 2001).
19) IPCC, *Climate Change 2007: Synthesis Report* (Geneva: IPCC, 2007).
20) IPCC, *Climate Change 2001*, 68, box 3-2.
21) IPCC, *Climate Change 2007*, 51, fig. 3.6.
22) Ibid., 67, table 5.1.
23) 単位のCO$_2$-eqとは，"CO$_2$ equivalent"の略であり，地球温暖化係数（GWP: Global Warming Potential）を用いて二酸化炭素排出相当量に換算した値。
24) IPCC, *Contribution of Working Group III to the Fourth Assessment Report of the Intergovernmental Panel on Climate Change* (Cambridge: Cambridge University Press, 2007), 776, box 13.7.
25) 京都議定書第24条第1項.
26) 気候変動枠組条約の締約国については，UNFCCC, "Status of Ratification of the Convention," UNFCCC, accessed December 23, 2013, http://unfccc.int/essential_background/convention/status_of_ratification/items/2631.php; 京都議定書の締約国については，UNFCCC, "Status of Ratification of the Kyoto Protocol," UNFCCC, accessed December 23, 2013, http://unfccc.int/kyoto_protocol/status_of_ratification/items/2613.php; 気候変動枠組条約締約国のうち，京都議定書締約国でない国は，2009年12月時点では，米国のほかに，アフガニスタン，サンマリノ，ソマリアの4か国であった。
27) 気候変動枠組条約第7条第4項.
28) 京都議定書第13条第6項.
29) 京都議定書第13条第2項.
30) 京都議定書第3条第9項.
31) *Consideration of Commitments for Subsequent Periods for Parties Included in Annex I to the Convention under Article 3, Paragraph 9, of the Kyoto Protocol*, Decision 1/CMP.1 (FCCC/KP/CMP/2005/8/Add.1, March 30, 2006).
32) *Report of the Ad Hoc Working Group on Further Commitments for Annex I Parties under the Kyoto Protocol on Its Resumed Fourth Session, Held in Bali from 3 to 15 December 2007* (FCCC/KP/AWG/2007/5, February 5, 2008), para. 22.
33) IPCC, *Contribution of Working Group III to the Fourth Assessment Report of the Inter-*

governmental Panel on Climate Change (Cambridge: Cambridge University Press, 2007).
34) *Report of the Ad Hoc Working Group on Further Commitments for Annex I Parties under the Kyoto Protocol on Its Resumed Fourth Session, Held in Bali from 3 to 15 December 2007* (FCCC/KP/AWG/2007/5, February 5, 2008), para. 16.
35) *Dialogue on Long-Term Cooperative Action to Address Climate Change by Enhancing Implementation of the Convention*, Decision 1/CP.11 (FCCC/CP/2005/5/Add.1, March 30, 2006).
36) *Bali Action Plan*, Decision 1/CP.13 (FCCC/CP/2007/6/Add.1, March 14, 2008).
37) 適応策とは，気候変動の影響に対し自然・人間システムを調整することにより，被害を防止・軽減することであり，例えば，農作物の品質低下・収量低下に対する高温耐性品種の導入や適切な栽培手法の普及，高山帯の植物の減少，サンゴの白化等に対する保護策，海面上昇などへの対策や，狭領域・短期集中型の豪雨被害の増加に対する危機管理体制の強化，早期警戒システムの整備などの対策が挙げられている。気候変動の影響は既に起こりつつあり，将来さらに激化が予想されるために，気候変動の影響に対しては，温室効果ガスの排出削減の取組と並んで，適応策も重要とされている。環境省気候変動適応の方向性に関する検討会『気候変動適応の方向性』（平成22年11月），アクセス日：2013年12月22日，http://www.env.go.jp/press/file_view.php?serial=16525&hou_id=13167.
38) 「緩和」とは mitigation の訳であり，排出量の削減又は排出量増加の抑制を意味する。
39) Ronald A. Walker and Brook Boyer, *A Glossary of Terms for UN Delegates* (Geneva: United Nations Institute for Training and Research, 2005), 38.
40) *Draft Rules of Procedure of the Conference of the Parties and its Subsidiary Bodies* (A/AC.237/L.22/Rev.2, February 15, 1995).
41) *Report of the Conference of the Parties on Its First Session, Held at Berlin from 28 March to 7 April 1995* (FCCC/CP/1995/7, May 24, 1995), paras.9-14.
42) 京都議定書第13条第5項においては，京都議定書締約国会合の手続規則は，気候変動枠組条約締約国会議の手続規則を準用すると規定されている。
43) 環境省編『平成20年版白書』5.
44) 本節における各交渉グループ（BASIC グループを除く。）の概要に関する記述については，次の文献を参照した。Farhana Yamin and Joanna Depledge, *The International Climate Change Regime: A Guide to Rules, Institutions and Procedures* (Cambridge: Cambridge University Press, 2004), 33-48; "Who's Who: Groupings and Actors," UNFCCC, accessed December 25, 2013, http://unfccc.int/essential_background/convention/items/6343.php.
45) なお，2013年7月にクロアチアが加盟したことに伴い，2014年2月時点ではEUの加盟国数は28か国となっている。
46) 環境省編『環境・循環型社会・生物多様性白書』平成25年版（日経印刷，2013), 385.
47) BASIC グループ結成の背景や詳細については，Karl Hallding et al., *Together Alone: BASIC Countries and the Climate Change Conundrum* (Copenhagen: Nordic Council of Ministers, 2011).
48) IEA のデータを基に筆者集計。"CO_2 Highlights 2013: Excel Tables," IEA, accessed December 23, 2013, http://www.iea.org/media/freepublications/2013pubs/CO2HighlightsExceltables.XLS.
49) IEA, *World Energy Outlook 2007: China and India Insights* (Paris: IEA, 2007), 199, ta-

ble 5.1.
50)「排出急増4ヵ国BASIC結成」『朝日新聞』2009年12月16日夕刊14面縮刷版848.
51) IPCC, *Climate Change 2007*, 50.
52) "About AOSIS," AOSIS, accessed September 22, 2015, http://aosis.org/about.
53) IPCC, *Climate Change 2007*, 52.
54)「後発開発途上国（LDC：Least Developed Country）」外務省，平成24年12月，アクセス日：2013年12月25日，http://www.mofa.go.jp/mofaj/gaiko/ohrlls/ldc_teigi.html.
55) ベネズエラ，キューバ，ボリビア，ニカラグア等の中南米諸国がメンバー。

第 3 章

コペンハーゲン会議（2009年）の攻防
：歴史的な成果を期待された会議

　2009年12月に開催されたコペンハーゲン会議（気候変動枠組条約第15回締約国会議（COP15）・京都議定書第5回締約国会合（CMP5））は，2007年に採択されたバリ行動計画及びAWG-KPにおいて合意された作業計画に基づき，ポスト京都議定書の国際枠組に関する合意案を採択するという歴史的な成果を期待された会議であった。しかしながら，会議は終盤まで決裂の危機に瀕し，期待された成果を上げられぬまま，翌年のダーバン会議へと議論は引き継がれることとなった。本章の前半では，こうした交渉の展開を追うとともに，後半では，規範的アイデアの衝突と調整の観点から，交渉の展開を分析することとしたい。

第1節　コペンハーゲン会議の前哨戦

第1項　ポズナン会議（COP14・CMP4）での前哨戦（2008年）

　2007年のバリ会議（COP13・CMP3）後の翌年12月にポーランド・ポズナン（Poznań）で開催されたポズナン会議（COP14・CMP4）は，コペンハーゲン会議（COP15・CMP5）に至る中間点に当たる会議であった。そして，ポズナン会議では，2009年のコペンハーゲン会議での合意採択に向けて，「気候変動枠組条約の下での長期的協力の行動のための特別作業部会」（AWG-LCA）と「京都議定書の下での附属書Ⅰ国の更なる約束に関する特別作業部会」（AWG-KP）の両AWGの作業計画が採択された。AWG-LCAの作業計画においては，2009年から本格的な交渉モードに移行するため，2009年3月までに主要論点について整理を行い，同年6月までに交渉テキストを作成するようAWG-LCA座長に対して要請された。また，包括的な国際枠組の検討に当たっては，特に

途上諸国の実質的な参加が確保されるよう検討を進めることとされた。また，AWG-KPの作業計画においては，京都議定書第2約束期間以降の附属書I国の更なる約束について合意することに主眼を置くこととされた。[6]

第2項　難航する事務レベル協議（ポズナン会議後）

2008年12月のポズナン会議（COP14・CMP4）以降，5回にわたってAWG-LCA及びAWG-KPの両特別作業部会が開催され，交渉テキストの取りまとめに向けた事務レベル協議が行われた。[7] しかしながら，AWG-LCA座長が作成した交渉テキストは百数十ページにわたる膨大なものとなり，特に先進諸国及び途上諸国による排出削減・抑制対策の部分に関しては，各国の意見の隔たりが際立つものとなった。[8] 主として先進国側が京都議定書に代わる包括的な法的拘束力のある国際枠組の構築を訴えたのに対し，新興国を含む途上国側は，その構築に強く反対し，代わりに京都議定書第2約束期間の設定を強く求め，交渉は平行線を辿る結果となった。また，AWG-KPにおいても議論は難航を極め，京都議定書第1約束期間終了後の2013年以降における附属書I国（主として先進諸国）の国別目標及び先進諸国全体の目標の中身について議論の進展がみられなかっただけでなく，AWG-KPの議論の成果として何を目指すのかというそもそも論を巡って各国の意見対立が一層露わになった。具体的には，京都議定書第2約束期間の設定（すなわち，附属書I国の排出の抑制及び削減に関する数量化された約束について規定した京都議定書附属書Bの改正）を目指すのか，それとも附属書I国以外の主要国をも対象とした包括的な新たな1つの法的枠組を目指すのかの論点について，各国の意見の相違が一層明らかとなり，AWG-LCAのような交渉テキストすら取りまとめることができなかった。

第3項　国際的な機運の盛り上がりと主要各国による中期目標の相次ぐ表明

AWG-LCA及びAWG-KPの両特別作業部会における交渉が難航を極める一方で，コペンハーゲン会議での合意成立に向けた国際的な機運は盛り上がりをみせた。2009年7月に開催されたG8ラクイラ・サミットでは，G8としてコペンハーゲン会議で世界的，野心的かつ包括的な合意に達することにコミット

するとともに，他の先進諸国及び新興諸国に対して，共通だが差異のある責任の原則を踏まえつつ積極的な取組を求め，世界全体の温室効果ガス排出量を2050年までに少なくとも半減することが必要であることを再確認した。また，中国，インド，ブラジル，南アフリカ等の新興諸国等の参加の下，G8ラクイラ・サミットと併せて開催された「エネルギーと気候変動に関する主要経済国フォーラム」においても，気候変動枠組条約の目的，規定及び原則を再確認した上で，バリ行動計画等を踏まえ，2009年12月のコペンハーゲン会議において合意に達するための努力を惜しまないことを決意する旨が首脳宣言に盛り込まれた。

また，潘基文（パン・ギムン）国連事務総長のイニシアティブにより，2009年9月22日に国連気候変動サミットがニューヨーク・国連本部にて開催され，米国，中国，日本，フランス，イギリスなど約90か国の首脳等の出席の下，丸1日を費やして気候変動問題に関し集中的に議論が行われ，コペンハーゲン会議に向けて交渉の進展を強化，加速化する必要性を各国が訴えた。

さらに，こうした動きと並行して，主要排出国による中期目標（2020年の温室効果ガス排出削減・抑制目標）の表明が相次いだ。先頭を切っていたのはEUであった。EUは，2007年3月の欧州理事会決定において，1990年比で2020年までに20％削減，他の先進国・途上国がその責任及び能力に応じて同等以上の削減に取り組むのであれば，1990年比で2020年までに30％削減との目標を既に打ち出していた。日本は2009年6月に麻生首相（当時）が，2005年比で2020年までに15％削減（1990年比で8％削減）との目標を表明した。また，政権交代に伴い同年9月に新しく就任した鳩山首相（当時）は，同月に開催された国連気候変動サミットの場において，1990年比で2020年までに25％削減（ただし，全ての主要国による公平かつ実効性のある国際枠組の構築と全ての主要国の参加による意欲的な目標の合意が前提という条件付きの目標）という新たな中期目標を打ち出し，関係各国から拍手喝采を浴びることとなった。

また，他の先進諸国も相前後して中期目標を表明した。例えば，ロシアは1990年比で22〜25％の削減，カナダは2006年比で20％削減，オーストラリアは2000年比で5％削減（ただし，今後の国際交渉で全ての主要排出国が相当な排出抑制を行い，先進国が同様な排出削減を行うことに合意する場合には最大15％削減），ノル

ウェーは1990年比で30％削減との目標を打ち出した。また，EU 加盟国であるイギリス，ドイツ及びフランスは，EU としての目標とは別に独自の国別中期目標を表明するに至った。さらに，これら先進諸国の多くは，2050年の長期目標についても併せて表明し，温室効果ガスの排出削減に向けた積極的な姿勢を国際社会に対してアピールした[16]。

京都議定書に基づく排出削減義務を負っている先進諸国が率先して中期目標を相次いで国際社会に対して表明する中で，京都議定書に基づく排出削減義務を負っていないその他の国々（米国や新興諸国など）も，2009年9月以降，相次いで中期目標を国際社会に対して表明した。米国は2009年11月に，2005年比で2020年までに17％程度削減との目標を表明した[17]。また，中国は2020年の GDP 当たり二酸化炭素排出量を2005年比で40〜45％削減，インドは2020年までに GDP 当たりの二酸化炭素排出量を2005年比で20〜25％削減，ブラジルは2020年までに BAU 比で36.1〜38.9％削減[18]，南アフリカは2020年までに BAU 比で34％削減との中期目標を相次いで表明するに至った[19]。新興諸国もこれまで自国の排出削減目標を国際的に公約したことはなく，これまでのスタンスから大きな一歩を踏み出すものであった[20]。

第2節　コペンハーゲン会議の開幕と2トラックでの合意を目指した交渉の挫折

第1項　コペンハーゲン会議の開幕（2009年12月7日月曜日）

(1) 気候変動枠組条約の下での法的拘束力のある包括的な国際枠組の構築を巡る攻防（COP 開幕総会・AWG-LCA 開幕総会）

コペンハーゲン会議初日の12月7日月曜日に開催された気候変動枠組条約締約国会議（COP）及び気候変動枠組条約の下での長期的協力の行動のための特別作業部会（AWG-LCA）それぞれの開幕総会においては，法的拘束力のある包括的な国際枠組の構築の是非を巡って，主要な交渉グループが冒頭から激しい相互牽制を繰り広げた[21]。COP 開幕総会の冒頭においてスーダンは G77/ 中国を代表して発言し，京都議定書第2約束期間の設定を含め，まずは先進諸国が

気候変動枠組条約に基づく義務を完全に履行することが重要であると主張し，途上諸国にも先進諸国と同様の排出削減義務を課そうとする先進諸国の主張を牽制した。ただし途上諸国は決して一枚岩ではなく，例えばAOSIS（小島嶼諸国連合）を代表して発言したグレナダは，途上諸国を含む全ての主要国を対象とした法的拘束力のある包括的な国際枠組の構築を訴えた。

　一方，先進国側は，法的拘束力のある1つの国際枠組の構築を求める点では方向性は一致していた。アンブレラ・グループを代表して発言したオーストラリアは，全てのアンブレラ・グループ諸国は，2020年までにそれぞれの温室効果ガス排出量を大幅に削減するとの削減目標を提示する用意があり，かつ，その達成に向けた取組を国際的な計測・報告・検証（MRV：Measurement, Reporting and Verification）の対象とする用意がある旨述べた上で，コペンハーゲン合意の成果として，気候変動枠組条約の下，法的拘束力のある包括的な1つの国際枠組の構築に向けた政治合意を目指すべきであると主張した。また，EUを代表して発言したスウェーデンも，コペンハーゲン会議においては，全ての締約国を対象とした法的拘束力のある1つの包括的な国際枠組の採択又は2010年の然るべき日までに当該国際枠組を採択することについて合意を得ることを目指すべきであると主張したのである。

　引き続いて同日に開催されたAWG-LCA総会においても，途上諸国に法的削減義務を課すことに反対し，あくまでも先進諸国のみを対象とした京都議定書第2約束期間の設定を求める途上諸国の主張と，京都議定書第2約束期間の設定に代えて全ての主要国を対象とした包括的な法的拘束力のある国際枠組の構築を求める先進諸国の主張とが真っ向から対立した。

(2)　京都議定書第2約束期間の設定を巡る攻防（CMP開幕総会・AWG-KP開幕総会）

　COP及びAWG-LCAと同じくコペンハーゲン会議初日の12月7日月曜日に開催された京都議定書締約国会合（CMP）及び京都議定書の下での附属書Ⅰ国の更なる約束に関する特別作業部会（AWG-KP）においても，京都議定書第2約束期間設定の是非を巡って，各国が冒頭から激しい相互牽制を繰り広げた[22]。CMP開幕総会においては，主として途上諸国が京都議定書第2約束期間の設定を求め，気候変動枠組条約附属書Ⅰ国以外の国々についてはAWG-LCAの議論に基づく別途の枠組の構築を訴えたのに対し，先進諸国は京都議定書を基

礎として全ての国々を対象とした包括的な1つの法的拘束力のある国際枠組の構築を強く訴え，AWG-LCAにおける議論の成果とAWG-KPにおける議論の成果との一本化を強く求めた。

京都議定書第2約束期間の設定を求める途上国側の主張は，CMP開幕総会におけるスーダンの発言に集約することができる。G77/中国を代表して発言したスーダンは，AWG-KPのマンデートは，京都議定書第2約束期間における附属書Ⅰ国の野心的な削減約束の設定について議論することであり，他の国々も幅広く対象とした枠組に関するAWG-LCAにおける議論とは切り離して議論すべきであると主張した。そして，附属書Ⅰ国が表明した中期目標は，IPCC第4次評価報告書の科学的知見が求めるレベルから程遠く不十分であるとして，附属書Ⅰ国に対してより一層の削減努力を求めた。

こうした途上国の主張に対し，先進諸国は京都議定書第2約束期間の設定に代えて，法的拘束力のある1つの包括的な国際枠組の構築を改めて強く主張した。例えば，アンブレラ・グループを代表して発言したオーストラリアは，京都議定書を基礎とした新たな法的拘束力のある包括的な国際枠組の構築を訴えた。また，EUを代表して発言したスウェーデンは，京都議定書の意義を認めつつも，気候変動対策の実効性を上げるためには，新興諸国も対象として，京都議定書よりも包括的な国際枠組の構築が必要であると強く主張した。

引き続いて開催されたAWG-KP開幕総会においても，主要各国・グループ間の相互牽制は激しさを増した。G77/中国を代表して発言したスーダンは，京都議定書第2約束期間の設定に代えて，1つの包括的な国際枠組の構築にこだわる先進諸国の主張に懸念を示した上で，こうした先進諸国の主張はバリ行動計画のマンデートに反するものであると強く批判した。バリ行動計画においては，2つの交渉トラックの下，京都議定書第2約束期間以降の先進諸国の更なる削減約束についての合意を取りまとめることと，気候変動枠組条約に基づく長期的な協力行動の在り方について合意を取りまとめることの二本立ての枠組の構築が目指されており，この2つの枠組を1つの枠組に統合しようとする先進諸国の主張は，バリ行動計画を損なうものであるというのがスーダンの主張であった。

こうしたG77/中国の主張に対して，EUを代表して反論を展開したのがス

ウェーデンであった。スウェーデンは，IPCC 第 4 次評価報告書の科学的知見に基づけば，地球全体の平均気温の上昇を産業革命前と比べて 2℃ 以下に抑えるためには，世界全体の二酸化炭素排出量は2020年をピークに減少に転じさせ，2050年までに半減させることが必要であり，そのためには京都議定書のみでは不十分であり，全ての国々を対象とした法的拘束力のある包括的な国際枠組の構築が必要であると主張したのである。そして，アンブレラ・グループを代表して発言したオーストラリアも，法的拘束力のある包括的な 1 つの国際枠組の構築を改めて訴えた。なお，京都議定書の締約国でない米国は，京都議定書第 2 約束期間の設定の是非については中立の立場をとり，特段の発言はなされなかった。

一方，AOSIS 諸国や LDC 諸国は，法的拘束力のある包括的な国際枠組の構築と京都議定書第 2 約束期間の設定との 2 つの法的枠組の構築を訴えた。

第 2 項　AWG-LCA 座長案及び AWG-KP 座長案を巡る攻防
(12月 7 日火曜日～16日木曜日未明)

(1) 平行線を辿る議論

AWG-LCA 及び AWG-KP の両特別作業部会における本格的な議論は，12月 7 日月曜日から本格的にスタートした[23]。そして，両特別作業部会においては，12月15日火曜日までに気候変動枠組条約締約国会議（COP）決定案及び京都議定書締約国会合（CMP）決定案を取りまとめ，当該決定案を翌16日水曜日に開催される COP 総会及び CMP 総会に AWG-LCA 座長及び AWG-KP 座長からそれぞれ報告し，首脳級による協議を経て，12月18日金曜日の COP 総会及び CMP 総会で採択することを目指して協議を行うこととされていた[24]。しかしながら，附属書Ⅰ国の削減約束の在り方に絞って議論を進めたい途上国側と，全ての主要国を対象とした包括的な国際枠組の構築に関する議論と一体的に議論を進めたい先進国側の主張とが正面から衝突し，AWG-LCA 及び AWG-KP における議論は平行線を辿った[25]。

(2) デンマーク・テキストの発覚

コペンハーゲン会議 2 日目の12月 8 日火曜日，英国の新聞 Guardian 紙のホームページに，議長国デンマークが秘密裏に少数の国々と協議していたコペ

ンハーゲン合意案（いわゆるデンマーク・テキスト）のリーク記事が，同合意案の全文とともに掲載された[26]。そして，この日の午後になると，会議場の外ではこのデンマーク・テキストに関する話題で持ちきりとなった[27]。デンマーク・テキストにおいては，2013年以降のポスト京都議定書の新たな国際枠組の採択ではなく，その方向性を示した政治合意を採択するとの案となっており，先進諸国及び途上諸国の排出削減・抑制目標と，当該目標の履行確保のためのMRV（測定・報告・検証）の仕組みについて定めるとともに，気候変動枠組条約の下で全ての締約国を対象とした包括的な法的枠組（a comprehensive legal framework under the Convention）について合意することを目指して交渉を続けることが案文に盛り込まれていた。さらに，途上諸国に対する資金支援は，途上国による追加的な排出削減努力が条件であると規定されていた。

このデンマーク・テキストについては，先進国主導で秘密裏に用意されたものであり，両特別作業部会におけるこれまでの交渉プロセスを無視するものであるだけでなく，京都議定書に代えて新たな法的枠組を構築することにより，先進国のみならず途上国にも法的義務を課そうとするものであるとして，途上諸国の強い反感を招く結果となった。

(3) コンタクト・グループの設置を巡るAOSIS諸国の提案と挫折

12月9日水曜日に開催されたCOP総会において，気候変動枠組条約第17条に基づく新たな議定書に関する各国からの提案の取扱いについて議論が行われた[28][29]。そしてこの場において，AOSIS諸国の一員であるツバルは，京都議定書の改正案（京都議定書第2約束期間の設定）に加えて，京都議定書での排出削減義務を負っていない国々を対象とした，法的拘束力を有する新たな議定書をコペンハーゲン会議において採択すべきであるとして，このために気候変動枠組条約第17条に基づく新たな議定書について議論するコンタクト・グループの設置を提案した。これを受けてデンマークのHedegaard気候・エネルギー担当大臣（COP議長・CMP議長）は，新たなコンタクト・グループの設置を提案した。この提案に対しては，AOSIS諸国，南米諸国，アフリカ諸国の多数の国々が賛成に回った一方，中国，インドを始めとする他の途上諸国は，法的拘束力のある新たな議定書を議論するための新たなコンタクト・グループの設置によって議論の焦点が京都議定書第2約束期間の設定から逸れてしまうことを[30]

懸念し，コンタクト・グループの設置に対して反対に回った。この結果，AOSIS 諸国が主張するコンタクト・グループは設置されなかった。

(4) AWG-LCA 座長案及び AWG-KP 座長案の提示と先進諸国の反発
    (12月11日金曜日〜12日土曜日)

AWG-LCA 及び AWG-KP の両特別作業部会における議論が大きな動きをみせたのは12月11日金曜日であった。この日の朝，AWG-LCA 及び AWG-KP の両座長は，それぞれ COP 決定案に関する座長案及び CMP 決定案に関する座長案を各国に配布するとともに，同日昼に合同非公式協議を開催しその説明を各国に対して行うとともに，翌12日土曜日には COP 総会及び CMP 総会が開催され，両座長案に関する正式な説明が行われた。[31] この両座長案は，途上国側の主張により配慮した形で，京都議定書第2約束期間の設定を強く予断するものとなっていた一方，包括的な法的拘束力のある国際枠組の構築の取扱いについては必ずしも明確なものとはなっていなかった。

まず AWG-LCA 座長案は，COP 決定案本体と個別論点に関する一連の附属決定案から構成されていた。[32] 本体決定案は京都議定書第2約束期間の設定を強く予断するものとなっており，京都議定書締約国である附属書Ⅰ国の中期目標は，京都議定書の第2約束期間における排出削減・抑制目標として定めると規定していた。また，途上諸国の排出削減について本体決定案は，途上諸国は先進諸国の支援を受けた削減行動をとらなければならないと規定する一方，先進諸国の支援を受けていない削減行動については，そうした削減行動をとることができる (may undertake) と規定するにとどまっていた。また，AWG-KP 座長案は，京都議定書第2約束期間の設定を内容とする京都議定書改正案となっており，法的拘束力のある包括的な国際枠組の構築との関係も不透明なものであった。このため，途上諸国は賛成に回ったものの，先進国側は両座長案に対して強く反発する結果となった。[33]

こうした状況を踏まえ，12日土曜日の午後，Hedegaard 議長は非公式協議を開催し，コペンハーゲン会議の合意案の落とし所に関する議長案を提示した。[34] 議長案においては，①コペンハーゲン会議の場で，気候変動枠組条約の下での法的拘束力のある包括的な枠組と京都議定書第2約束期間の設定の2つを採択するか，②これら2つの決定を将来いつまでに採択するかの交渉期限につ

いて合意をするかの2つのオプションが提示されていた。しかしながら，各国は従来からの主張を繰り返すのみであり，議論に特段の進展はみられなかった。

(5) AWG-LCA閉幕総会及びAWG-KP閉幕総会における攻防
（12月15日火曜日～16日水曜日未明）

12月15日火曜日の夜には，首脳級ハイレベル会合（High Level Segment）の歓迎セレモニーが開催されるとともに，夜遅くになってからAWG-KPの閉幕総会が開催され，その後未明になってからAWG-LCAの閉幕総会が開催された。[35] コペンハーゲン会議の進行の段取りとしては，12月16日水曜日から開催される首脳級ハイレベル会合に両特別作業部会はそれぞれCOP決定案及びCMP決定案を提出することとされており，これら決定案について取りまとめることがAWG-KP及びAWG-LCAにおける作業目標であった。

AWG-KP閉幕総会 12月15日火曜日夜にAWG-KP閉幕総会が開催された。各国の意見の隔たりが依然として大きく，意見集約が進んでいないことが改めて明らかとなった。これを受けてインドは，各国の意見の隔たりが依然として大きく，AWG-KP座長が提示したCMP決定案については数多くの括弧書きが残されるなど，ハイレベル会合に提示する熟度に達していないとして，今後の協議の進展に懸念を表明した。これに対してG77/中国を代表して発言した南アフリカから，さらに一日協議を継続して行うことを提案がなされたが，今後の議論の進め方についてはCMP総会で改めて議論されることとされた。そしてCMP総会には，AWG-KP座長が提示したCMP決定案をそのまま送付するとともに，当該決定案についてはさらに協議が必要であるとの認識で各国が合意した。AWG-KP閉幕総会は12月16日水曜日午前零時7分に閉幕した。

AWG-LCA閉幕総会 AWG-LCAの閉幕総会は，12月16日水曜日の午前4時45分から開催され，AWG-LCA座長から，首脳級ハイレベル会合に提出するCOP決定案についての説明が行われた。[36] 同決定案は，12月11日金曜日にAWG-LCA座長が各国に提示した案と基本的に変わりがなく，先進諸国の削減目標に関する規定が京都議定書の枠組を事実上前提とし，法的拘束力のある包括的な枠組の構築について言及がない点について先進諸国から強い懸念が表

明された。

　一方，途上国側の関心は専ら先進国による資金支援の部分に集中した。例えば，G77/中国を代表して発言したスーダンは，先進国から途上国に対する資金支援に関し，特に2012年までの短期的な資金支援の部分については不十分であるとして括弧書きとするよう要求した。

　先進国，途上国の両サイドから様々な修正案が提示される中，AWG-LCA座長は，この決定案についてはCOP総会の場で引き続き議論することが可能であり，かつ，短時間のうちに各国の修正意見を全て盛り込むことは困難であるとして，一連の決定文書案を原案のままCOP総会に送付することについて合意するよう各国に要請した。結局，各国は，各国が自らの意見について留保する機会を認めることとした上で一連の決定案を未定稿の決定案としてCOP総会に送付することで合意し，12月16日水曜日の午前6時50分にAWG-LCA総会は閉幕した。

第3項　議長国デンマークによる議長提案の頓挫
　　　　（12月16日水曜日〜17日木曜日）

(1)　AWG-KP座長報告とコペンハーゲン会議議長案提示の動き

　コペンハーゲン会議終盤においては，ハイレベルでの政治決着を目指すため必要とのデンマーク政府の招請の下，米国のObama大統領，イギリスのBrown首相，フランスのSarkozy大統領，ドイツのMerkel首相，日本の鳩山首相，中国の温家宝・国務院総理，インドのSingh首相を始めとして，115か国にのぼる首脳が参加していた[37]。そして，12月17日木曜日夜には各国の首脳を招いたデンマーク女王陛下主催の晩餐会が開かれたが，コペンハーゲン会議の最終予定日である12月18日金曜日が翌日に迫っているにもかかわらず，首脳級で議論すべき交渉テキストすら用意できない危機的な状況に陥った[38]。

　こうした中で開催された12月16日水曜日のCMP総会においては，冒頭，AWG-KP座長から，AWG-KPにおける議論を踏まえた座長テキスト[39]が提出され，AWG-KPにおいては京都議定書改正案について合意に達することはできなかった旨の報告が行われた[40]。この報告の後，Hedegaard議長はコペンハーゲン会議議長を辞任し，代わってデンマークのRasmussen首相が議長の

座に就くとともに，Hedegaard前議長は引き続き議長特別代理の肩書で調整作業に当たることとされた。議長交代後，Hedegaard議長特別代理は，議長交代の理由として，ハイレベル会合のスタートに伴い多数の首脳級の代表が会議に参加することを踏まえれば，議長は担当大臣である自分ではなくデンマーク首相が務めることが適当であることを挙げた。そして，AWG-LCA座長からCOP総会への報告がまだなされていないにもかかわらず，Hedegaard議長特別代理は，AWG-LCAの座長案及びAWG-KPの座長案とは別に，両AWGの座長案をベースに別途Rasmussen議長が取りまとめた2つの議長テキストが間もなく提示される旨を発言した上で，COP・CMP合同ハイレベル会合開催のためCMP総会を中断した。コペンハーゲン会議の最終予定日である12月18日金曜日が目前に迫っていることを踏まえ，デンマークは議長国として，交渉妥結に向け自ら交渉テキストを用意するという思い切った手を打つこととしたのである。

(2) **議長提案に対する新興国等からの相次ぐ異議申し立て**

Hedegaard議長特別代理の発言に対しては，両AWGにおけるこれまでの議論の積み重ねをないがしろにするものであるとして途上諸国は一斉に反発した。この結果，CMP総会に引き続いて開催されたCOP・CMP合同ハイレベル会合において，Rasmussen議長は，登壇直後からBASIC諸国（中国，インド，ブラジル，南アフリカ）を含む7か国からの相次ぐPoint of Order（議長の議事進行に対する異議申し立て）[41]の集中砲火を浴びることとなった。[42]

議事運営への異議申し立ての口火を切ったのはブラジルであった。当初予定されていたAWG-LCA座長からの報告がなされていないにもかかわらず，議長の責任において全く新しい2つのテキストが提出されるとの言及があったと指摘した上で，この議長テキストは両AWGの検討項目をカバーしたものとされているが，これは両AWGにおいて本日未明まで各国代表の間で精力的に議論されてきた交渉テキストをないがしろにするものであるとして，議長の議事運営を厳しく糾弾した。そして，あくまでも交渉の土台は両AWGにおいて議論されてきたテキストとすることの確約をRasmussen議長に求めた。

またインドは，幅広い関係者の参加による透明な議事運営をこれまでインドとして繰り返し求めたところ，議長はそれを確約したにもかかわらず，この

度，両 AWG における議論のプロセスを無視する形で，トップダウンで新たな議長テキストを提示することは，こうした信頼関係（good faith）を壊すものであると主張した上で，あくまでも両 AWG の座長テキストを交渉のベースとすべきであると強く主張した。南アフリカも同様の主張をした。

特に辛辣な異議申し立てをしたのは中国であった。コペンハーゲン会議の成果は，あくまでも両 AWG における作業の結果として取りまとめられるべきものであり，このプロセスの外から提示されるテキストは両 AWG における議論をないがしろにするものであると議長の議事運営を非難した。その上で，コペンハーゲン会議における成果は，あくまでもバリ行動計画に基づき，気候変動枠組条約の完全かつ効果的な実施及び京都議定書第 2 約束期間の設定の 2 点であるべきであり，この点を越えて，法的拘束力のある包括的な国際枠組の構築といった隠れたテーマを追求することは，コペンハーゲン会議のマンデートを超えているとして，先進諸国の動きを厳しく批判したのであった。

こうした異議申し立てに対して Rasmussen 議長は，デンマーク・テキストはまだ提出しておらず，議長としてはあくまでも各国の意向を尊重する意向である旨を述べざるを得なくなった。そして，COP 総会を同日の13時から開催し，AWG-LCA 座長からの報告を聴くことを Rasmussen 議長が確約した後，ようやく COP・CMP 合同ハイレベル会合がスタートし，各国の首脳級又は閣僚級による演説が順次行われることとなった。

(3) COP・CMP 合同ハイレベル会合の開催

12月16日水曜日から17日木曜日にかけて開催された COP・CMP 合同ハイレベル会合においては，各国の首脳レベル又は閣僚レベルによるステイトメントの表明が順次行われた。[43] 各国代表によるステイトメントは，コペンハーゲン会議終盤の段階にもかかわらず，お互いの主張を相互に強く牽制する内容のものであった。また，主要先進諸国は，合意形成を後押しするため，相次いで大規模な途上国支援を表明した。

G77/ 中国を代表して発言したスーダンの Nafie 大統領補は，AWG-KP と AWG-LCA の 2 つの交渉トラックのそれぞれでの成果が必要であり，気候変動枠組条約の共通だが差異のある責任の原則，そして2007年のバリ会議で合意された作業計画[44]に基づき，京都議定書第 2 約束期間を設定すべきであると訴え

た[45)]。そして，京都議定書に代わる新たな包括的な国際枠組の構築は，実際には京都議定書よりも弱い国際枠組の構築につながるものであり，気候変動枠組条約及び京都議定書を中核とする現行の気候変動レジームを損なうものとして，その構築に反対であると述べた。また，アフリカ・グループを代表して発言したエチオピアのZenawi首相は，2010年から2012年までの3年間で毎年100億ドル，2020年までに年間1,000億ドルの途上国支援が必要であると訴えた。そしてAOSIS諸国を代表して発言したグレナダのThomas首相は，共通だが差異のある責任の原則に従いつつ，全ての国が排出削減に向けた強力な取組を講ずるべきであると訴え，気候変動枠組条約と京都議定書の2つの交渉トラックそれぞれにおいて法的拘束力のある強力な国際枠組の構築について結論を得ることが必要であると訴えた[46)]。

　EUを代表して発言したスウェーデンのCalgren環境大臣は，EUとして2020年までに1990年比で30％削減という目標にコミットする用意があると改めて表明した上で，先進諸国のみならず新興諸国も対象とした法的拘束力のある，野心的で包括的な国際枠組の構築が必要であると訴え，特に米国及び中国に対して，法的拘束力のある国際枠組への参加を呼び掛けた。併せて，2010年から2012年までの3年間で106億ドルの途上国支援を行う用意があることを表明した[47)]。また，アンブレラ・グループを代表して発言したオーストラリアのWong気候・水資源大臣は，2050年までに世界全体の排出量を50％削減するためには，全ての主要国を対象とした法的拘束力のある包括的な国際枠組の構築が必要であり，アンブレラ・グループの各国は大幅な排出削減にコミットする用意があると述べるとともに，2012年までに毎年100億ドルの途上国支援を合意に盛り込む必要があるとの認識を示し，2013年以降は途上国支援を大幅に拡充することが必要と述べた[48)]。

　また，日本の小沢環境大臣は，全ての主要国が参加する公平で実効性のある枠組の構築と意欲的な目標の合意を前提に，日本として，2020年までに1990年比25％の削減を目指すことを改めて表明するとともに，温室効果ガスの排出削減など気候変動対策に積極的に取り組む途上国や，気候変動の悪影響に脆弱な状況にある途上国を広く対象として，2012年末までの約3年間で1兆7,500億円（概ね150億ドル，そのうち公的資金は1兆3,000億円（概ね110億ドル））の支援を

実施していく旨を表明した。[49]

　また，米国の Clinton 国務長官は12月17日木曜日の記者会見において，2005年比で2020年までに17％削減，2025年までに30％削減，2030年までに42％削減，2050年までに80％以上の削減という米国の削減目標を改めて表明するとともに，全ての主要国による実効性が確保された排出削減の取組が必要であるとし，当該取組を前提として，2020年までに先進国全体として年間1,000億ドルの資金支援を米国も参加して行う用意がある旨表明した。[50]

(4) 議長不在の COP 総会と AWG-LCA 座長報告

　各国代表によるステイトメントと並行して，舞台裏では合意形成に向けたぎりぎりの努力が続けられた。12月16日水曜日の COP・CMP 合同ハイレベル会合における各国首脳級や閣僚級らによる演説が行われた後，同日の午後9時30分になってようやく COP 総会が開始されたが，その場に Rasmussen 議長の姿はなかった。[51] Rasmussen 議長は，コペンハーゲン会議最終日が目前に迫る中，合意形成に向け，今後の進め方について各国と非公式協議を重ねていたのである。そして COP 総会においては，AWG-LCA 座長から AWG-LCA の検討結果に関する報告が行われた。AWG-LCA 座長は，AWG-LCA の作業結果報告を提出するとともに，[52] この報告に盛り込まれた COP 決定案は，当該決定案の形式及び法的性格を何ら予断するものではないと述べ，この点が依然として大きな争点であることを改めて明らかにした。その上で，この決定案はまだ固まったものではなく，さらに調整が必要である旨を強調した。AWG-LCA 座長からの報告の後，Figueres 副議長が発言を行い，Rasmussen 議長からの「議長は会議をいかに進めるべきかどうかについて協議中であり，その結果は，明朝各国にお知らせする」とのメッセージを読み上げた。これに対して各国から，議長は誰と協議中なのか，そしてどのような形で協議を行っているのかなど，当該協議の詳細について説明を求めるとともに，透明で包括的な交渉プロセスの堅持を求める声が相次いだ。Figueres 副議長は，こうした各国の懸念を議長に伝える旨述べた上で，午後11時3分に COP 総会を中断した。

(5) COP・CMP 議長案の頓挫

　翌12月17日木曜日正午頃になって COP 総会が再開された。[53] 前日の12月16日水曜日夜の COP 総会において，①今後の交渉の基となる文書は両 AWG 座長

が取りまとめたテキストなのかどうか，②COP及びCMPの下での今後の協議の進め方の2点について明らかにするよう数多くの国々から要請があったとの認識をRasmussen議長は示した上で，COPでの交渉のベースとなる文書は，AWG-LCA座長が報告をし，昨晩のCOP総会に提出した座長報告である旨Rasmussen議長は宣言した[54]。この結果，議長提案による合意の取りまとめを目指した議長国デンマークの試みは完全に潰えた形となった。その上でRasmussen議長は，AWG-LCA座長テキストについて検討するため，Hedegaard議長特別代理主宰によるコンタクト・グループ[55]を立ち上げ，同コンタクト・グループにおいて，まだ合意が整っていない争点について協議を行うとともに，これと並行して個別の論点ごとに起草グループ（open-ended drafting groups）を立ち上げることを提案し，COP総会を終了した。

その後引き続き開催されたCMP総会においても，Rasmussen議長は，今後の協議のベースとなるテキストはAWG-KP座長テキストであることを明言し[56]，CMPにおいてもCOPにおける交渉と同様に，議長提案による合意の取りまとめを目指した議長国デンマークの試みは完全に潰えた形となった。そして，COPと同様，Hedegaard議長特別代理の主宰によるコンタクト・グループを新たに立ち上げ，まだ合意が整っていない争点について協議を行うとともに，これと並行して個別論点ごとに起草グループ（open-ended drafting groups）を立ち上げることを提案した。この発言に対して，G77/中国を代表して発言したスーダンは，Rasmussen議長から提案された2つの協議プロセスは，それぞれのプロセスにおいて2つの別々の文書を取りまとめるためのものであり，かつ，各国の合意を得ていない文書が首脳級会合に提出されるものではないことの確認を求めた。このスーダンの発言に対してRasmussen議長は，協議はCOPとCMPの2つの交渉トラックで行われるものであり，かつその協議の結果は2つの別々の文書の形になることを約束した。

この後，12月17日木曜日の午後にCMPコンタクト・グループの第1回会合が開催されるとともに，同コンタクト・グループの下，個別の論点ごとに5つの起草グループが設置され，AWG-KP座長テキストを基に調整が進められた。しかしながら，同日の夕刻に開催されたCMPコンタクト・グループにおける各起草グループからの途中経過報告においては，京都議定書第2約束期間

第 3 章　コペンハーゲン会議（2009年）の攻防

の設定の在り方を巡って政治的論点が依然として数多く残され，調整が難航していることが明らかとなった。これを受け，Hedegaard 議長特別代理は，合意成立に向けた今後の交渉の進め方について各国の意見を求めたところ，EU は，議長の友会合（Friends of Chair）の立ち上げを提案した。この EU の提案に対して，コスタリカ，グレナダ（AOSIS 代表），ガンビア（アフリカ・グループ代表），レソト（LDC 代表），オーストラリアが支持を表明したため，Hedegaard 議長特別代理は，議長の友会合の設立に関し各国と協議を行う旨発言し，コンタクト・グループを閉幕した。

　また，COP コンタクト・グループも 12月17日午後に開催され，排出削減の枠組などバリ行動計画の検討項目ごとに起草グループが設置され，AWG-LCA 座長テキストを基に協議が進められた。しかしながら，同日の夕刻に開催された COP コンタクト・グループにおける各起草グループからの途中経過報告においては，特に排出削減（mitigation）の部分を中心として政治的論点が依然として数多く残され，調整が難航していることが明らかとなった。このため，Hedegaard 議長特別代理は，今後の議論の進め方について各国と協議を行い，起草グループにおける議論と並行して議長の友会合を開催し，排出削減や資金支援などの政治的争点について議論をすることを提案した。これに対して，G77/中国は，議長の友会合に参加するメンバーの選定は各交渉グループに委ねるべきであると主張し，ベネズエラは，議長の友会合への参加者を制限すべきではないと主張した。議長の友会合の開催について合意が得られない中，Hedegaard 議長特別代理は，既に夜遅いことを理由にコンタクト・グループを一旦閉会するとともに，各起草グループにおいて引き続き協議を続けるよう要請し，その結果についての報告を深夜に改めて行う旨発言をした。その後，12月18日金曜日午前3時に開催された途中経過報告においては，交渉が暗礁に乗り上げていることが改めて明らかとなった。[58]

第3節　首脳級によるハイレベル交渉の急展開と
　　　コペンハーゲン合意の採択失敗

第1項　首脳級少人数会合による打開策の模索

　各国の間の意見の隔たりが大きく合意成立の展望が全く開けない中，合意成立に向けて大きな転機となったのが17日木曜日夜のデンマーク女王陛下主催の晩餐会後から開催された首脳級少人数会合であった。首脳級少人数会合には，Rasmussen議長の呼び掛けの下，Obama米大統領，Brown英首相，Rudd豪首相，Merkel独首相，Sarkozy仏大統領，日本の鳩山首相，中国，インド，ブラジル，南アフリカ，小島嶼諸国グループやアフリカ諸国グループといった途上国地域代表等30近くの国・機関の首脳級が参加し，潘基文（パン・ギムン）国際連合事務総長も同席して，合意形成を目指して18日金曜日も午前から首脳級会合で断続的に議論が行われることとなった。[59]

　この首脳級会合においては，各国が現時点で合意可能な最大公約数としての政治合意文書の取りまとめが模索された。主な交渉のポイントは，①全ての主要国を対象とした法的拘束力のある包括的な国際枠組を2010年に採択することを政治宣言に盛り込むかどうか，②世界全体の目標の位置づけ（世界全体の平均気温の上昇を産業革命前と比べ2℃以内とする目標を掲げるかどうかや，2050年までに世界全体の排出量を半減，先進国全体で80％削減するとの目標を掲げるかどうか），③途上国の削減対策について国際的な測定・報告・検証（MRV：Measurement, Reporting and Verification）の対象とするかどうかの3点であった。[60]交渉全体として，特に①の法的拘束力のある国際枠組の構築に関してEUがより中身のある政治合意の採択を目指したが，この点は早々に合意文書案から消え，代わって調整は主として②及び③の論点を中心に行われることとなった。そして，②及び③については，特に中国が強く反対した。中国は，世界全体で排出量半減の目標に反対したのみならず，先進諸国について2050年までに80％削減との目標を掲げること自体にも抵抗を示した。[61]また，途上国の削減行動についても，あくまでも自主的なものであって，国際的なMRVの対象とすることには強硬

に反対した。これに対して米国は，途上国の削減行動は国際的な MRV の対象とすべきであると強く主張し，この点が合意案取りまとめに当たっての最大の争点となった。[62]

こうした米中の対立構造は，12月18日金曜日に開催された非公式首脳級会合の場での米中両首脳の各ステイトメントでも鮮明なものとなった。中国の温家宝・国務院総理は，気候変動枠組条約と京都議定書の二本柱は引き続き堅持・強化すべきであり，かつ，共通だが差異のある責任の原則の考え方にのっとり，まずは先進諸国が率先して温室効果ガスの排出削減対策に取り組むべきであるとして，京都議定書第2約束期間の設定に代えて全ての主要国を対象とした法的拘束力のある1つの国際枠組の構築を訴える先進諸国の主張を強く牽制した。[63]そして，中国が掲げた排出削減の取組（2020年までに2005年比で GDP 当たりの二酸化炭素排出量を40〜45％削減）は，あくまでも自主的なもの（voluntary action）であって国内での監視・評価の対象となるものであるとし，新興国の排出削減の取組を国際的な MRV の対象とする米国の主張を牽制した。一方，米国の Obama 大統領は，①新興諸国を含む全ての主要排出国は思い切った排出削減目標を掲げるべきであり，こうした観点から米国自身も2020年までに17％の削減，2050年までに83％の削減という目標を掲げていると述べた上で，②各国の排出削減の取組については国際的なレビューのための仕組みが不可欠であると主張し，③こうした条件が満たされるのであれば2012年までに100億ドルの途上国支援，2020年までに1,000億ドルの資金支援という先進国全体の取組に参加する用意があるとの考えを改めて表明した。[64]

その後，米中首脳は首脳会談を行い，長期目標や国際的な MRV の取扱い，途上国支援等の論点について意見交換を行い，合意成立に向けて協力することで合意した。[65]しかしながら，その後も，特に国際的な MRV の取扱いを巡って政治合意文書の取りまとめは難航した。

第2項　Obama 大統領と BASIC 諸国首脳との直接交渉

特に国際的な MRV（測定・報告・検証）の取扱いを巡って政治合意文書の取りまとめが難航する中で，合意形成を目指して中国との調整に積極的に動いたのが米国の Obama 大統領であった。中国は，途上国の取組が国際的な MRV

の対象となることに強く抵抗する一方,温家宝・国務院総理自身は前述の首脳級少人数会合には出席せず,温家宝・国務院総理の側近が代わって出席していた。[66] 温家宝・国務院総理と直接交渉できないまま政治合意文書の取りまとめが難航するという事態を打開するため,Obama大統領は,温家宝・国務院総理との再度の会談を申し入れた。そして18日金曜日19時前に,温家宝・国務院総理と他のBASIC諸国首脳(インドのSingh首相,ブラジルのLula大統領,南アフリカのZuma大統領)が会談中であるとの報告を受け,この会談の場に自ら直接赴き,飛び入り参加の形でBASIC諸国首脳との直談判に及んだ。[67] この結果,①全ての主要国を対象とした法的拘束力のある包括的な枠組を2010年に採択することは政治宣言に盛り込まないこととし,②IPCC第4次評価報告書の科学的知見を踏まえ,世界全体の平均気温の上昇を産業革命前と比べ2℃以内とする目標について合意する一方,2050年の世界全体の排出量の削減目標については合意案から落とすことで米国が譲歩し,③途上国の削減行動について国際的なMRVの対象とすることを米国が迫り,途上国の排出削減の取組のうち国際的な支援を受けた取組については国際的なMRVの対象とし,それ以外の途上国の取組についても各国自身によるMRVを行った上で,国際的な協議・分析(ICA:international consultation and analysis)の対象とすることをBASIC諸国が受け入れることとなった。この直談判の結果を首脳級少人数会合の他の首脳らも受け入れた結果,コペンハーゲン合意の案が会議最終予定日の12月19日金曜日夜という土壇場で取りまとめられることとなった。

　コペンハーゲン会議最終予定日間際の24時間ほどで急遽取りまとめられたコペンハーゲン合意案は[68],本文が僅か2頁半の全体で12パラグラフからなる政治合意文書であり,バリ行動計画の各項目に対応する形で,①長期ビジョン,②包括的な排出削減の国際枠組,③途上国への資金援助,④技術移転等の4つの柱を内容とするものであった。このうち,長期ビジョンに関しては,世界全体の排出量半減という目標は盛り込まれなかったものの,2℃目標が明確に規定されることとなった。一方,排出削減の包括的な国際枠組の構築については,全ての主要国による自主的な排出削減目標の設定と当該目標の履行確保のための国際的なチェックの仕組みを構築すべきという米国の主張が反映されたものとなっていた。(表3-1参照)

第3章　コペンハーゲン会議（2009年）の攻防

■表3-1　コペンハーゲン合意案のポイント

- 世界全体の平均気温の上昇が2℃以内にとどまるべきであるとの科学的見解を認識し，長期の協力的行動を強化すること。
- IPCC 第4次評価報告書の科学的知見を踏まえ，世界全体の排出量の大幅な削減が不可欠であり，世界全体の排出量の増加を可及的速やかに減少に転じさせるために各国が協力すべきこと。
- 附属書Ⅰ国（主として先進諸国）は2020年の削減目標（emissions target）を，非附属書Ⅰ国（途上国）は削減行動（mitigation actions）を，それぞれ2010年1月31日までに気候変動枠組条約事務局に提出すること。また，附属書Ⅰ国であって京都議定書の締約国である国については，京都議定書により開始（initiate）された排出削減の取組を強化すること。
- 附属書Ⅰ国の行動は国際的なMRV（測定・報告・検証）の対象となること。非附属書Ⅰ国が自発的に行う削減行動は国内的なMRVを経た上で，国際的な協議・分析（ICA：International Consultation and Analysis）の対象となるが，支援を受けて行う削減行動については，国際的なMRVの対象となること。
- 先進国は，途上国に対する支援として，2010〜2012年の間に300億ドルに近づく新規かつ追加的な資金の供与を共同で行うことにコミットし，また，2020年までには年間1,000億ドルの資金を共同で調達するとの目標にコミットすること。気候変動枠組条約の資金供与の制度の実施機関として「コペンハーゲン緑の気候基金」の設立を決定すること。
- 2015年までに合意の実施に関する評価の完了を要請すること。

出典：日本政府代表団資料掲載のコペンハーゲン合意の概要を基に筆者作成。日本政府代表団「気候変動枠組み条約第15回締約国会議（COP15）京都議定書第5回締約国会合（CMP5）等の概要」外務省，2009年12月20日，アクセス日：2014年2月1日，http://www.mofa.go.jp/mofaj/gaiko/kankyo/kiko/cop15_g.html.

　一方で，コペンハーゲン合意案においては，先進諸国と途上諸国が激しく衝突した2つの論点については何の方向性も打ち出されなかった。すなわち，先進諸国が強く主張していた法的拘束力のある包括的な国際枠組の構築について何ら言及されておらず，途上諸国が強く求めた京都議定書第2約束期間の設定についても具体的な方向性は盛り込まれなかった。

　首脳級少人数会合においてコペンハーゲン合意案が取りまとめられたことを受け，米国のObama大統領は，米国への帰国直前の12月18日金曜日22時30分に記者会見を開催し，有意義かつ前例のないブレイクスルーをコペンハーゲン会議で達成することができ，史上初めて全ての主要国が気候変動に関する責任を引き受けたと表明した。[69]しかしながらこの時点では，首脳級少人数会合に参加していなかった多くの国々はまだコペンハーゲン合意案のテキストを見ておらず，[70]しかもこのコペンハーゲン合意案は，AWG-LCA座長テキストや

AWG-KP座長テキストのいずれも土台としていないものであった。

第3項　閉幕総会の開催

　コペンハーゲン合意案が各国の代表団に正式に提示されたのは翌12月19日土曜日の午前3時から再開されたCOP閉幕総会の場であった。この場においてRasmussen議長は，各国首脳の代表らによる長時間に及ぶ精力的な交渉の成果としてコペンハーゲン合意案が取りまとめられ，その支持を取り付けることができたとした上で，コペンハーゲン合意案をCOP決定として採択するように求めた。その上でCOP総会を一旦中断し，引き続いてCMP総会を開催し，同様の説明を行うとともに，各国に対してコペンハーゲン合意案に目を通した上で，各国の間で1時間協議を行い，同合意案を採択するかどうか決定するよう求めCMP総会を中断しようとした。しかし，これに対して多数の異議申し立て（Point of Order）が提示されたため，CMP総会はすぐに再開され，さらに午前5時からはCOP総会が引き続いて再開され，コペンハーゲン合意案の正当性を巡って，各国の間で激しい議論が交わされることとなった。[71]

　コペンハーゲン合意案に反対する国々の反対理由は，手続面に関するものが大部分であり，それはCOP総会冒頭のツバルの発言にほぼ集約することができる。[72]ツバルの発言のポイントは，透明かつ包括的（transparent and inclusive）な国連交渉プロセスの原則が守られず，ごく少数の国々のみで合意案が取りまとめられ，他の国々にそれを押し付けようとしていることを挙げている。少人数会合の正当性で特に問われたのは，この少人数会合のマンデート（mandate）の欠如，すなわち，このような少人数会合を開催する議長のマンデートの欠如，そして当該少人数会合に参加した各国が他の国々を代表するマンデートの欠如であった。[73]

　確かにコペンハーゲン合意案は，各地域グループを代表する約30か国の首脳級が参加し，幅広い国々が参加して取りまとめられたものであった。そして会議の終盤において，各地域やグループの代表からなる少人数会合（いわゆるfriends of chair会合）において合意案を取りまとめることは国際会議ではよく行われる手法であった。しかしながら，コペンハーゲン会議においてはこの方式を用いることについて公式な合意は存在しなかったため，約30か国からなる

この会合の正当性には瑕疵があり，これが首脳級少人数会合の場に出席していなかった各国の反発を招く結果となったのである。[74] この点は，パキスタンの以下の発言に象徴されている。

> 私たちは，コペンハーゲン合意案とりまとめに当たっての少人数会合参加国の真摯な努力は認識している。そして，公平に見ても，関係国の努力が善意に基づいて行われたといえると考えている。しかしながら，善意が必ずしも良い結果をもたらすとは限らない。結局のところ地獄への道は善意で敷き詰められている。オープンで，透明で包括的なプロセス（open, transparent and inclusive process）による合意形成は，非常に時間がかかるものであることは，パキスタン政府としても認識している。しかしながら，こうした時間のかかるプロセスを経ることによってこそ，得られた合意は強固なものとなり，かつ，全ての交渉参加国や関係者が賛同できるものとなるのである。[75]

しかしながら，最終的には大多数の国々が，コペンハーゲン会議の決裂を回避し，将来のより良い合意に向けた一歩として，コペンハーゲン合意案を採択し，実施に移すことについて賛成の立場をとった。また英国は，コペンハーゲン合意を採択し，途上国支援と排出削減の国際枠組を実行に移すか，それともコペンハーゲン会議自体を失敗に終わらせるかの二者択一を迫られていると訴え，バハマも，コペンハーゲン合意案に盛り込まれた途上国支援を実施に移すためにも合意案を採択すべきと主張した。

こうした中，ベネズエラ，キューバ，ニカラグア，ボリビア及びスーダンの5か国は，コペンハーゲン合意案の策定プロセスが不透明でありかつ非民主的であるとして，最後まで，その採択に明確に反対の姿勢を表明した。[76] 特に，キューバやスーダンは，資金支援を盾に手続面で瑕疵のある合意案の採択を迫るのは賄賂又は脅迫であるとして，資金支援と合意案採択をリンクさせることに強い拒否反応を示した。一部の国々の強い反対を受け Rasmussen 議長は，コペンハーゲン合意案の採択についてコンセンサスが得られていないため，同合意案を採択することはできないとして，COP総会を午前8時3分に一旦中断した。その後，コペンハーゲン合意案の取扱いを巡って潘基文・国連事務総長の参加の下，非公式協議が続けられた。そして，同日午前10時35分に Weech

副議長が，コペンハーゲン合意に留意する（take note）旨決定することとした上で同決定にコペンハーゲン合意の本文を添付することを提案するとともに，コペンハーゲン合意の冒頭に，同合意に賛同する国々の名前を記す旨を提案した。各国はこの提案に賛同し，コペンハーゲン合意に留意する旨のCOP決定がなされた[77]。併せて，2009年末までとされていたAWG-LCAのマンデートを2010年末まで延期する旨決定された[78]。

引き続いて開催されたCMP閉幕総会において，AWG-KPのマンデートを2010年末まで1年延期することが併せて決定された[79]。決定に先立って，南アフリカ共和国は，AW-KPの任務として，京都議定書第3条9項に基づく京都議定書の改正案の採択（すなわち京都議定書第2約束期間の設定）に言及するよう提案したが，EU，カナダ，日本が反対した結果，原案のとおり決定された[80]。

第4節　分　析：主な規範的アイデアの衝突と調整

本節では，前述のコペンハーゲン会議における多国間交渉の展開を規範的アイデアの衝突と調整の観点から分析することとしたい。

第1項　コペンハーゲン会議における主な規範的アイデア

コペンハーゲン会議における主な規範的アイデアの内容は，会議の場における主要各国・主要交渉グループのステイトメントの内容などから読み解くことができる。こうした各国のステイトメントの内容等を踏まえれば，コペンハーゲン会議では主に2つの対立軸が存在していたと考えられる。第1の対立軸は，先進諸国と途上諸国の責任分担を巡る対立である。ここでは，先進諸国のみを対象とした京都議定書を継続し，その第2約束期間を設定するかどうかが主な争点であった。第2の対立軸は，温室効果ガスの排出削減に関する途上国の責任の性格を巡る対立軸である。ここでは，バリ行動計画を受けた包括的な国際枠組の下で，途上国の排出削減・抑制対策も法的に義務付けるべき（すなわち法的拘束力（legal binding）のあるものとするか），法的に義務付けないものの国際的なレビュー（review）の対象とすべきか，それとも国際的なレビューの対象ともせずに途上各国の自主的な取組に委ねるべきかが主な争点であった。

■図3-1　コペンハーゲン会議で提唱された主な規範的アイデアの対立構造

```
                    包括的な国際枠組は法的拘束力のない自主的な
                    ものとすべき（途上国への義務付けに反対）
                              ↑
        ┌─────────────┐
        │  G77/中国    │ 国際的な
        │ (特にBASIC諸国)│ レビューに反対
        └─────────────┘
京                                                        京
都              ┌─────────┐                              都
議              │  米 国  │  途上国も国際的な              議
定              └─────────┘  レビューの対象とすべき       定
書                                                        書
第  ←─────────────────────────────────────────────→     第
２                                                        ２
約                                                        約
束                                                        束
期                                                        期
間                                                        間
を              ┌─────────┐        ┌─────────────┐     設
設              │AOSIS諸国 │        │  附属書Ⅰ国  │     定
定              └─────────┘        │(米国を除く先進諸国)│  に
す                                   └─────────────┘     反
べ                              ↓                         対
き                包括的な国際枠組に法的拘束力を持つべき
                  （途上国にも排出削減を義務付けるべき）
```

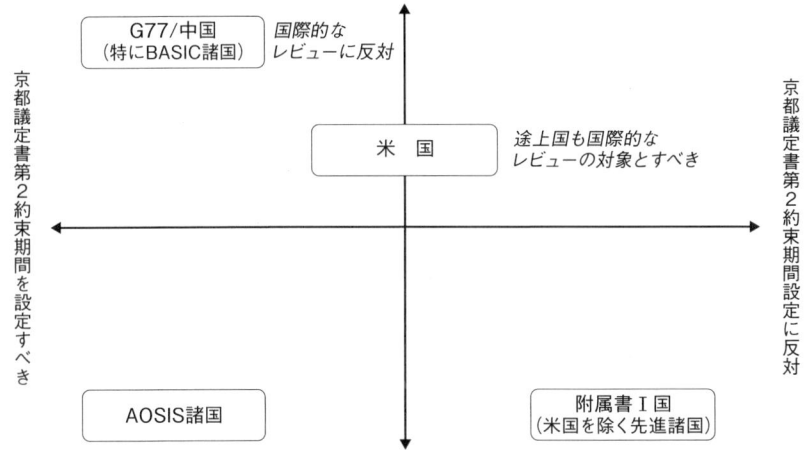

そして、この2つの基本的な対立軸の下、コペンハーゲン会議におけるポスト京都議定書を巡る多国間交渉は、その内容において大きく異なる主として4つの規範的アイデアの衝突と調整という観点から捉えることができる。すなわち、①米国を除く先進諸国（EUや日本など）が提唱する規範的アイデア、②AOSIS諸国が提唱する規範的アイデア、③米国が提唱する規範的アイデア、そして、④G77/中国、特にBASIC諸国が強く提唱する規範的アイデアの4つの規範的アイデアの衝突と調整である（図3-1参照）。

(1) 附属書Ⅰ国（米国を除く先進諸国）の規範的アイデア：法的拘束力のある1つの包括的な国際枠組の構築

京都議定書に基づく法的排出削減義務を負う先進諸国（米国を除く。）が提唱する規範的アイデアの中核的要素は、京都議定書第2約束期間の設定に代えて、米中を含む全ての主要国を対象とした法的拘束力のある1つの包括的な国際枠組の構築を図ることであった。そして、この主張の主な根拠としては、世界全体の温室効果ガス排出量の3割程度しか排出削減義務を課していない京都

議定書では，世界全体の温室効果ガスの排出削減を進める上で実効性に欠け，不十分であることが挙げられた。

(2) AOSIS 諸国（小島嶼諸国連合）の規範的アイデア：2つの法的枠組の構築

米中を含む全ての主要排出国を対象として法的な排出削減義務を課すべきであるとする点では，附属書Ⅰ国（米国を除く。）の規範的アイデアと同じであるが，法的拘束力のある包括的な国際枠組の構築と併せて京都議定書第2約束期間も設定すべきとする点で，米国を除く附属書Ⅰ国の規範的アイデアと異なっていたのが AOSIS 諸国が提唱した規範的アイデアであった。AOSIS 諸国の規範的アイデアにおいては，バリ行動計画を受けた2トラックでの交渉プロセスを踏まえ，AWG-KP の交渉トラックにおいては京都議定書第2約束期間の設定を求めると同時に，AWG-LCA の交渉トラックにおいては京都議定書に基づく排出削減義務を負っていない国々を対象とした法的拘束力のある包括的な国際枠組の構築を求めるものとなっていた。

(3) 米国の規範的アイデア：包括的で自主的な国際枠組の構築

第3の規範的アイデアは，米国が提唱した規範的アイデアである。米国の規範的アイデアは，バリ行動計画を踏まえ，包括的な国際枠組の構築を目指す点において米国を除く先進諸国の規範的アイデアと共通であるが，①米国の規範的アイデアにおいては，各国による国内対策に裏打ちされた自主削減目標の設定とその達成状況のレビューのための国際的な MRV（測定・報告・検証）の仕組みの2つを柱とする国際枠組の構築が提唱されており，法的拘束力は必ずしも前提とされていないこと，②新たな包括的な国際枠組の構築は，京都議定書第2約束期間の設定を必ずしも排除するものではないことの2点において，米国を除く附属書Ⅰ国の規範的アイデアとは異なるものであった。

(4) G77/ 中国の規範的アイデア：京都議定書第2約束期間の設定と途上諸国による自主的な取組

第4の規範的アイデアは，京都議定書の枠組を継続し（すなわち第2約束期間を設定し），共通だが差異のある責任の原則の下，引き続き先進諸国のみが排出削減義務を負うべきであるとする一方，バリ行動計画を受けた全ての先進国・途上国を対象とする包括的な国際枠組の下での途上国の取組に関しては，あくまでも各国の自主的な取組に委ねるべきであるとする規範的アイデアであり，

G77/中国（特に BASIC 諸国）が提唱した規範的アイデアである[81]。

第2項　コペンハーゲン会議における主な規範的アイデアの優劣

(1) コペンハーゲン会議中盤までの攻防：附属書Ⅰ国（米国を除く。）の規範的アイデアと G77/中国の規範的アイデアの拮抗

　コペンハーゲン会議の序盤から中盤，すなわち，12月17日木曜日夜からの首脳級少人数会合開始前までの段階における議論の最大の争点は，京都議定書第2約束期間を設定すべきかどうか，そして，全ての主要国を対象とした法的拘束力のある包括的な国際枠組を構築すべきかどうかの2点であった。そしてこの2点を巡って激しく衝突したのが，米国を除く附属書Ⅰ国（EUや日本など）が提唱する規範的アイデアと，G77/中国が提唱する規範的アイデアであった。AWG-KP や AWG-LCA の議論においては，日本や EU などの先進諸国が京都議定書第2約束期間の設定に代えて法的拘束力のある包括的な国際枠組の構築を目指したのに対し，あくまでも京都議定書第2約束期間の設定を求める G77/中国の規範的アイデアとの間で議論が膠着状態に陥り，12月16日水曜日に COP・CMP 合同ハイレベル会合が開催される段になっても両規範的アイデア間の調整を図ることができなかった。そして，12月11日金曜日に各国に正式に提示された AWG-LCA の座長案[82]及び AWG-KP の座長案[83]のいずれも，G77/中国の規範的アイデアを踏まえる形で，京都議定書第2約束期間の設定を前提とするものとなっていた一方，法的拘束力のある包括的な国際枠組の構築については何ら言及がなかった。この結果，両座長案については多数の途上諸国が支持を表明したものの，EUや日本などの先進諸国の反発を招き，議論は膠着状態に陥った。こうした中で，議長国デンマークが議長の権限で AWG-LCA 座長案及び AWG-KP 座長案に代わる代替案としての議長案を提出しようとしたが，当該議長案は12月8日の Gardian 紙にリークされたデンマーク・テキストを想起させるものであり[84]，新興諸国を始めとする途上諸国からの強い反発を招き，議長案を提出することすらできなかった。

　したがって，このコペンハーゲン会議中盤までの攻防においては，附属書Ⅰ国（米国を除く。）の規範的アイデアと G77/中国の規範的アイデアとが拮抗し，いずれも他方に対して優位に立てなかったと評価できる。なお，この段階

においては，米国の規範的アイデアや AOSIS 諸国の規範的アイデアは，こうした附属書 I 国（米国を除く。）の規範的アイデアと G77/ 中国の規範的アイデアの対立構造の陰に隠れ，協議の場において有力な規範的アイデアとして登場することはなかった。

(2) コペンハーゲン会議終盤の攻防：米国の規範的アイデアの優越

コペンハーゲン会議決裂の危機が現実のものとなる中，コペンハーゲン会議の終盤においては，規範的アイデアの衝突と調整の主役も，附属書 I 国（米穀を除く。）の規範的アイデア対 G77/ 中国の規範的アイデアの衝突から，米国の規範的アイデア対 G77/ 中国（特に BASIC 諸国）の規範的アイデアの衝突へと局面が大きく転換することとなった。

コペンハーゲン会議終盤の首脳級少人数会合の段階では，米国が自らの規範的アイデアをベースとしたコペンハーゲン合意の取りまとめに向けて中心的な役割を果たした。この最終段階における多国間交渉の主な争点は，包括的かつ自主的な国際枠組の構築に当たって，途上諸国の取組を国際的な MRV（測定・報告・検証）の対象とするかどうかという点であった。米国は，実効性のある国際枠組の構築のためには，途上諸国の排出削減行動も国際的な MRV の対象とすべきであると主張する一方，BASIC 諸国は，途上国の取組はあくまでも自主的なものであり，国際的な MRV の対象とすることは不適当であると抵抗したのである。最終的には，米国の Obama 大統領と BASIC 諸国の首脳とが直談判し，BASIC 諸国が国際的な MRV を一定の場合に受け入れることに同意し，かつこの調整結果を首脳級少人数会合参加の他の国々も受け入れたことから，コペンハーゲン合意案が取りまとめられることとなった。そして，米国の規範的アイデアをベースにして取りまとめられたコペンハーゲン合意案については，首脳級少人数会合に参加していなかった国々から，その取りまとめ手続の正当性を巡って異論が噴出したが，最終的には大多数の国々がコペンハーゲン合意案の採択に賛成の立場をとった。

こうした意味において，コペンハーゲン会議の終盤における規範的アイデアの衝突と調整の場面での主役は，米国の規範的アイデアと G77/ 中国（特に BASIC 諸国）の規範的アイデアであり，最終的には米国の規範的アイデアが G77/ 中国（特に BASIC 諸国）の規範的アイデアに対して優位に立ったと評価す

ることができる。

第3項 まとめ

　コペンハーゲン会議においては，附属書Ⅰ国（米国を除く。）の規範的アイデア，AOSIS 諸国の規範的アイデア，米国の規範的アイデア，そして G77/ 中国（特に BASIC 諸国）の規範的アイデアという4つの規範的アイデアが衝突と調整を繰り広げた。その結果取りまとめられたコペンハーゲン合意は，全ての主要国による自主目標の設定とその達成状況を国際的にレビューするための仕組みの2つを主要な柱とする包括的な国際枠組の構築を提唱する米国の規範的アイデアを基本的に反映した形で取りまとめられた。したがって，コペンハーゲン会議において主導的な影響力を発揮したのは米国の規範的アイデアであったと評価することができる。この米国の規範的アイデアに対する対抗的な規範的アイデアとして一定の影響力を発揮したのが G77/ 中国（特に BASIC 諸国）の規範的アイデアであった。

　その一方で米国の規範的アイデアは，全ての主要国を対象とした包括的な国際枠組の法的拘束力の有無や京都議定書第2約束期間の取扱いという2つの論点については基本的にニュートラルな規範的アイデアであり，この2つの論点についてコペンハーゲン合意においては，いずれの規範的アイデアも主導的な影響力を発揮するに至らなかった。

　本章の分析を通じて浮かび上がった検討課題は，次の2点である。第1に，なぜ附属書Ⅰ国（米国を除く。）の規範的アイデアと G77/ 中国の規範的アイデアが最後まで拮抗する形となり，互いに相手に対して優位に立てなかったのかという点である。第2に，なぜ米国の規範的アイデアが，他の規範的アイデアに対して最終的に優位に立ち主導権を獲得することができたのかという点である。第3に，AOSIS 諸国の規範的アイデアは，有力な規範的アイデアとして最後まで議論の俎上に浮上しなかったが，その要因は何かという点である。これらの検討課題については，第6章で改めて検証することとしたい。

---

1) *Bali Action Plan,* Decision 1/CP.13 (FCCC/CP/2007/6/Add.1, March 14, 2008).
2) *Report of the Ad Hoc Working Group on Further Commitments for Annex I Parties un-*

der the Kyoto Protocol on Its Resumed Fourth Session, Held in Bali from 3 to 15 December 2007*（FCCC/KP/AWG/2007/5, February 5, 2008），Annex 1.
3) ポズナン会議の概要については，*Earth Negotiations Bulletin* 12, no. 395（December 15, 2008）．
4) *Report of the Ad Hoc Working Group on Long-term Cooperative Action under the Convention on Its Fourth Session, Held in Poznan from 1 to 10 December 2008*（FCCC/AWGLCA/2008/17, February 10, 2009），paras. 21-28.
5) *Advancing the Bali Action Plan*, Decision 1/CP.14（FCCC/CP/2008/7/Add.1, March 18, 2009），para. 5.
6) *Report of the Ad Hoc Working Group on Further Commitments for Annex I Parties under the Kyoto Protocol on Its Resumed Sixth Session, Held in Poznan from 1 to 10 December 2008*（FCCC/KP/AWG/2008/8, February 4, 2009），para. 49.
7) 2009年に開催された一連の AWG-LCA 会合及び AWG-KP 会合の概要については，*Earth Negotiations Bulletin* 12, no. 448（December 7, 2009），1-2.
8) 交渉テキスト本体については，*Report of the Ad Hoc Working Group on Long-Term Cooperative Action under the Convention on Its Seventh Session, Held in Bangkok from 28 September to 9 October 2009, and Barcelona from 2 to 6 November 2009*（FCCC/AWGLCA/2009/14, November 20, 2009），Annex.
9) *Responsible Leadership for a Sustainable Future*, July 8, 2009, accessed December 26, 2013, http://www.mofa.go.jp/policy/economy/summit/2009/declaration.pdf.
10) 正式名称は，Major Economies Forum on Energy and Climate. 主要経済国首脳会合の参加国は，オーストラリア，ブラジル，カナダ，中国，EU，フランス，ドイツ，インド，インドネシア，イタリア，日本，韓国，メキシコ，ロシア，南アフリカ，イギリス及び米国である．
11) *Declaration of the Leaders: The Major Economies Forum on Energy and Climate*, July 9, 2009, accessed December 26, 2013, http://www.mofa.go.jp/policy/economy/summit/2009/declaration2-2.pdf.
12) 国連気候変動サミットの概要については，*Secretary-General's Summary of the Summit on Climate Change at the Closing Session of the Summit*, September 22, 2009, accessed December 26, 2013, http://www.mofa.go.jp/policy/un/assembly2009/sg0922.pdf；「国連気候変動首脳会合：概要と評価」外務省，平成21年9月22日，アクセス日：2013年12月26日，http://www.mofa.go.jp/mofaj/gaiko/unsokai/64_kiko_gh.html.
13) Council of the European Union, *Brussels European Council, 8/9 March 2007: Presidency Conclusions*（7224/1/07/REV 1, Brussels, May 2, 2007），paras. 31-32.
14) 首相官邸「麻生内閣総理大臣記者会見『未来を救った世代になろう』」麻生総理の演説・記者会見等，平成21年6月10日，アクセス日：2012年9月29日，http://www.kantei.go.jp/jp/asospeech/2009/06/10kaiken.html.
15) 首相官邸「国連気候変動首脳会合における鳩山総理大臣演説」鳩山総理の演説・記者会見等，平成21年9月22日，ニューヨーク，アクセス日：2012年9月29日，http://www.kantei.go.jp/jp/hatoyama/statement/200909/ehat_0922.html；「国連気候変動首脳会合：概要と評価」外務省，平成21年9月22日，アクセス日：2013年12月26日，http://www.mofa.go.jp/mofaj/gaiko/unsokai/64_kiko_gh.html；「ポスト京都主導狙う」『讀賣新聞』2009年9月23日朝刊3面縮刷版1109；「日本の『25％削減』を評価」『日本経済新聞』2009年9月

第 3 章　コペンハーゲン会議（2009年）の攻防

24日朝刊 6 面縮刷版1204.
16) 環境省「気候変動枠組条約第15回締約国会議（COP15）について」（第 5 回環境省政策会議配布資料，平成21年12月 9 日），3，アクセス日：2013年11月17日，http://www.env.go.jp/council/seisaku_kaigi/epc005/mat05.pdf.
17) U.S. The White House, Office of the Press Secretary, "President to Attend Copenhagen Climate Talks," November 25, 2009, accessed September 29, 2012, http://www.whitehouse.gov/the-press-office/president-attend-copenhagen-climate-talks.
18) 特段の追加的な排出削減対策を講じなかった場合のなりゆきケース（business as usual）に較べての効果をいう概念。したがって，BAU で今後の排出量の大幅な増加が見込まれる場合は，BAU 比での削減は排出量の総量での削減に必ずしもつながるものではない。
19) 環境省「気候変動枠組条約第15回締約国会議（COP15）について」（第 5 回環境省政策会議配布資料，平成21年12月 9 日），3 -4，アクセス日：2013年11月17日，http://www.env.go.jp/council/seisaku_kaigi/epc005/mat05.pdf.
20) ただし，今後の急速な経済成長に伴う二酸化炭素排出量の増加を考慮すれば，GDP 当たり又は BAU 比での削減は必ずしも総量での排出削減を意味するものではなく，例えば中国については総量では2005年比で87.8～104.8％の増加，インドについては2005年比で127.0～142.1％の増加の結果となるとの試算もなされている。(財)地球環境産業技術研究機構システム研究グループ「世界各国の中期目標の分析」((財)地球環境産業技術研究機構，2009），3 -5，アクセス日：2013年12月27日，http://www.rite.or.jp/Japanese/labo/sysken/about-global-warming/download-data/Comparison_midtermtarget.pdf.
21) *Earth Negotiations Bulletin* 12, no. 449（December 8, 2009），1 -3.
22) Ibid, 3-4.
23) Ibid, 2-4.
24) *Provisional Agenda and Annotations: Note by the Executive Secretary*（FCCC/CP/2009/1, September 16, 2009）; *Additional Information on Arrangements for the Session and the High-Level Segment: Note by the Executive Secretary*（FCCC/CP/2009/ 1 /Add.1, November 13, 2009）; *Provisional Agenda and Annotations: Note by the Executive Secretary*（FCCC/KP/CMP/2009/1, September 16, 2009）; *Supplementary Provisional Agenda and Additional Information on the Arrangements for the Sessions and the High-Level Segment*（FCCC/KP/CMP/2009/ 1 /Add.1, November 13, 2009）.
25) *Earth Negotiations Bulletin* 12, no. 449（December 8, 2009）; *Earth Negotiations Bulletin* 12, no. 450（December 9, 2009）; *Earth Negotiations Bulletin* 12, no. 451（December 10, 2009）; *Earth Negotiations Bulletin* 12, no. 452（December 11, 2009）.
26) "Draft Copenhagen Climate Change Agreement: The 'Danish text'; A Draft Copenhagen Climate Agreement Prepared by the Hosts Denmark That Was Leaked to the Guardian," *Guardian*, December 8, 2009, accesed December 27, 2013, http://www.theguardian.com/environment/2009/dec/08/copenhagen-climate-change; John Vidal, "Rich Nations Accused of Copenhagen 'Power Grab'," *Guardian*, December 9, 2009; John Vidal, "Leaked Draft Deal Widens Rift between Rich and Poor Nations," *Guardian*, December 9, 2009.
27) *Earth Negotiations Bulletin* 12, no. 450（December 9, 2009），4.
28) 提案は，オーストラリア，コスタリカ，日本，ツバル及び米国の 5 か国からなされている。FCCC/CP/2009/ 3 -7.
29) *Earth Negotiations Bulletin* 12, no. 451（December 10, 2009），1, 4.

30) サウジアラビア，ベネズエラ，アルジェリア，クウェート，オマーン，ナイジェリア，アクアドルなど。
31) *Earth Negotiations Bulletin* 12, no. 453 (December 11, 2009), 2; *Earth Negotiations Bulletin* 12, no. 454 (December 14, 2009), 1-2.
32) *Chair's Proposed Draft Text on the Outcome of the Work of the Ad Hoc Working Group on Long Term Cooperative Action under the Convention*, Version 11/12/09, 08:30 am, accessed November 19, 2013, http://unfccc.int/files/kyoto_protocol/application/pdf/draftcoretext.pdf.
33) *Earth Negotiations Bulletin* 12, no. 453 (December 11, 2009), 2; *Earth Negotiations Bulletin* 12, no. 454 (December 14, 2009), 1-2.
34) *Earth Negotiations Bulletin* 12, no. 454 (December 14, 2009), 4.
35) *Earth Negotiations Bulletin* 12, no. 456 (December 16, 2009), 1-3.
36) *Outcome of the Work of the Ad Hoc Working Group on Long-Term Cooperative Action under the Convention: Draft Conclusions Proposed by the Chair* (FCCC/AWGLCA/2009/L.7 & Adds.1-9, December 15, 2009).
37) *Additional Information on Arrangements for the Session and the High-Level Segment: Note by the Executive Secretary* (FCCC/CP/2009/1/Add.1, November 13, 2009), paras.10-11; *Earth Negotiations Bulletin* 12, no. 459 (December 22, 2009), 27.
38) *Earth Negotiations Bulletin* 12, no. 457 (December 17, 2009); *Earth Negotiations Bulletin* 12, no. 458 (December 18, 2009).
39) *Report of the Ad Hoc Working Group on Further Commitments for Annex I Parties under the Kyoto Protocol to the Conference of the Parties Serving as the Meeting of the Parties to the Kyoto Protocol at Its Fifth Session* (FCCC/KP/AWG/2009/L.15, December 16, 2009).
40) *Earth Negotiations Bulletin* 12, no. 457 (December 17, 2009), 1.
41) Ronald A. Walker and Brook Boyer, *A Glossary of Terms for UN Delegates* (Geneva: United Nations Institute for Training and Research, 2005), 131.
42) *Earth Negotiations Bulletin* 12, no. 457 (December 17, 2009), 1-2.
43) *Earth Negotiations Bulletin* 12, no. 457 (December 17, 2009), 1-2; *Earth Negotiations Bulletin* 12, no. 458 (December 18, 2009), 1. 各国のステイトメントの録画中継については，"Joint High-Level Segment of the Conference of the Parties (COP), Conference of the Parties to the UNFCCC Serving as the Meeting of the Parties to the Kyoto Protocol (CMP) and Informal High-Level Event Convened by the Prime Minister of Denmark," UNFCCC Webcast: United Nations Climate Change Conference, Dec 7-Dec 18 2009 Copenhagen, accessed December 28, 2013, http://cop15.meta-fusion.com/kongresse/cop15_hls/templ/ovw_copenhagen.php?id_kongressmain=101.
44) *Report of the Ad Hoc Working Group on Further Commitments for Annex I Parties under the Kyoto Protocol on Its Resumed Fourth Session, Held in Bali from 3 to 15 December 2007* (FCCC/KP/AWG/2007/5, February 5, 2008), para. 22.
45) "Statement on Behalf of the Group of 77 and China by H.E. Dr. Nafie Ali Nafie, Head of Delegation of the Republic of the Sudan, at the Joint High-Level Segment of the Fifteenth Session of the Conference of Parties of the Climate Change Convention and the Fifth Conference of Parties Serving as a Meeting of Parties to the Kyoto Protocol

(COP/CMP 5)," Copenhagen, Denmark, December 16, 2009, accessed December 29, 2013, http://www.g77.org/statement/getstatement.php?id=091216.
46) "Prime Minister Tillman Thomas-Copenhagen, Denmark, December 16, 2009," Media Center: Audio, The Official Website of Government of Grenada, Windows Media Player video file, accessed January 27, 2014, http://www.gov.gd/egov/media/audio/pm_thomas_cop15_16-12-09.mp3.
47) Council of the European Union, *United Nations Framework Convention on Climate Change (UNFCCC): 15th Session of the Conference of the Parties (COP 15), 5th Session of the Conference of the Parties Serving as the Meeting of the Parties to the Kyoto Protocol (CMP 5), 31st Session of the Subsidiary Body for Implementation (SBI 31) and of the Subsidiary Body for Scientific and Technological Advice (SBSTA 31), 10th Session of the Ad Hoc Working Group on Further Commitments for Annex I Parties under the Kyoto Protocol (AWG-KP) and 8th Session of the Ad Hoc Working Group on Long-Term Cooperative Action under the Convention (AWG-LCA) (Copenhagen, 7-18 December 2009); Compilation of EU Statements* (17733/09, December 23, 2009), 20-23, accessed December 28, 2013, http://www.consilium.europa.eu/uedocs/cmsUpload/st17733.en09.pdf.
48) Australian High Commission, Ottawa, "Copenhagen Climate Summit: Umbrella Group Statement," December 16, 2009, accessed December 28, 2013, http://www.canada.embassy.gov.au/otwa/MR09DEC16.html.
49) 環境省編『環境・循環型・生物多様性白書』平成22年版（日経印刷，2010），44.
50) "Remarks at the United Nations Framework Convention on Climate Change: Hillary Rodham Clinton Secretary of State," Copenhagen, Denmark, December 17, 2009, accessed December 28, 2013, http://www.state.gov/secretary/rm/2009a/12/133734.htm.
51) *Earth Negotiations Bulletin* 12, no. 457（December 17, 2009），2-3.
52) *Outcome of the Work of the Ad Hoc Working Group on Long-Term Cooperative Action under the Convention: Draft Conclusions Proposed by the Chair*（FCCC/AWGLCA/2009/L.7/Rev.1, Add.1, Add.2/Rev.1, Adds. 3-7, Add.8/Rev.1 and Add.9, December 16, 2009）.
53) *Earth Negotiations Bulletin* 12, no. 458（December 18, 2009）.
54) *Outcome of the Work of the Ad Hoc Working Group on Long-Term Cooperative Action under the Convention: Draft Conclusions Proposed by the Chair*（FCCC/AWGLCA/2009/L.7/Rev.1, Add.1, Add.2/Rev.1, Adds. 3-7, Add.8/Rev.1 and Add.9, December 16, 2009）.
55) コンタクト・グループ（contact group）とは，コンセンサス形成に向けて集中的に議論を行うために設置される非公式の議論の場のこと。Walker and Boyer, *Glossary*, 40.
56) *Report of the Ad Hoc Working Group on Further Commitments for Annex I Parties under the Kyoto Protocol to the Conference of the Parties Serving as the Meeting of the Parties to the Kyoto Protocol at Its Fifth Session*（FCCC/KP/AWG/2009/L.15, December 16, 2009）.
57) コンセンサス形成のために議長により招集される少人数によるコンタクト・グループのこと。Walker and Boyer, *Glossary*, 65.
58) *Earth Negotiations Bulletin* 12, no. 459（December 22, 2009），6.

59）日本政府代表団「気候変動枠組条約第15回締約国会議（COP15）京都議定書第5回締約国会合（CMP5）等の概要」平成21年12月20日，アクセス日：2013年12月28日，http://www.mofa.go.jp/mofaj/gaiko/kankyo/kiko/cop15_g.html. なお，首脳級少人数会合への参加国は，デンマーク，英国，ドイツ，フランス，日本，米国，豪州，スウェーデン，スペイン，欧州委員会，ロシア，ノルウェー，韓国，メキシコ，南アフリカ，ブラジル，中国，インド，アルジェリア（アフリカ・グループ代表），レソト，グレナダ（AOSIS諸国代表），インドネシア，バングラディシュ（LDC諸国代表），コロンビア，モルディブの25か国であった。環境省「COP15（於コペンハーゲン）における主な成果と概要」（第6回環境省政策会議配布資料，平成21年12月22日），3，アクセス日：2013年12月28日，http://www.env.go.jp/council/seisaku_kaigi/epc006/mat01.pdf.

60）Emmanuel Guérin and Matthieu Wemaere, *The Copenhagen Accord: What Happened? Is It a Good Deal? Who Wins and Who Loses? What Is Next?* (Paris: Institut du Développement Durable et des Relations Internationales (IDDRI), 2009), 5-6, accessed December 28, 2013, http://www.iddri.org/Publications/Collections/Idees-pour-le-debat/Id_082009_guerin_wemaere_copenhagen%20accord.pdf.

61）Ed Miliband (Former British Secretary of the State for Energy and Climate Change), "The Road from Copenhagen," *The Guardian*, December 20, 2009, accessed April 30, 2014, http://www.theguardian.com/commentisfree/2009/dec/20/copenhagen-climate-change-accord.

62）Suzanne Goldenberg, Toby Helm and John Vidal, "Copenhagen: The Key Players and How They Rated," *The Guardian*, December 20, 2009, accessed May 2, 2014, http://www.theguardian.com/environment/2009/dec/20/copenhagen-obama-brown-climate.

63）"Address by H.E. Wen Jiabao Premier of the State Council of the People's Republic of China at the Copenhagen Climate Change Summit Copenhagen", Ministry of Foreign Affairs, People's Republic of China, December 18, 2009, accessed November 22, 2013, http://www.fmprc.gov.cn/eng/wjdt/zyjh/t647091.htm.

64）"Remarks by the President at the Morning Plenary Session of the United Nations Climate Change Conference," White House, December 18, 2009, accessed December 28, 2013, http://www.whitehouse.gov/the-press-office/remarks-president-morning-plenary-session-united-nations-climate-change-conference.

65）"Premier Wen at Copenhagen conference," *Xinhua News Agency/People's Daily*, December 25, 2009, accessed December 28, 2013, http://www.chinadaily.com.cn/china/2009-12/25/content_9231783.htm.

66）Mark Lynas, "How do I know China wrecked the Copenhagen deal? I was in the room," *The Guardian*, December 22, 2009, accessed April 14, 2014, http://www.theguardian.com/environment/2009/dec/22/copenhagen-climate-change-mark-lynas.

67）"Premier Wen Jiabao at Copenhagen conference," *Xinhua News Agency/People's Daily*, December 25, 2009, accessed December 28, 2013, http://www.chinadaily.com.cn/china/2009-12/25/content_9231783.htm.; Guérin and Wemaere, *Copenhagen Accord*, 5-6; John M. Broder, "Many Goals Remain Unmet in 5 Nations' Climate Deal," *International Herald Tribune*, December 19, 2009, New York edition; Juliet Eilperin and Anthony Faiola, "Climate deal falls short of key goals," *Washington Post*, December 19, 2009, accessed December 28, 2013, http://www.washingtonpost.com/wp-dyn/content/arti-

cle/2009/12/18/AR2009121800637_pf.html.
68) *Draft Decision- /CP.15, Proposal by the President, Copenhagen Accord* (FCCC/CP/2009/L.7, December 18, 2009); *Draft Decision- /CMP.5, Proposal by the President, Copenhagen Accord* (FCCC/KP/CMP/2009/L.9, December 18, 2009).
69) "Remarks by the President during press availability in Copenhagen," White House, December 18, 2009, accessed September 29, 2012, http://www.whitehouse.gov/the-press-office/remarks-president-during-press-availability-copenhagen.
70) Benito Müller, *Copenhagen 2009: Failure or Final Wake-up Call for Our Leaders?* (Oxford: Oxford Institute for Energy Studies, 2010), 14, accessed November 9, 2010, http//:www.oxfordenergy.org/pdfs/EV49.pdf.
71) *Earth Negotiations Bulletin* 12, no. 459 (December 22, 2009), 7-9; Müller, *Copenhagen 2009*, 13-17.
72) UNFCCC, "Conference of the Parties serving as the meeting of the Parties to the Kyoto Protocol (CMP), Resumed 12th Meeting, Copenhagen, Denmark, 18 December 2009," UNFCCC Webcast site, Windows Media Player video file, 00:03:11, accessed December 29, 2013, http://cop15.meta-fusion.com/kongresse/cop15/templ/play.php?id_kongresssession=2755&ththe=unfccc; Müller, *Copenhagen 2009*, 14-15.
73) Müller, *Copenhagen 2009*, 15-16.
74) Leonardo Massai, "The Long Way to the Copenhagen Accord: Climate Change Negotiations in 2009," *Review of European Community & International Environmental Law* 19, no.1 (2010): 120.
75) UNFCCC, "Conference of the Parties (COP) resumed 9th Meeting, Copenhagen, Denmark, 19 December 2009," UNFCCC Webcast site, Windows Media Player video file, 6:55:30, accessed December 29, 2013, http://cop15.meta-fusion.com/kongresse/cop15/templ/play.php?id_kongresssession=2761&theme=unfccc.
76) 環境省「COP15（於コペンハーゲン）における主な成果と概要」（第6回環境省政策会議配布資料, 平成21年12月22日), 3, アクセス日：2013年12月28日, http://www.env.go.jp/council/seisaku_kaigi/epc006/mat01.pdf.
77) *Copenhagen Accord,* Decision 2/CP.15 (FCCC/CP/2009/11/Add.1, March 30, 2010).
78) *Outcome of the Work of the Ad Hoc Working Group on Long-Term Cooperative Action under the Convention,* Decision 1/CP.15 (FCCC/CP/2009/11/Add.1, March 30, 2010).
79) *Outcome of the Work of the Ad Hoc Working Group on Further Commitments for Annex I Parties under the Kyoto Protocol,* Decision 1/CMP.5 (FCCC/KP/CMP/2009/21/Add.1, March 30, 2010).
80) *Earth Negotiations Bulletin* 12, no. 459 (December 22, 2009), 11.
81) "Statement on Behalf of the Group of 77 and China by H.E. Dr. Nafie Ali Nafie, Head of Delegation of the Republic of the Sudan, at the Joint High-Level Segment of the Fifteenth Session of the Conference of Parties of the Climate Change Convention and the Fifth Conference of Parties Serving as a Meeting of Parties to the Kyoto Protocol (COP/CMP 5)," Copenhagen, Denmark, December 16, 2009, accessed December 29, 2013, http://www.g77.org/statement/getstatement.php?id=091216.
82) *Chair's Proposed Draft Text on the Outcome of the Work of the Ad Hoc Working Group on Long Term Cooperative Action under the Convention,* Version 11/12/09, 08:30 am, ac-

cessed November 19, 2013, http://unfccc.int/files/kyoto_protocol/application/pdf/draft-coretext.pdf.
83) *AWG-KP Draft Texts*, Version 11/12/09, 09:30 am, accessed November 19, 2013, http://unfccc.int/files/kyoto_protocol/application/pdf/awgkpchairstext111209.pdf.
84) *Earth Negotiations Bulletin* 12, no. 457 (December 17, 2009), 3.

第 4 章

カンクン会議 (2010年) の攻防：ダーバンへの道筋

　2010年11月末から12月にかけて開催されたカンクン会議（COP16・CMP6）における最大の課題は、前年末のコペンハーゲン会議の失敗を踏まえ、いかにして合意形成を図り、気候変動レジームの発展に向けたモメンタムを取り戻すのかという点であった。そしてカンクン会議においては、コペンハーゲン会議の失敗を繰り返さないため、何よりも合意形成を図ることが至上命題とされ、対立点は翌年のダーバン会議（COP17・CMP7）に先送りし、まずは合意できることについて合意することに重点が置かれたのである。カンクン会議は、この先送りの仕方を巡る攻防でもあった。本章の前半では、こうした交渉の展開を追うとともに、後半では、規範的アイデアの衝突と調整の観点から、交渉の展開を分析することとしたい。

第 1 節　コペンハーゲン会議後の議論の展開
　　　　　：カンクン会議の前哨戦

第 1 項　コペンハーゲン合意への支持拡大

　コペンハーゲン会議で取りまとめられたコペンハーゲン合意は、次の 2 つの点で問題を抱えており、気候変動レジームの一要素として制度化された国際規範には至らない段階のものであった。第 1 の問題は、その法的位置づけである。コペンハーゲン合意に関する気候変動枠組条約締約国会議決定（COP決定）[1]は、コペンハーゲン合意に留意する旨決定したのみであり、コペンハーゲン合意そのものを採択したものではなかった。したがって、気候変動枠組条約の各締約国は、コペンハーゲン合意に拘束されるものではなかった。第 2 に、

コペンハーゲン合意については，その取りまとめプロセスそのものに強い異論が提示されており，手続的正当性の面でも問題を抱えるものであった。

しかしながらコペンハーゲン会議においては，コペンハーゲン合意に留意する旨決定するに際して，その正当性強化に向けた重要な布石が打たれていた。具体的には，①コペンハーゲン合意に賛成の国々はその旨を2010年1月31日までに気候変動枠組条約事務局に寄託すべきこと，②寄託に際しては，コペンハーゲン合意に基づく自らの排出削減目標を条約事務局に登録することとされていた。この取り決めを受けて，カンクン会議までにコペンハーゲン合意に賛成する旨の文書を気候変動枠組条約事務局に登録した国々は約140か国であり，このうち自主削減目標も併せて提出した国々は約80か国であった。これら約80か国の二酸化炭素排出量が全世界の排出量に占める割合は約83％であり，かつ，これら約80か国には，米国，EU諸国，日本，ロシア，カナダ，中国，インド，ブラジル，南アフリカなど，全ての主要国が含まれていた。この結果，カンクン会議における合意形成の土台として，コペンハーゲン合意は確固たる支持基盤を形成するに至ったのである。

第2項　多国間交渉の再スタート

コペンハーゲン会議後のポスト京都議定書を巡る多国間交渉は，翌2011年の4月のドイツ・ボンで開催されたAWG-LCA（気候変動枠組条約の下での長期的協力の行動のための特別作業部会）及びAWG-KP（京都議定書の下での附属書Ⅰ国の更なる約束に関する特別作業部会）の両AWGから本格的に再スタートした。その後，6月（ドイツ・ボン），8月（ドイツ・ボン），10月（中国・天津）と3回にわたってAWG-LCAとAWG-KPの両特別作業部会が開催された。両AWGでの議論においては，コペンハーゲン合意採択失敗を教訓に何よりも議論のプロセスが重視され，コペンハーゲン合意をベースに交渉をスタートさせるのではなく，コペンハーゲン会議の際に両AWG座長から気候変動枠組条約締約国会議（COP）総会及び京都議定書締約国会合（CMP）総会に報告された2つの座長テキストを出発点として，改めてCOPの下での交渉とCMPの下での交渉の2トラックの交渉プロセスで議論を進めることとされたのである。

しかしながら，この2つのAWGにおける議論においては，京都議定書に代

わる法的拘束力のある包括的な国際枠組の構築に関する議論を進めようとする先進国側と，あくまでも京都議定書第2約束期間の設定を主張する途上国側との対立構造はそのまま残され，議論は引き続き平行線を辿った。

第2節　カンクン会議の開幕：協調ムードの中の相互牽制

第1項　カンクン会議の2つのキーワード

　カンクン会議は，2010年11月29日月曜日から12月10日金曜日までの約2週間の予定で，メキシコ・カンクンで開催され，その課題は，コペンハーゲン合意の失敗を繰り返すことなく，いかにして合意できることについて合意するかであった。こうした中で，カンクン会議で合意形成に向けて合言葉となったのがバランス（balance）とプロセス（process）の2つのキーワードであった。[7]

(1)　プロセスの重視：コペンハーゲン合意の教訓

　コペンハーゲン合意の採択失敗の際に問われたのは，コペンハーゲン合意の中身そのものというよりも，むしろその取りまとめプロセスが開かれた包括的かつ透明なプロセス（open, inclusive, and transparent process）という国連の交渉プロセスの大原則に反するものであるという点であった。こうした反省を踏まえ，カンクン会議議長の Espinosa メキシコ外務大臣は，透明性と包括性の原則を議長として遵守する旨を参加各国に対して表明するとともに，コペンハーゲン会議におけるデンマーク・テキストのようなメキシコ・テキストなるものは一切存在せず，あくまでも AWG-LCA や AWG-KP などにおけるオープンで包括的な議論の積み重ねの結果が交渉のベースになるとの方針を示したのである。[8] 各国はこうした議長の方針について相次いで支持を表明し，プロセスの重視がカンクン会議全体を貫く大原則の1つとなった。そして，この大原則の下，Espinosa 議長は，随時，中間報告総会（stocktaking plenary）を開催し，情報の共有を図るとともに，どの場の議論にもどの国も参加できるとの建前を貫いたのであった。

(2)　バランスの重視：対立点の先送り

　2010年に入ってから行われた4回にわたる AWG-LCA 及び AWG-KP での

交渉プロセスにおいても関係各国の間での意見の隔たりは依然として大きく，議論のプロセスの重視は必ずしも合意形成を保証するものではなく，かえって終わりのない議論につながる可能性があった。そこで合意形成を図るための新たな知恵として持ち出されたキーワードがバランスの重視であった。ここでいうバランスとは，バリ行動計画の各検討項目間のバランス，AWG-KPとAWG-LCAという2つの交渉トラック間のバランス，そして，先進諸国と途上諸国のバランスの3つであった。こうしたバランスを捉えて，気候変動枠組条約事務局のFigueres事務局長は，「全ての国が平等に満足かつ不満足である結果がバランスのとれた結果である」と表現した。

第2項　COP開幕総会及びCMP開幕総会における相互牽制

　プロセスの重視とバランスの重視の2つのキーワードの下，11月29日月曜日からスタートしたカンクン会議初日に開催されたCOP総会及びCMP総会において各交渉グループの代表は，自らの主張に有利な形でのバランスが確保されるよう，相互牽制を繰り広げた。まず，京都議定書第2約束期間の設定を求めるとともに法的拘束力のある包括的な国際枠組の構築に反対との立場からG77/中国を代表して発言したイエメンは，AWG-LCAにおける議論とAWG-KPにおける議論の間のバランスを強調した上で，先進諸国による途上諸国への資金支援の重要性を改めて訴えるとともに，まずは先進諸国が率先して排出削減対策に取り組むべきである旨を主張した。また，アラブ・グループを代表してエジプトは，バランスのとれた合意の内容は，途上諸国の自主的な取組を促すものでなければならないと主張し，途上国の取組の法的義務付けを求める先進諸国の主張を牽制した。また，ALBA諸国を代表して発言したベネズエラも，京都議定書第2約束期間の設定を強く求めた。

　一方，法的拘束力のある包括的な国際枠組の構築を求める意見として，EUを代表して発言したベルギーは，AWG-LCAとAWG-KPの2つの交渉トラック間及びそれぞれの交渉トラック内でのバランスが重要であるとした上で，法的拘束力のある包括的な国際枠組の構築に向けて議論を前進させることが必要である旨を主張した。また，AOSIS諸国を代表して発言したグレナダも，法的拘束力のある包括的な国際枠組の構築を訴えた。また，LDC諸国を

代表して発言したレソトも、バランスのある決定の下で、将来の法的拘束力のある包括的な国際枠組の構築の道を閉ざすものとなってはならない旨主張した。

同日午後に引き続いて開催されたCMP総会においても、京都議定書第2約束期間の取扱いを巡って各国・各交渉グループの間での相互牽制の応酬となった。京都議定書第2約束期間の設定を強く求めるものとして、例えばG77/中国を代表してイエメンは、京都議定書第2約束期間をどのような形で設定するかについて検討するというAWG-KPのマンデートを改めて強調した上で、京都議定書第2約束期間は必ず設定されなければならないと主張した。また、アラブ・グループを代表してエジプトは、京都議定書第2約束期間設定に関する合意なくして、AWG-LCAの下での包括的な国際枠組に関する合意は不可能であると主張した。法的拘束力のある包括的な国際枠組の構築に関してはEUや日本などの先進諸国と同一歩調をとるAOSIS諸国も、京都議定書第2約束期間の設定を強く訴えた。

こうした主張に対して、EUを代表して発言したベルギーは、EUとして京都議定書第2約束期間にコミットする用意があるとの立場を表明する一方で、京都議定書第2約束期間の設定は包括的な国際枠組の構築の一部分をなすものとして位置づけられるべきであるとして、京都議定書第2約束期間の設定のみが先行することを牽制した。なお、アンブレラ・グループを代表して発言したオーストラリアは2012年以降も効果的な気候変動対策を継続することが重要である旨を述べるにとどまり、京都議定書第2約束期間の設定そのものについては踏み込んだ発言をしなかった。

第3節　事務レベル協議の攻防と相互牽制

第1項　AWG-LCAの攻防①：包括的な国際枠組の実効性確保を巡る攻防

(1) AWG-LCA総会（11月29日月曜日）における相互牽制

包括的な国際枠組の構築を巡る議論は、カンクン会議初日の11月29日月曜日の午後に開催されたAWG-LCA総会から本格的にスタートした[12]。このAWG-

LCA総会の冒頭，AWG-LCAのMukahanana-Sangarwe座長は，各国の意見を網羅的に盛り込んだ交渉テキスト[13]とは別に，バリ行動計画の各項目（①共通ビジョン，②適応策，③先進国・途上国の緩和行動の強化，④資金移転・技術移転，キャパシティ・ビルディング）に沿って，合意に盛り込むことが適当と考えられる要素を盛り込んだ座長ノート[14]を提示した。ただし，包括的な国際枠組の中核的な部分である③の先進国・途上国の削減約束・削減行動の強化の部分については，座長ノートにおいては項目のみが記載されるにとどまり，この時点では，その具体的な内容については何ら盛り込まれていなかった。[15]

こうした中で，法的拘束力のある包括的な国際枠組の構築を牽制する立場からG77/中国を代表して発言したイエメンは，AWG-KPとAWG-LCAの2つの交渉トラックの間のバランスを尊重すべきであるとし，AWG-LCAにおける議論の結果は，将来における包括的，衡平，野心的かつ法的拘束力のある国際枠組の構築を何ら予断するものとなってはならないと主張した。これに対して，法的拘束力のある包括的な国際枠組の構築を求める立場からは，アンブレラ・グループを代表して発言したオーストラリアは，カンクン会議の結果は，全ての主要国の排出削減目標を含む法的拘束力のある国際枠組の構築につながるものとしなければならないと主張した。特に，包括的な国際枠組の実効性を確保するための仕組みとして，測定・報告・検証（MRV：Measurement, Reporting and Verification）と国際的な協議・分析（ICA：International Consultation and Analysis）の具体的な内容について合意することが重要であると訴えた。また，EUを代表して発言したベルギーは，座長ノートに関し，排出削減（mitigation）とMRVの部分が不十分であるとし，その具体的内容を盛り込むことが必要であると訴えた。

このようにバリ行動計画を受けた包括的な国際枠組の構築に関する議論は，大きく2つの論点を含むものとなっていた。1つは，その実効性の確保のための仕組みに関する議論ともう1つはこの国際枠組の法的拘束力の有無を巡る議論である。このうち排出削減（mitigation）の実効性の確保のための仕組みづくりに関しては，AWG-LCAの下に設置された起草グループ[16]の場において議論が行われた。MRV及びICAについては，コペンハーゲン合意で大きな方向性については既に合意が成立していたものの，実効性の確保の観点からMRVと

ICA をどこまで徹底して求めるかという点が大きな論点として残されており，そうした点が論点となったのである。一方，包括的な国際枠組の法的拘束力の取扱いに関しては，12月1日の COP 総会において別途コンタクト・グループ[17]を設けることとされ，このコンタクト・グループの場において議論されることとされた（後述本節第2項）。

(2) **経過報告のための非公式 COP 総会**（COP Informal Stocktaking Plenary）（12月4日土曜日）

12月4日土曜日午後に開催された経過報告のための非公式 COP 総会においては，カンクン合意における獲得目標の違いが改めて浮き彫りとなった[18]。すなわち，バリ行動計画に盛り込まれた検討項目[19]のうち，途上国に対する資金支援に関する議論の進展を目指す途上国側と，排出削減（mitigation）の面での議論の進展を目指す先進国側との間で目指すべき方向にずれがあり，この2つの要素のバランスが焦点となった。さらに，AWG-KP における議論と AWG-LCA における議論とのバランスも改めて焦点となった。すなわち，包括的な国際枠組に関する議論の進展のためには，京都議定書第2約束期間の設定に関する AWG-KP における議論の進展が必要であるとのバランス論を途上国サイドは強く主張した。

こうした中，12月4日土曜日に経過報告のために開催された非公式 COP 総会冒頭において Espinosa 議長は，翌週以降に閣僚級のハイレベル協議が始まることを踏まえ，政治的決断の重要性を訴えるとともに，改めて交渉プロセスの透明性・包括性（transparency and inclusiveness）を遵守する旨を強調し，ハイレベル協議における議論は両 AWG における議論に代わるものではなく，あくまでも両 AWG における協議に政治的ガイダンスを与えるためのものであると指摘した。続いて発言した AWG-LCA の Mukahanana-Sangarwe 座長は，各起草グループにおける議論の状況を踏まえた改訂版の座長ノート[20]を提示した。座長ノートのうち，排出削減（mitigation）の項目に関しては，前回の案と異なり，具体的なオプションが併記される形となっていた。まず，先進諸国の排出削減に関して特に論点とされ，オプションの形で併記された主な点は，① 先進諸国の中期目標を単なる目標（target）として位置づけるか，必ず達成すべき国際公約（commitments）として位置づけるかどうか，②先進諸国の中期目

標をCOP決定の附属書として正式に位置づけるかどうか，③先進諸国の中期目標の一層の上積みを求めることとするかどうかの3点であった。また，途上諸国の削減行動（NAMA：nationally appropriate mitigation actions）に関して特に論点とされ，複数のオプションが併記された主な点は，①途上国の削減目標をCOP決定の附属書として正式に気候変動レジームの中に位置づけるかどうか，②国際的な支援を受けていない国内の削減行動（domestically supported mitigation actions）に関し，各途上国が自ら実施するMRV（測定・報告・検証）を任意のものとするか，それとも気候変動枠組条約に基づくガイドラインに則って各途上国が実施することとするか，③各途上国の国内の取組状況をICA（国際的な協議・分析）の対象とするかどうかの3点であった。なお，改訂版の座長ノートにおいては，国際的な支援を受けた削減行動については，国際的なMRVの対象となることとされ，この点は，コペンハーゲン合意の合意内容がそのまま踏襲されたものとなっていた。

　この座長ノートに対してEUは，排出削減に関する議論をさらに進めることを求めるとともに，両AWGにおける成果を法的拘束力のあるものとすることを改めて訴えた。また，アンブレラ・グループを代表して発言したオーストラリアは，コペンハーゲン合意に基づき各国から提出された自主的な排出削減目標を正式な形で気候変動レジームの中に位置づけるとともに，MRV及び排出削減に関する議論をさらに進展させるべきであると主張した。これに対して新興国を含む途上国サイドは，座長ノートのうち，先進国の排出削減対策に関するオプションの中に京都議定書第2約束期間の設定が含まれていないことを批判するとともに，京都議定書第2約束期間の設定に関する議論の進展が，AWG-LCAにおける排出削減の項目に関する議論の進展の前提であるとして先進国側の主張を強く牽制した。こうしたバランス論に対して米国は，途上諸国の削減行動に関するテキストをさらに改善することがバランスのある合意には必要であると主張し，オーストラリアも，MRV及びICAに関する具体的な内容を詰めることがバランスの確保のためには必要であると反論した。

第2項　AWG-LCAの攻防②：包括的な国際枠組の法的位置づけを巡る攻防

　バリ行動計画を受けた包括的な国際枠組の実効性確保のための具体的な仕組

み（MRV や ICA など）に関する議論が AWG-LCA の下に設置された起草グループ（drafting group）の場で議論されたのに対し，この包括的な国際枠組の法的な位置づけについては，そもそも議題とすべきかどうかという入り口論から議論がスタートすることとなった。AWG-LCA においては，バリ行動計画に基づき，①世界全体の排出削減に関する長期目標を含む共有のビジョン，②先進諸国及び途上諸国の排出削減対策（mitigation）の強化，③気候変動への適応策（adaptation）の強化，④技術開発・技術移転の強化，⑤資金支援の強化といった気候変動枠組条約の下での包括的な取組について検討することとされていたが，その検討結果の法的な位置づけを単なる気候変動枠組条約締約国会議決定（COP 決定）とするのか，それとも法的拘束力のある議定書とするのかについては，バリ行動計画においては具体的な方向性は打ち出されておらず，単に，「合意された結果（agreed outcome）」を「採択する（adopt）」と規定されていただけであった[21]。また，AWG-LCA の開会総会においても法的拘束力のある枠組の構築に予断を与える合意とはしない旨座長により基本方針が示され[22]，AWC-LCA の座長ノートにおいても同様の趣旨が記載されていた[23]。このため，カンクン会議開催当初においては，包括的な国際枠組の法的位置づけについて正式な議題として取り上げて議論することは困難な状況であった。

　その一方で，気候変動枠組条約の全ての締約国を対象とした新たな議定書の採択を求める提案が，気候変動枠組条約第17条の規定に基づき，日本，ツバル，オーストラリア，コスタリカ，米国及びグレナダの6か国からそれぞれ提出されており[24][25]，その取扱いは気候変動枠組条約締約国会議（COP）の正式な議題の1つとして掲げられていた[26]。このため，法的拘束力のある包括的な国際枠組の構築を目指す EU や日本などの先進諸国，そして AOSIS 諸国などの一部の途上国は，この気候変動枠組条約第17条に基づく各国の提案の取扱いに関する議題を足掛かりに，包括的な国際枠組の法的位置づけに関する議論を正式な交渉プロセスの俎上に載せることを狙いとして議論を展開した。

(1) 新議定書の提案とコンタクト・グループの設置（12月1日水曜日）

　12月1日水曜日に開催された COP 総会においては，気候変動枠組条約第17条を根拠に同条約の全ての締約国を対象とした新たな議定書案に関して，前述の6か国からそれぞれ別個に条約事務局に提出された提案が議題に取り上げら

れた[27]。このCOP総会の冒頭，グレナダはAOSIS諸国を代表して発言し，これらの提案を踏まえ，バリ行動計画に基づく「合意された結果（agreed outcome）」の法形式と，2011年に南アフリカ・ダーバンで開催予定の次期COP17において法的拘束力のある国際枠組を採択するための適切な戦略（appropriate strategy）について議論するためのコンタクト・グループの設置を強く要請した。この提案に対して，途上国サイドからは，ツバル，コスタリカ，そしてアフリカ・グループを代表してコンゴ民主共和国が支持を表明した。また，先進国サイドも支持を表明した。その一方でBASIC諸国の対応は分かれた。中国，ブラジル及び南アフリカはコンタクト・グループの設置に前向きな姿勢を示したのに対し，インドはコンタクト・グループの設置自体に強硬に反対した。インドは，カンクン会議においては合意可能な点及び京都議定書第2約束期間の取扱いについて論点を絞るべきであり，AWG-LCAにおいては法形式よりも中身の議論を優先すべきであると主張した。

このようにインドを除く大多数の国々がAOSIS諸国の提案に対する支持を表明したことを受けて，Espinosa議長は，法形式について議論するコンタクト・グループの設置を提案し，各国も賛成したため，設置されることとなった。ただし，このコンタクト・グループにおける議論に関しては，今次カンクン会議において結論を出すものではないと釘を刺した。Espinosa議長曰く，カンクン会議においては，まず合意可能な点について議論を進めることが先決であり，法形式についての合意は困難であることから，法形式に関する議論が両AWGにおける議論の妨げになってはならないとのことであった。

(2) 第1回コンタクト・グループ（12月3日金曜日）

12月3日金曜日に開催された第1回目コンタクト・グループ会合においては，多くの国々が法的オプションについて議論することに前向きな姿勢を示したものの，AWG-LCAにおける合意の法的位置づけに関する各国の意見の隔たりは依然として大きいことが改めて露わになった。大きな意見の相違は，次の3点である[28]。第1の相違点は，京都議定書第2約束期間との関係である。日本は，京都議定書第2約束期間を設定するのではなく，あくまでも全ての国々を対象とした1つの法的拘束力のある国際枠組（すなわち，京都議定書に代わる新たな法的拘束力ある国際枠組）を目指すべきであるとし，新たな法的枠組と京

都議定書との併存は認めないとの立場を主張したのに対し，グレナダ，ツバル，コスタリカ，シンガポールや，ボリビアなどは，AWG-LCAの検討結果は，京都議定書を補完する新たな法的枠組として位置づけるべきと主張した（すなわち，法的拘束力のある包括的な国際枠組の構築はあくまでも京都議定書第2約束期間の設定が前提であるとの主張）。またEUも，包括的な国際枠組の構築の文脈の中で京都議定書第2約束期間の設定を受け入れる用意がある旨を表明した。第2に，法的拘束力の意味内容については，EUなどが，法的拘束力のある枠組とはあくまでも議定書（protocol）を指すと主張したのに対し，中国やインドは，京都議定書に結実したベルリン・マンデートの例やバリ行動計画の例を挙げ，議定書のみならず気候変動枠組条約締約国会議決定（COP決定）も法的拘束力を有するものである旨を主張し，AWG-LCAの成果は締約国会議決定として位置づけるべきであると主張した。第3に，今後の議論の進め方に関しては，EU，オーストラリア，ツバル，コスタリカなどが，法的拘束力のある包括的な国際枠組の構築に向けた具体的な検討スケジュールや方向性などについて合意することを求めたのに対し，中国やインド，米国は慎重な姿勢に終始した。米国やインドは，このコンタクト・グループの議論よりもAWG-LCA本体での議論をまずは優先すべきであると主張し，中国も法形式よりもまずは中身の議論を優先すべきであると主張したのである。

このように各国の意見が分かれる中，南アフリカ共和国は，バランス確保の観点から両AWGの成果は法的拘束力のある文書として採択されるべきとの自説を展開した上で，この法的位置づけの問題については，より幅広い観点から議論されるべきであり，Espinosa議長の差配に委ねるべきであると提案した。こうした提案を引き取る形で，本コンタクト・グループのCutajar座長は，今後の議論の進め方についてはEspinosa議長の指示を改めて求めることとしたい旨発言し，コンタクト・グループを一旦閉幕した。

(3) 非公式総会における経過報告と議論継続の議長指示（12月4日土曜日）

12月4日土曜日に開催されたCOP非公式中間報告総会（COP Informal Stock-taking Plenary）の場において，コンタクト・グループのCutajar座長から，同コンタクト・グループにおける議論の概要について報告が行われた。Cutajar座長は，コンタクト・グループにおいて6か国の提案を検討したところ，大半

の国々が法的拘束力のある国際枠組の構築を支持したが，法的拘束力の意味内容や，法的拘束力のある国際枠組の具体的な内容，京都議定書との関係については各国の見解が大きく分かれたと報告をした。そして，法形式の取扱いがカンクンにおける幅広い合意の重要な要素の一部であると多くの国々が考えている旨を付言した。こうした報告を受けて Espinosa 議長は，コンタクト・グループにおける議論を継続するよう指示した。

(4) 第 2 回コンタクト・グループ（12月6日月曜日）

12月6日月曜日の夕刻に改めてコンタクト・グループが開催されたが，法的位置づけの取扱いを巡る議論は平行線を辿り，第 1 回目のコンタクト・グループからの進展は殆どみられなかった。先進国のみならず途上国を含む多くの国々が，法的拘束力のある国際枠組の構築に向けた道筋について合意すべきと主張したのに対し，米国及び中国，インドが消極的な姿勢を示すという構造が改めて露わになった。なお，この対立は，先進諸国対 BASIC 諸国という構図[31]では必ずしもなく，先進諸国の中では米国が法的拘束力のある国際枠組の構築に消極的な姿勢を示す一方，BASIC 諸国の中でもブラジル及び南アフリカが法的拘束力のある国際枠組の構築に向けた議論に前向きの姿勢を示すなどねじれ構造がみられた。

AOSIS 諸国を代表して発言したグレナダは，第 2 回目のコンタクト・グループにおいて，具体的な COP 決定案の提案を行った。同決定案は，AWG-LCA に対して法的オプションの検討の継続を求め，AWG-LCA の成果を2011年のダーバン会議（COP17）において法的拘束力のある文書として決定するための案を COP17に提出することを求めるものであった。コスタリカや他の AOSIS 諸国も，AWG-LCA に対して，ダーバン会議（COP17）で法的拘束力のある国際枠組を採択することを強く求めた。EU も，AWG-LCA と AWG-KP の両 AWG の合意テキスト案それぞれに法的拘束力のある包括的な国際枠組の構築に関する文言を追加するよう求めた。また，オーストラリアは，京都議定書第 2 約束期間の設定を受け入れる用意がある旨を述べた上で，AWG-LCA における議論を進めるためには，その成果の法的な位置づけを明らかにすることが必要であると主張した。

一方，こうした主張に対しては，法的拘束力のある包括的な国際枠組の構築

はあくまでも京都議定書第2約束期間の設定が条件であるとの発言が相次いでなされた。南アフリカ共和国は，法的拘束力のある包括的な国際枠組についての合意の必要性は認めつつも，それは京都議定書第2約束期間の設定とセットでなければならないと主張した。またボリビアも，京都議定書第2約束期間の設定が条件であると強調した。

　中国やインドはさらに消極的であり，法形式の議論よりも中身の議論が先であるとして，法形式の議論を進めること自体に難色を示した。特にインドは，カンクン会議においては合意可能な点についての議論に集中すべきであり，かつ，法的な国際枠組の具体的な中身については既にAWG-LCA本体でも議論が行われているとして，コンタクト・グループにおけるこれ以上の議論に消極的な姿勢を示した。中国やインドの消極的な姿勢を受けて，米国も消極的な姿勢を示し，新興諸国が法的削減義務を負う旨が明確にされない限り，米国として法的拘束力のある国際枠組を受け入れることは困難である旨述べた。

　このように各国の主張が平行線を辿る中で，コンタクト・グループのCutajar座長は，各国の主張の隔たりが大きいため議論をまとめることは困難である旨発言し，再度コンタクト・グループを開催する旨示唆した上で，第2回目のコンタクト・グループを閉会した。

(5) **非公式協議 (Informal Consultation)（12月8日水曜日）**

　第3回目のコンタクト・グループは開催されなかったものの，12月8日水曜日に，法形式のオプション（Legal Option）に関する非公式協議（informal consultation）が開催され，その場で，AOSIS諸国がCOP決定案を提案した[32]。同決定案においては，両特別作業部会の検討が相互補完の関係にあるとし，それぞれの検討結果に基づき法的拘束力のある文書（すなわち議定書）の必要性を認めた上で，AWG-LCAにおいて法的オプションについての検討を継続し，COP17において法的拘束力のある文書を採択することを求める内容になっていた。この提案に対して一部の途上国は，法形式について議論することは時期尚早であり，まずは中身の議論を行うべきであると主張したが，先進諸国及び多くの途上諸国が賛成し，その取扱いは，ハイレベル協議の場に持ち越されることとなった。なお，法的拘束力の意味についても議論が行われたが，COP決定は法的拘束力を有するとは言えないとの見解が大勢を占め，法的拘束力の

ある決定にはCOP決定も含まれるとの中国やインドの主張は，他の国々から理解を得るに至らなかった。

第3項　AWG-KPにおける京都議定書第2約束期間を巡る攻防

(1) AWG-KP総会における攻防 (11月29日月曜日)

　京都議定書第2約束期間の取扱いに関しては，カンクン会議初日11月29日月曜日のCMP総会の後，AWG-KP開幕総会が同日に開催され，AWG-KPの場を中心に，本格的な論戦がスタートすることとなった。[33]

　AWG-KP開幕総会の場でG77/中国を代表して発言したイエメンは，京都議定書第2約束期間の設定を前提に，IPCCの科学的知見を踏まえて各先進国の削減目標の引き上げを訴え，LDC諸国もこれに同調した。また，EUを代表して発言したベルギーも，京都議定書だけでは全世界の排出削減対策を進める上では不十分であるとしつつも，京都議定書の枠組の継続を受け入れる用意がある旨を表明した。また，アンブレラ・グループを代表して発言したオーストラリアは，AWG-KPの議論の成果はAWG-LCAの議論における包括的な成果の一部であるべきと述べるにとどまり，京都議定書第2約束期間の設定に明確に反対するに至らなかった。

　このように議論全体の趨勢が京都議定書第2約束期間設定に傾く中，京都議定書第2約束期間設定反対論を最も強く展開したのが日本であった。日本は，「いかなる状況，そしていかなる条件の下でも（under any circumstances and under any conditions）京都議定書第2約束期間には参加しない。……第2約束期間の設定を盛り込んだいかなる決定案にも賛成しない」との立場を明言した。[34] その主張の立論に当たって日本は，決して日本の狭い利益の観点から京都議定書第2約束期間の設定に反対しているのではなく，あくまでも世界全体の温室効果ガスの排出削減の実効性確保の観点から京都議定書第2約束期間の設定に反対であるとの主張を展開した。こうした日本政府の立論は，カンクン会議後に外務省がホームページに和文・英文両方で掲載した「京都議定書に関する日本の立場」[35]と題する文書に整理されている。

　• 真の地球益を考えれば，京都議定書で削減義務を課されていないが世界の排出量

の40％を占めている米中を含む主要経済国が参加する，新たな法的な国際枠組の構築が最善の道。そのため，排出量の80％以上をカバーすると思われるカンクン合意を発展させ，あくまで米中等の主要経済国が参加する公平かつ実効的な新たな国際枠組を構築すべし。こうした新たな枠組の構築に向け，日本は粘り強く尽力。

- 京都議定書は世界全体の排出量の27％しかカバーしていない，公平性，実効性に欠ける枠組であり，こうした枠組の中で第2約束期間を設定することは，上記のような新たな国際枠組の構築につながらない。
- かかる立場は，日本のみの狭い利益やビジネス上の利害でとっているのではない。日本の意欲的な排出削減の取組はもちろん2013年以降も継続する。京都議定書の下での削減義務を続けることは，カバー率の低い国際枠組を固定化することであり，カバーされていない地域での排出拡大を助長するメカニズムとなりかねず，かえってマイナス。
- 米中ともに，近い将来法的拘束力のある枠組に参加する見込みはほぼ無い。米国は内政事情により極めて困難な状況にあり，中国は，自国の経済成長が阻害されるような国際枠組は当面受け入れない姿勢。
- ここで第2約束期間のみを受け入れれば，2013年以降，京都議定書締約国は京都議定書で拘束され，米国や中国等の主要経済国は何も拘束されないという不公平かつ排出削減の観点から極めて効果的でない枠組が固定化されることになる。いったん第2約束期間を設定してしまうと，米中等の主要経済国を含む真に公平で実効性のある新たな法的枠組構築への圧力が弱まり，現在のモメンタムを失ってしまう（まず先進国が早急に義務を負えば，米，中などもついてくるというのは全くの幻想）。
- 短期的な「ディール」をして，今後10年間の問題をなおざりにすることはできない。そうしたディールは日本の国益のみならず，地球温暖化問題の解決そのものにとってもマイナス。

しかしながら，こうした日本の主張に対しては，気候変動問題に関して現在唯一の法的拘束力のある国際枠組である京都議定書をないがしろにしてはならないと途上諸国が強く反発するとともに，[36]環境NGOからも批判がなされ，マスコミ報道においても日本の孤立が喧伝される結果となった。[37]また，EUも日本の対応を強く批判した。EUのHedegaard委員は，現地入りした日本の松本環境大臣との会談において「京都（議定書）を殺す気か」と詰め寄り，[38]国際NGOのネットワークであるCAN（The Climate Action Network）の12月1日付のニュースレターも，日本の発言を取り上げ，以下のような記事を掲載した。[39]

最もリーダーシップが求められているとき，京都議定書が生みだした国が，AWG-KP総会で破壊的な発言をした。「日本は，どんな条件下でも，どんな状況下でも，京都議定書の下で（削減）目標を記すことはない」と発言し，京都議定書の第2約束期間の延長を否定したのだ。
　ひとつの条約を志向するのはいいが，強く「京都（議定書）」の将来を否定するのは全く別問題だ。この声明は多くの締約国を動揺させ，非建設的な雰囲気を生んだ。今回のCOPは締約国間の信頼を再構築する場になることが求められていたが，日本の動きは，信頼を損ねただけでなく，交渉を破綻させる可能性さえ含んでいる。世界が枠組を強化しようとしているとき，米中にも削減目標を課すべきということを口実にした日本の強硬な姿勢は，ここで何の成果もできない危険にすらさらしている。
　締約国の大多数は，法的拘束力のある成果を求めるといっている。今こそ，京都会議の最後の夜に苦難の末に獲得した法的拘束力のある協定を固守すべきだ。先進国は京都議定書の下で削減義務を負い続け，アメリカは条約に基づく長期的な協力行動の下で比較可能な努力を行い，途上国は先進国からの資金・技術・能力開発の支援を受けて適正な削減行動を行うと全締約国がバリで合意した基本枠組を，日本は尊重すべきだ。
　日本は本当に，最も美しい都市のひとつで生まれた京都議定書の墓所として有名になりたいのだろうか？

　京都議定書第2約束期間の取扱いに関する議論は，その後，AWG-KPの下に設置されたコンタクト・グループにおいて議論が進められることとされた。なお，これらの議論においては，京都議定書第2約束期間を設定するとした場合の具体論（基準年の取扱い，第2約束期間の長さ，第1約束期間における超過達成分の取扱いなど）について検討が進められることとなった。そして，京都議定書第2約束期間の設定の是非を巡る議論は，AWG-KPの場ではなく，主としてCMP総会の場に委ねられることとなった。

(2) **経過報告のための非公式CMP総会**（CMP Informal Stocktaking Plenary）（12月4日土曜日）

　経過報告のための非公式CMP総会は，非公式COP総会に引き続いて12月4日土曜日の夕刻に開催され，AWG-KPのAshe座長からAWG-KPにおける議論の進捗状況について報告がなされた。[40] Ashe座長は，基準年の取扱い，第2約束期間の長さ，第1約束期間の排出削減・抑制目標の超過達成分の第2

約束期間における取扱いなどの論点については議論の進展があった一方、コペンハーゲン合意に基づき附属書Ⅰ国が提出した目標の引き上げの是非に関する議論については、さらに議論が必要である旨報告をした。

しかしながらCMP総会においては、こうした京都議定書第2約束期間の具体的な中身の議論よりも、京都議定書第2約束期間の設定を巡って主要各国・主要交渉グループが相互牽制を繰り広げた。途上諸国は、京都議定書第2約束期間の設定がカンクン合意におけるバランスの確保のためには不可欠であると主張し、この点について途上諸国は極めて強い結束をみせた。こうした途上国の主張に対し、先進国側の対応は分かれた。日本、ロシア、カナダは京都議定書第2約束期間の設定に反対する一方、EU、そしてオーストラリアは柔軟な姿勢をみせた。

(3) 京都議定書第2約束期間の取扱いに関するコンタクト・グループにおける非公式協議（12月7日火曜日）

12月7日火曜日夕刻に開催されたコンタクト・グループにおいて、AWG-KPのAshe座長は、京都議定書第2約束期間の設定に関して、2つのオプションを盛り込んだ改訂座長ノート[41]を提示した[42]。オプション1は、京都議定書第2約束期間の設定をカンクン会議で決定するとの案であり、オプション2は、気候変動枠組条約の下での包括的な新たな議定書（すなわち法的拘束力のある国際枠組）の採択と併せて京都議定書第2約束期間の設定を採択するとの方針を決定するとの案であった[43]。そして、京都議定書第2約束期間の取扱いについては、イギリスとブラジルの閣僚がファシリテーターとなって協議が進められる旨報告をした。これを受けブラジルは、京都議定書第2約束期間の設定に当たっての課題は、AWG-LCAにおける排出削減（mitigation）の議論と相互に関連しているとの認識を示した。これに対して議長国メキシコの主席交渉官であるAlba特使は、この論点についてはEspinosa議長が直接関係閣僚と会った上で今後の進め方について相談をする旨述べ、途中経過報告のためのCMP総会（CMP Stocktaking Plenary）が12月9日水曜日に開催される旨述べた。

第4節　ハイレベル協議の開始と合意への始動

第1項　COP・CMP合同ハイレベル会合における相互牽制

　カンクン会議第1週目における事務レベル協議は，各国・各交渉グループ間の相互牽制の色彩が強く，相対立する意見の間のバランス調整までは及ばず議論は平行線を辿った。こうした中，閣僚級によるCOP・CMP合同ハイレベル会合は，12月7日火曜日午後から始まった。ハイレベル会合において，EUのHedegaard気候行動担当委員（European Commissioner for Climate Action）は，法的拘束力のある包括的な国際枠組について合意することは困難であるとしつつも，気候変動問題の深刻さ・緊急性に鑑み，法的拘束力のある包括的な国際枠組の構築に向けた道筋について合意すべきであると訴えた。また，EUを代表して発言したSchauvilege・EU環境理事会議長は，京都議定書第2約束期間の設定をEUとして受け入れる用意がある旨表明しつつも，京都議定書第2約束期間の設定は，あくまでも全ての主要国を対象とし，京都議定書と同等の実効性を有する包括的な国際枠組の一部として位置づけられるべきであると主張した。併せてEUは，大規模な途上国支援を行う用意があることを改めて表明した。

　また，日本の松本環境大臣は，コペンハーゲン合意を基礎として全ての主要国を対象とする公平かつ効果的な法的枠組の構築を訴えるとともに，当該枠組の構築を前提として，1990年比で25％削減の法的削減義務を負う用意があることを改めて表明した。その一方で，京都議定書第2約束期間の設定は，法的拘束力のある包括的な国際枠組の構築を阻害すると主張し，日本としては京都議定書第2約束期間には参加しないとの立場を改めて表明した。

　なお，米国のStern気候変動問題特別大使（Special Envoy for Climate Change）は，コペンハーゲン合意を基礎として，気候変動枠組条約の全ての締約国の削減目標・削減行動を位置づけた新たな包括的な国際枠組を構築すべきであり，その履行を確保するための透明性のある仕組みも当該枠組に盛り込むべきであると主張する一方，京都議定書第2約束期間の設定については特段の立場を表

明しなかった。[48]

　包括的かつ実効的な国際枠組の構築に重点を置いた先進諸国のステイトメントと対照的に，途上諸国のステイトメントは，京都議定書第 2 約束期間の設定や途上国支援の拡大に重点が置かれたものとなっていた。まず，G77/中国を代表して発言したイエメンの Al-Eryani 水・環境大臣は，カンクン会議での合意は，将来の法的拘束力のある国際枠組の構築を何ら予断するものであってはならないと述べた上で，京都議定書第 2 約束期間は必ず設定されなければならないと強く訴えた。[49] また，コペンハーゲン合意に基づき，先進国による途上国支援の実施のための枠組を構築すべきことを改めて訴えた。

　また，中国の解振華・国家発展改革委員会副主任は，GDP 当たりの二酸化炭素排出量を2020年までに2005年比で40〜45％削減という中国の排出削減目標を改めて表明するとともに，気候変動枠組条約及び京都議定書の原則を踏まえ，まずは先進諸国が率先して取り組むべきであることを強調した上で，先進諸国の取組に関しては，①京都議定書第 2 約束期間を設定した上で，京都議定書の締約国である先進諸国はその排出削減目標の引き上げを約束すべきこと，②京都議定書の締約国でない先進国（すなわち米国）については，他の先進諸国と同等の排出削減に取り組むべきこと，③途上諸国を支援するための資金支援及び技術移転を行うべきことをカンクン合意に盛り込むことを主張した。途上諸国の取組に関しては，各国の事情と能力に応じて，自主的に排出削減に取り組むべきことを盛り込むことを主張した。[50]

　一方，他の途上諸国と異なり，AOSIS 諸国を代表して発言したグレナダの Thomas 首相は，2015年までに世界全体の排出量の増加を減少に転じさせる（ピークアウトさせる）ことが必要との IPCC 第 4 次評価報告書の指摘を引用し，また，各国がコペンハーゲン合意に基づき気候変動枠組条約事務局に提出した排出削減目標が仮に全て達成されたとしても地球全体の平均気温の上昇を1.5℃以内に抑えることはできないという国連環境計画（UNEP：United Nations Environment Programme）のレポート[51]を引用した上で，京都議定書第 2 約束期間の設定と京都議定書と同等の法的拘束力のある包括的な国際枠組の構築の 2 つを決定すべきであると主張した。[52]

第2項　閣僚級の非公式協議の進展（12月8日水曜日～9日木曜日）

　12月8日水曜日には，カンクン会議第2週目前半における非公式協議の進展について経過報告するための非公式COP総会及び非公式CMP総会が開催された。[53] 非公式COP総会においては，AWG-LCAのMukahanana-Sangarwe座長が改訂座長ノート[54]を提出し，非公式協議の状況を説明した。先進国及び途上国の削減行動や，MRV（測定・検証・報告）などの項目については，会議初日に配布された議長ノートと異なり，具体的なオプションが盛り込まれる形となっているが，その絞り込みのためには政治的なガイダンス（political guidance）が必要であるとAWG-LCA座長は述べた。なお，法的拘束力のある包括的な国際枠組の構築の検討は，この時点の座長案には盛り込まれていなかった。[55]

　続いて非公式CMP総会が開催され，AWG-KPのAshe座長も，非公式協議において改訂座長テキスト[56]を提示し，京都議定書第2約束期間の設定に関して2つの案を提示した。1つは，京都議定書第2約束期間の設定等のための京都議定書の改正案をカンクン会議において採択するとの案，もう1つは，包括的な法的枠組の構築とセットで京都議定書第2約束期間を設定するための京都議定書の改正を今後行う旨の方針のみを決定するとの案の2案であった。これらの非公式中間報告総会の後，引き続き閣僚レベルによる非公式協議が精力的に行われた。[57]

　翌12月9日木曜日も終日，閣僚級の非公式協議が行われ，同日午後9時過ぎに開催された経過報告のためのCOP・CMP非公式合同総会においてその結果の報告がなされた。[58] 数多くの論点について進展はみられたものの，京都議定書第2約束期間の取扱い及び法的拘束力のある包括的な国際枠組の構築の2点が最大の論点として残されていることが改めて明らかとなった。この非公式総会は夜11時に終了したが，Espinosa議長は，非公式協議を夜も続けるよう要請するとともに，経過報告のための次回のCOP・CMP非公式合同総会は，12月10日金曜日の朝8時30分に開催する旨宣言した。併せて，これまでの非公式協議の結果を踏まえた議長テキストを事務局から数時間後に配布する旨発言するとともに，このテキストはメキシコ・テキストではなく，各国のこれまでの見

解を踏まえたものであると付け加えるとともに，各国が国益を超えて合意に達するよう強く促した。これを受け，各国代表は徹夜交渉に突入した。

第5節　カンクン合意の成立：プロセスとバランスの成果

第1項　COP・CMP非公式合同総会（12月10日金曜日午後6時）での議長案の提示

　カンクン会議最終予定日の12月10日金曜日朝8時半に予定されていたCOP・CMP非公式合同総会は，前日深夜からの非公式協議が長引いた結果，実際には同日の午後6時からスタートとなり，その後一挙に合意成立に向けて動き出した[59]。COP・CMP非公式合同総会において Espinosa 議長は，AWG-LCA及びAWG-KPにおける協議のこれまでの進展状況を踏まえたCOP決定案[60]及びCMP決定案[61]を議長の責任において提示した[62]。ポスト京都議定書の国際枠組に関する議長案の主なポイントは以下の3点である。第1に，全ての主要国の参加による包括的な国際枠組に関しては，その法的位置づけの取扱いは先送りする一方，その検討を正式に AWG-LCA の任務（mandate）に加え，引き続き検討することとした点である。第2に，コペンハーゲン合意に基づく各国の自主削減目標をCOP決定及びCMP決定の附属文書として正式に気候変動レジームの中に位置づけるとともに，各国の排出削減対策の国際的なレビュー（review）の在り方に関しては，MRV（測定・報告・検証）/ICA（国際的な協議・分析）の具体的な仕組みについて盛り込んだ点である。具体的には，途上諸国の排出削減の取組に関して，国際的なガイドラインに基づき国内でのMRVを実施することとし，国際的な協議・分析（ICA：International Analysis and Consultation）の対象とすることに加え，特に，国際的な支援を受けた取組については国際的なMRVの対象とすることとした点である。第3に，京都議定書第2約束期間の設定については先送りする一方，第1約束期間と第2約束期間との間に空白期間が生じないよう検討を進めることとし，さらに各国が京都議定書第2約束期間の設定に反対する権利を留保する旨を盛り込み，京都議定書第2約束期間の設定に反対の国々にも配慮した点である。

Espinosa議長は，前回のコペンハーゲン会議の際の教訓を踏まえ，このテキストはメキシコが独自にまとめたメキシコ・テキストではなく，これまでの協議の結果を踏まえ各国の見解を反映したテキストである旨を強調した。そして，今後の調整作業は，引き続き包括的かつ透明な (inclusive and transparent) プロセスで行われる旨を強調した上で，Espinosa議長は，各国でこの議長テキストを吟味するよう呼び掛けるとともに，COP・CMP非公式合同総会を午後8時に再開する旨を宣言した。各国は議長の手腕を高く評価し，拍手の嵐となった。

　COP・CMP非公式合同総会は，当初予定から1時間半遅れの午後9時半から再開され，Espinosa議長案をベースに各国の意見の集約が図られた。COP・CMP非公式合同総会の再開に当たり，Espinosa議長がこの議長案はバランスを重視したものであると同時に透明なプロセスによる交渉の集大成であると強調したところ，再び会場はEspinosa議長の手腕を称える拍手の嵐となった。

　こうした中でボリビアが，議長テキストに異議を唱える発言をした。ボリビアとしては，議長にこのような議長テキストを取りまとめる権限を与えることに同意した覚えはないと主張するとともに，議長テキストは京都議定書第2約束期間の設定を保証しておらず，また，2℃目標を到底達成できるものではないとして，議長テキストについて改めて議論することが必要であると主張した。これに対してEspinosa議長は，この議長テキストは各国における議論を促進するために用意されたものであって，この後，両AWGに提出され，そこで検討され採択されることになる旨述べた。

　この後，多くの国々から，議長案を原案のまま採択することを求める発言が相次いだ。しかし，これは各国が原案が好ましいと考えた結果ではなく，各国の意見の対立点について最終的な決着をつけることなくバランスが確保され，今後の交渉の土台として受け入れ可能であったからであると考えられる。例えば，ペルー，チリ，コロンビア及びドミニカ共和国の4か国は，議長テキストはこれまでの交渉を反映しており，今後の交渉の出発点となるものとして，その採択を支持する旨を発言している。また，グレナダは，議長テキストは完璧なものではないが良いものであるとして，その採択を支持し，今後の交渉を進

める上で有用であると発言している。また，EIG を代表して発言したスイスも，議長案は各国にとって好ましい部分と好ましくない部分が混在していることをもって，その支持を表明している。オーストラリアも，バランスがとれていることをその支持の理由として挙げている。LDC 諸国を代表して発言したレソトも，議長案はバランスがとれたものであり，翌年のダーバンの交渉に向けた良い土台となることを支持の理由に挙げている。

　この他の主要各国の主な発言は以下のとおりである。EU は，議長案パッケージは今後の交渉プロセスの更なる進展に道を開くものであるとして，議長案を支持する旨を表明した。また米国は，コペンハーゲン合意に基づく各国の自主削減目標を正式に気候変動レジームの中に位置づけたことや，MRV（測定・報告・検証）/ICA（国際的な協議・分析）の仕組みに関し進展がみられたことなどを挙げ，今後さらに議論を進める上でのバランスがとれたパッケージとして議長案を支持した。中国は，議長案は不十分な点はあるものの各国の意見を公平に反映したものであるとして，議長案を支持した。特に，交渉においてバリ行動計画及び共通だが差異のある責任の原則が貫かれた点を強調した。インドも，バランスがとれていることをもって議長案を支持した。京都議定書第2約束期間設定に反対していた日本も，CMP 決定案において締約国の立場及び京都議定書第21条第7項[63]に基づく締約国の権利を損なうものではないとの注釈が付されており，京都議定書第2約束期間の設定は受け入れられないとの日本の立場を十分反映したものとなっていることを踏まえ[64]，議長のリーダーシップを称え，議長案の採択を支持した。

　なお，京都議定書第2約束期間の取扱いについては途上諸国から不満が出たものの，今後の京都議定書第2約束期間の設定につながるものであるとして途上諸国も賛成に回った。例えばキューバは，京都議定書第2約束期間の設定は今回の議長テキストにおいては盛り込まれていないが，京都議定書第2約束期間についての合意はなされたとの認識を示し，議長案を支持している。

　最後に Espinosa 議長は，このパッケージ案は誰にとっても100％満足できるものではないが，現在の交渉の進捗状況に鑑みれば，このパッケージ案が現時点ではベストのものであることを強調し，継続協議とされた事項については，2011年のダーバン会議（COP17・CMP7）の成功に向けて議長としてもフォロー

アップしていく旨を述べ，COP・CMP非公式合同総会を閉会した。

第2項　ボリビアの異議申し立てとカンクン合意の採択（12月11日土曜日未明）

(1) AWG-KP総会及びCMP総会における合意成立

12月11日土曜日深夜零時過ぎにAWG-KP総会が開催された[65]。AWG-KPのAshe座長は，改訂座長案及び前日提示されたEspinosa議長のCMP決定案[66][67]を議題として取り上げた。この改訂座長案については，現在の交渉の状況を反映したものであり，今次AWG-KP会合報告の附属文書として位置づけられるものであるとの説明がなされた。Ashe座長は，これらの案をCMP総会に送付することを提案したが，ボリビアが強く留保した。ボリビアの反対の理由は，同決定案において留意する旨規定されている文書（各附属書Ⅰ国の削減目標を記載するとされている文書[68]）は，現実にはまだ存在しておらず，中身の分からない内容を含む決定案についてボリビアとして賛成できないと主張したのである。これに対してAshe議長は，ボリビアの懸念については，CMPの結果報告レポートに記録される旨述べた上で，これらの文書をCMP総会に原案のまま送付することを決定し，12月11日土曜日午前1時過ぎに閉会した。

12月11日土曜日午前2時にCMP総会が開催され，AWG-KPのAshe座長から，AWG-KPの作業結果に関する報告が行われた[69]。Ashe座長は，議論の進展はみられたものの，AWG-KPとして，京都議定書第2約束期間の設定を始めとした京都議定書の改正について合意に達することができなかったと報告をした。ただし，今後作業を進める上で有用な文書を取りまとめることができたとし，改訂座長案[70]及びEspinosa議長が前日提示したCMP決定案[71]を報告した。改定座長案においては，京都議定書について引き続き2案が併記され，1つは京都議定書第2約束期間の設定などを内容とする京都議定書改正案を採択するという案，もう1つの案は，気候変動枠組条約に基づく包括的な議定書（すなわち法的拘束力のある包括的な国際枠組）の採択と併せて京都議定書の改定を行う方針を決定するというものであった。

このCMP決定案に対しても，ボリビアが反対を表明した。これに対してEspinosa議長は，ボリビアの懸念についてはCMPの結果報告レポートに記録される旨述べた上で，同決定案をカンクン合意の一部をなすものとして採択し

た。この決定に対してボリビアが、コンセンサスの欠如を理由に再度反対を表明した。ボリビアとして反対しているにもかかわらず、本決定が採択されことは大変不幸な結果であると主張した。これに対して Espinosa 議長は、コンセンサスとは全会一致を意味するものではなく、ある一国に拒否権を与えるものではないとの解釈を示し、他の193か国の締約国の意向を無視することは適当ではないとして、ボリビアの反対を押し切った。

(2) AWG-LCA 総会及び COP 総会における合意成立

　COP 決定に関する Espinosa 議長案は、翌12月11日土曜日未明に開催された AWG-LCA 総会において議題として取り上げられた[72]。AWG-LCA の Mukahanana-Sangarwe 座長は、この案を原案のまま COP 総会に送付することを提案した。これに対してボリビアは、同案は各国の意見の相違を反映したものではないとして、その送付に反対した。その反対の理由として、排出削減（mitigation）に関しては、同決定案においては各国の削減目標の具体的な内容が不明であり、仮にコペンハーゲン合意に基づき各国から提出された数値目標が想定されているとしても、これらの目標を足し合わせても 2 ℃目標を達成することはできないことを指摘した。これに対して、Mukahanana-Sangarwe 座長は、大多数の国々が原案のまま COP 総会に原案のまま送付することを望んでいると述べ、ボリビアを除く全ての国がその送付に合意し、AWG-LCA は、同日午前 1 時43分に閉会した。

　同日午前 3 時18分に COP 閉幕総会が開催され、AWG-LCA の Mukahanana-Sangarwe 座長が、AWG-LCA の作業結果に関する COP 決定案を[73] AWG-LCA の合意に基づくものとして提出した[74]。AWG-LCA 座長からの決定案の報告を受けて Espinosa 議長は、当該決定案を COP として採択することを各締約国に提案した。これに対してボリビアが改めて反対の意思を表明し、この決定案の採択の前に、同決定案について改めて議論する機会を設けることが必要であると主張した。これに対して Espinosa 議長は、この決定案はこれまでの何年にもわたる議論の集大成であり、かつ、ボリビアの意見は議事録に残すとした上で、ボリビアの訴えを退け、当該決定案は原案のまま採択された。

■表4-1　カンクン合意のポイント

●気候変動枠組条約会議決定（COP決定）[a]
①長期目標
- IPCCの科学的知見を踏まえ，産業革命前に比べ地球全体の平均気温の上昇を2℃以内に抑えるとの観点からの大幅な削減の必要性を認識。最良の科学的知見を基に，1.5℃以内とすることを含む長期目標強化の検討の必要性を認識。
- 世界全体の温室効果ガスの排出量を2050年までに大幅に削減するための目標を検討することを合意。

②排出削減
[先進国・途上国共通]
- コペンハーゲン合意に基づき各国が提出した排出削減目標・行動を記載した文書に留意。

[先進国]
- IPCCの第4次評価報告書を踏まえ，先進国に対して国別排出削減目標の引き上げを要請。
- 先進国の取組に関するMRV（測定・報告・検証）に関するガイドラインを強化。
- 排出削減目標の達成状況及び途上国支援の状況に関する報告書を2年に一度提出。

[途上国]
- 2020年においてBAU比での排出削減に向けて，その国に適切な排出削減行動（NAMA：nationally appropriate mitigation actions）を実施
- 国際的な支援を受けた排出削減行動は，各国が自らMRV（測定・検証・報告）を実施した上で，新たに策定されるガイドラインに従って国際的なMRVの対象となること。
- 国際的な支援を受けていない排出削減行動は，新たに策定される一般的なガイドラインにしたがって，各国が自らMRVを実施すること。
- 各国の排出削減行動（国際的な支援を受けたものと受けていないものの両方を含む。）は，2年に一度，国際的な協議・分析（ICA：International Consultation and Analysis）の対象とすること。

③途上国支援
- 気候変動枠組条約締約国会議（COP）の下に緑の気候基金（Green Climate Fund）を創設すること。
- 先進国が共同で，2010〜2012年の3年間で300億ドルの資金を拠出すると約束したことに留意し，2020年までに1,000億ドルの資金を拠出すると約束したことを認識。

④ AWG-LCAの任期延長
- AWG-LCAの任期をさらに1年間延長した上で，包括的な国際枠組の法形式に関する検討をAWG-LCAの正式な検討事項として位置づけ，2011年のダーバン会議に向けた継続協議事項とすることを決定。

●京都議定書締約国会合決定（CMP決定）[b]
- AWG-KP座長案[c]を踏まえてAWG-KPにおける検討作業を継続し，第1約束期間と第2約束期間との間に空白期間が生じないよう，その検討結果を可能な限り速やかに京都議定書締約国会合（CMP）において採択することに合意。
- 気候変動枠組条約事務局が作成予定の文書に掲載される附属書Ⅰ国が提出した国別排出削減目標に留意する旨決定。ただし，京都議定書第2約束期間に対する各国の立場を害しない旨脚注で明記。

- 先進国全体で1990年比25～45％削減というIPCC第4次評価報告書の記述を踏まえ，附属書I国に排出削減目標の引き上げを要請。
- 京都議定書第2約束期間の基準年は，第1約束期間と同様，原則として1990年とすること。

出典：カンクン合意に関する高村の概要資料を参考に筆者作成。高村ゆかり「COP16の評価とダーバン会議への課題」，スクール「ダーバン2011」，2011年2月24日，アクセス日：2013年12月30日，http://www.wwf.or.jp/activities/upfiles/schdrbn01a.pdf.
 a *The Cancun Agreements: Outcome of the Work of the Ad Hoc Working Group on Long-Term Cooperative Action under the Convention*, Decision 1/CP.16 (FCCC/CP/2010/7/Add.1, March 15, 2011).
 b *The Cancun Agreements: Outcome of the Work of the Ad Hoc Working Group on Further Commitments for Annex I Parties under the Kyoto Protocol at Its Fifteenth Session*, Decision 1/CMP.6 (FCCC/KP/CMP/2010/12/Add.1, March 15, 2011).
 c *Revised Proposal by the Chair* (FCCC/KP/AWG/2010/CRP.4/Rev.4, December 10, 2010).

第3項　カンクン合意の概要

　カンクン会議においてEspinosa議長は，COP決定及びCMP決定の一連の決定をまとめてカンクン合意と呼ぶことを宣言しており，以降，これらの一連の決定がカンクン合意と呼ばれている。カンクン合意の特色を一言で言えば，コペンハーゲン合意での合意事項を再確認したものである一方，コペンハーゲン合意で先送りされた事項はカンクン合意においても先送りされたものとなっているという点である。ただし，どのような形で先送りするかに関しては，一定の方向性を打ち出したものとなっており，ポスト京都議定書の気候変動レジームの構築に向けて，コペンハーゲン合意をさらに一歩前に進めたものとなっている。ポスト京都議定書の気候変動レジームに関するカンクン合意の主なポイントは**表4-1**のとおりである。

第6節　分　析：主な規範的アイデアの衝突と調整

　本節では，前述のカンクン会議における多国間交渉の展開を規範的アイデアの衝突と調整の観点から分析することとしたい。

■図4-1　カンクン会議で提唱された主な規範的アイデアの対立構造

包括的な国際枠組は法的拘束力のない自主的な
ものとすべき(途上国への義務付けに反対)

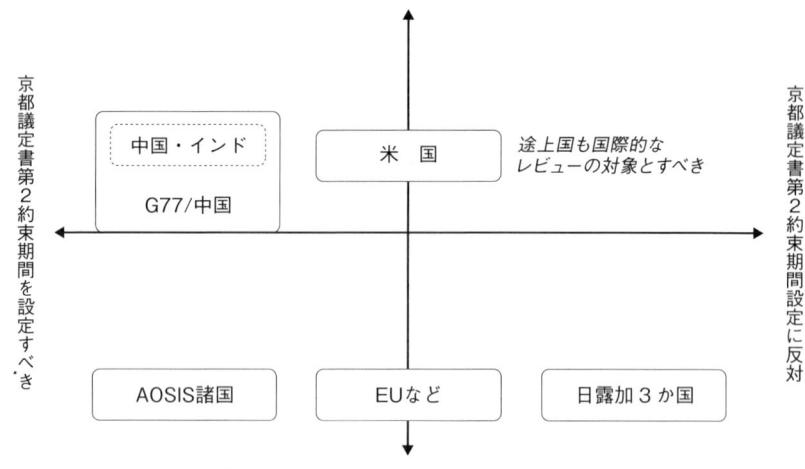

京都議定書第2約束期間を設定すべき ←　　　　　　　　　　　→ 京都議定書第2約束期間設定に反対

中国・インド　　　米　国　　　途上国も国際的な
G77/中国　　　　　　　　　　レビューの対象とすべき

AOSIS諸国　　　EUなど　　　日露加3か国

包括的な国際枠組に法的拘束力を持たすべき
(途上国にも排出削減を義務付けるべき)

第1項　カンクン会議における主な規範的アイデア

　コペンハーゲン会議後，各規範的アイデアを巡る状況の変化のうち特に重要な点としては，米国の規範的アイデアを基礎にしたコペンハーゲン合意が，各国・各交渉グループの広範な支持を獲得したことを挙げることができる。そして，コペンハーゲン会議では京都議定書第2約束期間の設定を求める途上国の主張が極めて強いことが明らかとなったことも踏まえ，コペンハーゲン会議での主な4つの規範的アイデア（①米国以外の先進諸国の規範的アイデア，②AOSIS諸国の規範的アイデア，③米国の規範的アイデア，④G77/中国（特にBASICグループ））も，その多くが変化・発展を遂げることとなった（図4-1参照）。

(1)　米国の規範的アイデア：コペンハーゲン合意の具体化

　米国の規範的アイデアを中核要素とするコペンハーゲン合意が前述のように広範な支持を獲得するに至ったことから，米国の規範的アイデアの中核的要素は，コペンハーゲン会議の時点とカンクン会議の時点とで殆ど変化はみられなかった。そして，米国の規範的アイデアの中核的な要素を盛り込んだコペン

ハーゲン合意を基礎とした合意をカンクン会議において正式に採択し，気候変動レジームの一部として正式に制度化させることがカンクン会議における米国の規範的アイデアの主眼となった。[75]

(2) 附属書Ⅰ国（米国を除く先進諸国）の規範的アイデアの分裂

京都議定書第2約束期間の設定を求める途上諸国の主張が極めて強固なものであることをコペンハーゲン会議で認識せざるを得なくなった附属書Ⅰ国（米国を除く先進諸国）の規範的アイデアは，コペンハーゲン会議の経験を踏まえ，2つの異なった方向に変化・発展することとなった。1つは，途上諸国の主張の要素を一部取り入れ，京都議定書第2約束期間の設定を条件付きで容認するEUなどの規範的アイデアであり，もう1つは，途上諸国の規範的アイデアに対抗するため，京都議定書第2約束期間設定反対という点をより強調することとなった日本，ロシア，カナダ（特に日本）の規範的アイデアであった。

EUの規範的アイデア：京都議定書第2約束期間の設定を条件付きで受け入れ

コペンハーゲン合意の採択失敗は，気候変動交渉におけるリーダー役を自認してきたEUに大きな衝撃を与えた。コペンハーゲン会議の教訓を踏まえ，EUとしての積極姿勢を引き続き内外に示すため，1990年比で30％削減目標を引き続き堅持するとともに京都議定書第2約束期間の設定をEUとして受け入れることを検討する用意がある旨を表明することとし，カンクン会議においては，コペンハーゲン合意を基礎として全ての主要排出国を対象とする法的拘束力のある包括的枠組を構築すべきであり，この法的拘束力のある包括的な枠組の一部をなすものとして京都議定書第2約束期間の設定を位置づけるべきであるとの規範的アイデアを提唱することとされた。[76]

日露加（特に日本）の規範的アイデア：京都議定書第2約束期間設定拒否が前面に

日露加，特に日本の規範的アイデアの中核的な要素は，全ての主要国の参加による法的拘束力のある1つの国際枠組の構築であり，一部の先進諸国のみに法的削減義務を課す京都議定書第2約束期間の設定は実効性に欠け不適当というものであった。こうした観点から，カンクン会議において日本は，コペンハーゲン合意を基礎として法的拘束力のある包括的な国際枠組を構築すべきであるとの規範的アイデアを提唱するとともに，京都議定書第2約束期間設定に反対という点を強調した規範的アイデアを提唱することとなった。[77]

(3) G77/中国の規範的アイデア（目立つ中国・インドの独自性）

　G77/中国の規範的アイデアも，コペンハーゲン合意を踏まえたものへと変化・発展を遂げた。その一方で，バリ行動計画を受けた包括的な国際枠組の法的拘束力の有無については，G77/中国グループ諸国の対応は大きな温度差が生じた。

　途上諸国も含めた法的拘束力のある包括的な国際枠組が必要と訴える先進諸国や AOSIS 諸国などの一部途上国の主張が極めて強固なものであることがコペンハーゲン会議で明らかとなったことを踏まえ，G77/中国全体としての規範的アイデアは，京都議定書第2約束期間の設定が担保されるのであれば法的拘束力のある包括的な国際枠組の構築には積極的には反対しないものへと変化した。現に G77/中国としての発言においては，法的拘束力のある包括的な国際枠組の構築に反対という主張は展開されなかった。[78]

　一方，中国・インドは，先進諸国が率先して温室効果ガスの排出削減対策に取り組むべきであり，京都議定書第2約束期間を設定するべきであるとする一方，途上諸国による排出削減対策は法的義務に基づくものではなく，コペンハーゲン合意を基礎とした包括的な国際枠組の下での自主的な取組として位置づけられるべきものであるとの規範的アイデアを展開することとなった。

(4) AOSIS 諸国の規範的アイデア：法的拘束力のある包括的な国際枠組の構築に向けた議論の場の設置と京都議定書第2約束期間の設定

　AOSIS 諸国の規範的アイデアの中核的要素は，全ての主要国を対象とした法的拘束力のある包括的な国際枠組の構築であり，京都議定書第2約束期間の設定に加えて，京都議定書に基づく排出削減義務を負っていない国々を対象とした法的拘束力のある包括的な国際枠組の構築という2つの法的拘束力のある国際枠組の構築を求めるものであった。その一方で，AOSIS 諸国の規範的アイデアは，前章で述べたようにコペンハーゲン会議での多国間交渉において，殆ど影響力を発揮することができなかった。こうした状況を踏まえ，カンクン会議における AOSIS 諸国の規範的アイデアは，全ての主要国を対象とした法的拘束力のある包括的な国際枠組の COP17 での採択に向けた検討の場づくりと検討スケジュール設定の提案に重点を置いたものへと変化・発展を遂げた。[79]

第2項　カンクン会議における主な規範的アイデアの優劣

カンクン会議における規範的アイデアの衝突と調整は，バリ行動計画を受けた包括的な国際枠組の実効性確保のための仕組み，②当該国際枠組の法的拘束力の取扱い，そして，③京都議定書第2約束期間の設定の扱いの3つの論点を巡って展開した。

(1) 包括的な国際枠組の実効性確保の仕組みづくりを巡る攻防：米国の規範的アイデアの優越

カンクン会議のベースとなったのはコペンハーゲン合意であり，そうした意味において，カンクン会議で主導的な影響力を発揮したのは，コペンハーゲン合意の土台となった米国の規範的アイデアであったと評価することができる。コペンハーゲン合意を基礎としたカンクン合意の取りまとめという点に関しては，主な規範的アイデアの間で意見の相違はなく，論点としては途上国の取組のMRV（測定・報告・検証）やICA（国際的な協議・分析）などの仕組みに関し，コペンハーゲン合意の内容をどこまで具体化するかという点が論点として残されていたに過ぎないといえる。

(2) 法的拘束力のある包括的な枠組を巡る攻防：AOSIS諸国の規範的アイデアの主導的な影響力

カンクン合意においては，包括的な国際枠組の法的拘束力の有無については特段の方針は規定されておらず，そうした意味において法的拘束力のある包括的な国際枠組の構築を求めるEUや日本などの先進諸国やAOSIS諸国の規範的アイデアと，京都議定書第2約束期間の設定がまずは先であるとし，法的拘束力のある包括的な国際枠組の構築に消極的なG77/中国（特に中国・インド）の規範的アイデアが相互に拮抗し，お互いに相手に対して優位な立場に立てなかったものとも考えられる。

しかしながら，法的拘束力のある包括的な国際枠組の構築に関しては，前述のとおり，カンクン合意において正式な検討事項に格上げされ，コペンハーゲン合意と比べれば明らかに法的拘束力のある枠組の構築に向けて議論が一歩前進した形となっている。そしてこの点に関し，特に主導的な影響力を発揮したのはAOSIS諸国が提唱した規範的アイデアであったと考えられる。法的拘束

力のある包括的な国際枠組の構築を求める点においては，AOSIS 諸国の規範的アイデアは，EU や日本などの先進諸国が提唱していた規範的アイデアと同じであるが，そのための具体的な議論のプロセスの提案を含むものであった点において，より具体的なものであった。そして，こうした AOSIS 諸国の規範的アイデアが反映される形で，カンクン合意においては，バリ行動計画において気候変動枠組条約締約国会議（COP）での採択を目指すこととされた「合意された結果（agreed outcome）」の法形式について議論することが，AWG-LCA の正式な任務として位置づけられることとなった。

(3) 京都議定書第 2 約束期間を巡る攻防：2 つの規範的アイデアの拮抗

京都議定書第 2 約束期間の取扱いに関しては，カンクン会議冒頭から日本が京都議定書第 2 約束期間設定への反対論を積極的に展開し，世界全体の温室効果ガスの排出削減のためには，一部の国のみが削減義務を負う京都議定書の第 2 約束期間の設定ではなく，コペンハーゲン合意を踏まえ，米中等を含む全ての主要国が参加する真に公平かつ実効的な 1 つの法的拘束力のある枠組の早期構築が必要との考えを，各国との二国間会談等を通じて訴えた。[80]

しかしながら，京都議定書第 2 約束期間の設定に関しては，これに反対する日本の規範的アイデアではなく，①京都議定書第 2 約束期間の設定を無条件で求める途上諸国（G77/ 中国，中国・インド，AOSIS 諸国など）の規範的アイデアと②法的拘束力のある包括的な国際枠組の一部をなすものとして京都議定書第 2 約束期間設定を容認する規範的アイデア（EU などの規範的アイデア）の 2 つの規範的アイデアが拮抗する形で，議論が展開することととなった。

こうした議論を踏まえカンクン合意においては，京都議定書の第 1 約束期間と第 2 約束期間との間に空白期間が生じることのないよう，AWG-KP の検討作業を終え，その結果を速やかに CMP で採択することについて合意が成立するとともに，[81] AWG-KP 座長案[82]を踏まえて検討作業を継続することとされ，同座長案においては法的拘束力のある包括的な国際枠組の一部をなすものとして京都議定書第 2 約束期間の設定を受け入れる EU などの規範的アイデアと，法的拘束力のある包括的な国際枠組の構築の有無にかかわらず（すなわち，この点を条件とせずに）京都議定書第 2 約束期間を設定すべきであるとする途上諸国の規範的アイデアの双方をそれぞれ反映したオプション案が併記される形と

第4章　カンクン会議（2010年）の攻防

第3項　まとめ

　カンクン合意はコペンハーゲン合意を基礎に取りまとめられた。したがって，カンクン会議において主導的な影響力を発揮したのは，コペンハーゲン合意の土台となった米国の規範的アイデアであったと評価することができる。その一方で，米国の規範的アイデアは，包括的な国際枠組の法的拘束力の有無や京都議定書第2約束期間の取扱いという2つの論点については基本的にニュートラルな規範的アイデアであり，この2つの論点を巡る攻防においては，米国の規範的アイデア以外の規範的アイデアが主役を演ずることとなった。

　まず，京都議定書第2約束期間の取扱いに関しては，京都議定書第2約束期間の設定に反対する日露加（特に日本）の規範的アイデアではなく，法的拘束力のある包括的な国際枠組の一部をなすものとして京都議定書第2約束期間の設定を容認するEUなどの規範的アイデアと，包括的な国際枠組の法的拘束力の有無にかかわりなく無条件で京都議定書第2約束期間を設定すべきとする途上諸国（G77/中国，中国・インド，AOSIS諸国など）の規範的アイデアが拮抗する結果となった。

　次に，包括的な国際枠組の法的拘束力の有無を巡る論点については，法的拘束力のある国際枠組の構築を求めるEUや日本などの先進諸国，特に，その具体的な議論のプロセスを提案するAOSIS諸国の規範的アイデアがG77/中国（特に中国やインド）の規範的アイデアに対して優位な立場に立ち，カンクン合意の取りまとめに当たってより強い影響力を発揮したと評価することができる。

　本章を通じて浮かび上がった主な検討課題は，次の3点である。第1に，包括的な国際枠組の法的拘束力の有無に関する議論の場の設置を求めるAOSIS諸国の規範的アイデアがなぜ会議全体の流れを左右するほどの主導的影響力を発揮できたのか。第2に，京都議定書第2約束期間の設定反対という日本の規範的アイデアが，なぜEUやG77/中国の規範的アイデアに対して十分に対抗できなかったのか。そして第3に，法的拘束力のある包括的な国際枠組の一部をなすものとして京都議定書第2約束期間の設定を容認するEUなどの規範的アイデアと，包括的な国際枠組の法的拘束力の有無にかかわりなく無条件で京

都議定書第 2 約束期間を設定すべきとする途上諸国の規範的アイデアとがなぜ拮抗する結果となり，互いに相手に対して優位に立てなかったのか。これらの検討課題については，第 6 章で改めて検証することとしたい。

---

1) *Copenhagen Accord,* Decision 2/CP.15 (FCCC/CP/2009/11/Add.1, March 30, 2010).
2) *Notification to Parties: Communication of Information Relating to the Copenhagen Accord* (YDB/DBO/drl, January 18, 2010).
3) *Earth Negotiations Bulletin* 12, no. 487 (November 29, 2010), 2; 詳細については，"Copenhagen Accord," UNFCCC, accessed September 30, 2012, http://unfccc.int/meetings/copenhagen_dec_2009/items/5262.php.
4) 環境省編『環境・循環型社会・生物多様性白書』平成22年版（日経印刷，2010），45, 図 2-3-2.
5) *Earth Negotiations Bulletin* 12, no. 487 (November 29, 2010), 2.
6) *Outcome of the Work of the Ad Hoc Working Group on Long-Term Cooperative Action under the Convention: Draft Conclusions Proposed by the Chair* (FCCC/AWGLCA/2009/L.7/Rev.1, Add.1, Add.2/Rev.1, Adds. 3-7, Add.8/Rev.1 and Add.9, December 16, 2009); *Report of the Ad Hoc Working Group on Further Commitments for Annex I Parties under the Kyoto Protocol to the Conference of the Parties Serving as the Meeting of the Parties to the Kyoto Protocol at Its Fifth Session* (FCCC/KP/AWG/2009/L.15, December 16, 2009).
7) *Earth Negotiations Bulletin* 12, no. 498 (December 13, 2010), 28-29.
8) Ibid.; *Earth Negotiations Bulletin* 12, no. 488 (November 30, 2010), 2.
9) *Earth Negotiations Bulletin* 12, no. 492 (December 4, 2010), 4.
10) Ibid.
11) *Earth Negotiations Bulletin* 12, no. 488 (November 30, 2010), 1-2.
12) Ibid., 2-3.
13) *Negotiating Text: Note by the Secretariat* (FCCC/AWGLCA/2010/14, August 13, 2010).
14) *Possible Elements of the Outcome: Note by the Chair* (FCCC/AWGLCA/2010/CRP.1, November 24, 2010).
15) Ibid., 9.
16) 起草グループ（drafting group）とは，ある会議又はその議長により設置される非公式のグループであり，合意案の案文作成を迅速に進めるために設置されるものである。Ronald A. Walker and Brook Boyer, *A Glossary of Terms for UN Delegates* (Geneva: United Nations Institute for Training and Research, 2005), 52. なお，バリ行動計画に掲げられたその他の検討項目（①共通のビジョン，②適応，③緩和，④資金，技術，キャパシティ・ビルディングの 4 つ）についてもそれぞれ個別に起草グループが設置されており，それぞれの論点について議論が行われた。*Earth Negotiations Bulletin* 12, no. 488 (November 30, 2010), 3.
17) コンタクト・グループ（contact group）とは，コンセンサス形成に向けて集中的に議論を行うために設置される非公式の議論の場のこと。Walker and Boyer, *Glossary,* 40.

18) *Earth Negotiations Bulletin* 12, no. 493（December 6, 2010）, 2-3.
19) バリ行動計画において，包括的な国際枠組の構築に関し主な検討項目として規定されている項目は，①世界全体の排出削減に関する長期目標を含む共有のビジョン，②先進国及び途上国の排出削減対策（mitigation）の強化，③気候変動への適応策（adaptation）の強化，④技術開発・技術移転の強化，⑤資金支援の強化の5つである。*Bali Action Plan,* Decision 1/CP.13（FCCC/CP/2007/6/Add.1, March 14, 2008）, para. 1.
20) *Possible Elements of the Outcome: Note by the Chair*（FCCC/AWGLCA/2010/CRP.2, December 4, 2010）.
21) *Bali Action Plan,* Decision 1/CP.13（FCCC/CP/2007/6/Add.1, March 14, 2008）, para. 1.
22) *Earth Negotiations Bulletin* 12, no. 488（November 30, 2010）, 3.
23) *Possible Elements of the Outcome: Note by the Chair*（FCCC/AWGLCA/2010/CRP.1, November 24, 2010）, 4.
24) 気候変動枠組条約（抄）
    第17条　議定書
    1．締約国会議は，その通常会合において，この条約の議定書を採択することができる。
    2．議定書案は，1の通常会合の少なくとも六箇月前に事務局が締約国に通報する。
    3．議定書の効力発生の要件は，当該議定書に定める。
    4．この条約の締約国のみが，議定書の締約国となることができる。
25) *Draft Protocol to the Convention Prepared by the Government of Japan for Adoption at the Fifteenth Session of the Conference of the Parties*（FCCC/CP/2009/3, May 13, 2009）; *Draft Protocol to the Convention Presented by the Government of Tuvalu under Article 17 of the Convention*（FCCC/CP/2009/4, June 5, 2009）; *Draft Protocol to the Convention Prepared by the Government of Australia for Adoption at the Fifteenth Session of the Conference of the Parties*（FCCC/CP/2009/5, June 6, 2009）; *Draft Protocol to the Convention Prepared by the Government of Costa Rica to Be Adopted at the Fifteenth Session of the Conference of the Parties*（FCCC/CP/2009/6, June 8, 2009）; *Draft Implementing Agreement under the Convention Prepared by the Government of the United States of America for Adoption at the Fifteenth Session of the Conference of the Parties*（FCCC/CP/2009/7, June 6, 2009）; *Proposed Protocol to the Convention Submitted by Grenada for Adoption at the Sixteenth Session of the Conference of the Parties*（FCCC/CP/2010/3, June 2, 2010）.
26) *Provisional Agenda and Annotations: Note by the Executive Secretary*（FCCC/CP/2010/1, September 9, 2010）, 8-9.
27) *Earth Negotiations Bulletin* 12, no. 490（December 2, 2010）, 1-2.
28) *Earth Negotiations Bulletin* 12, no. 492（December 4, 2010）, 1-2.
29) 1995年にドイツ・ベルリンで開催された気候変動枠組条約第1回締約国会議（COP1）において，2000年以降における先進諸国の温室効果ガスの排出量について数値目標を設定し，その達成のための先進諸国の措置を定めた議定書又はその他の法的文書を1997年の気候変動枠組条約第3回締約国会議（COP3）において採択するとの方針が決定されており，これがいわゆる「ベルリン・マンデート」である。*The Berlin Mandate: Review of the Adequacy of Article 4, Paragraph 2(a) and (b), of the Convention, Including Proposals Related to a Protocol and Decisions on Follow-Up,* Decision 1/CP.1（FCCC/CP/1995/7/Add.1, June 6, 1995）.

30) *Earth Negotiations Bulletin* 12, no. 493 (December 6, 2010), 2-3.
31) *Earth Negotiations Bulletin* 12, no. 494 (December 7, 2010), 3.
32) *Earth Negotiations Bulletin* 12, no. 496 (December 9, 2010), 1.
33) *Earth Negotiations Bulletin* 12, no. 488 (November 30, 2010), 2.
34) UNFCCC, "Ad Hoc Working Group on Further Commitments for Annex I Parties under the Kyoto Protocol (AWG-KP) (Opening Meeting)," UNFCCC Webcast site, Windows Media Player video file, 00:58:33, accessed December 31, 2013, http://unfccc.int/resource/webcast/player/app/play.php?id_episode=2841.
35) 「京都議定書に関する日本の立場」(平成22年12月)、外務省、アクセス日：平成25年12月31日、http://www.mofa.go.jp/mofaj/gaiko/kankyo/kiko/kp_pos_1012.html.
36) 環境省編『環境・循環型社会・生物多様性白書』平成23年版（日経印刷、2011）、123. なお、このような状況の下、交渉第2週目からメキシコ・カンクン入りした松本環境大臣は、日本の方針は、決して京都議定書をないがしろにするものではなく、日本は誠実に京都議定書第1約束期間における削減義務を履行するとともに、真の世界全体の削減のためには、米中等を含むすべての主要国が参加する真に公平かつ実効的な1つの法的拘束力のある枠組の早期構築が必要との考えを各国との二国間会談等を通じて粘り強く訴えた。Ibid.
37) 「COP16日本の孤立際立つ」『日本経済新聞』2010年12月4日朝刊4面縮刷版176；「日本反対、孤立の恐れ」『朝日新聞』2010年11月30日朝刊3面縮刷版1515；「通じぬ日本の道理」『毎日新聞』2010年12月9日朝刊2面縮刷版302.
38) 松本龍（元環境大臣）『環境外交の舞台裏』（日経BP社、2011）、142.
39) "Japan: No to Kyoto Under Any Circumstances," *Eco* 127, no. 3 (2010), 2, accessed December 31, 2013, http://www.climatenetwork.org/sites/default/files/ECO_3_COP_16_Eglish_version_.pdf3. 抄訳の出典は、『Kiko COP16/CMP6通信 No.1』2010年12月2日、1、アクセス日：2013年12月31日、http://www.kikonet.org/theme/archive/kokusai/COP16/Kiko_COP16_No1.pdf.
40) *Earth Negotiations Bulletin* 12, no. 493 (December 6, 2010), 3.
41) *Revised Proposal by the Chair* (FCCC/KP/AWG/2010/CRP.4/Rev.1, December 4, 2010).
42) *Earth Negotiations Bulletin* 12, no. 495 (December 8, 2010), 4.
43) *Revised Proposal by the Chair* (FCCC/KP/AWG/2010/CRP.4/Rev.1, December 4, 2010), 4.
44) *Earth Negotiations Bulletin* 12, no. 495 (December 8, 2010), 1.
45) "Statement by European Commissioner for Climate Action, Connie Hedegaard, at the Opening of the High-Level Segment of COP-16/CMP-6, Tuesday 7 December 2010," UNFCCC, accessed December 31, 2013, http://unfccc.int/files/meetings/cop_16/statements/application/pdf/101209_cop16_hls_eu.pdf.
46) "Statement Mrs. Joke Schauvilege, Chair of the European Council for Environment, Flemish Minister for Environment, Nature and Culture, Opening High Level Segment COP-16/CMP-6, Cancún, 7 December 2010," UNFCCC, accessed December 31, 2013, http://unfccc.int/files/meetings/cop_16/statements/application/pdf/101209_cop16_hls_eu.pdf.
47) "Statement by Minister of the Environment, Japan, Ryu Matsumoto," UNFCCC, December 9, 2010, accessed December 31, 2013, http://unfccc.int/files/meetings/cop_16/state-

ments/application/pdf/101209_cop16_hls_japan.pdf.
48) "COP16 Plenary Statement of U.S. Special Envoy for Climate Change Todd Stern," UNFCCC, accessed December 31, 2013, http://unfccc.int/files/meetings/cop_16/statements/application/pdf/101209_cop16_hls_usa.pdf.
49) "Statement on Behalf of the Group of 77 and China by H.E. Mr. Abudlrahman Fadel Al-Eryani, Head of Delegation of the Republic of Yemen, at the Joint High-Level Segment of the Sixteenth Session of the Conference of the Parties of the Climate Change Convention and the Sixth Session of the Conference of the Parties Serving as a Meeting of the Parties to the Kyoto Protocol (COP 16/CMP6) (Cancun, Mexico, 7 December 2010)," UNFCCC, accessed December 31, 2013, http://unfccc.int/files/meetings/cop_16/statements/application/pdf/101207_cop16_hls_yemen_g77.pdf.
50) "Speech at the High Level Segment of COP16 & CMP6, Delivered by Vice Chairman XIE ZHENHUA, National Development and Reform Commission, P.R.China, Cancun, Mexico, Dec. 8th, 2010," UNFCCC, accessed December 31, 2013, http://unfccc.int/files/meetings/cop_16/statements/application/pdf/101208_cop16_hls_china.pdf.
51) UNEP, *The Emissions Gap Report: Are the Copenhagen Accord Pledges Sufficient to Limit Global Warming to 2° C or 1.5° C?; A Preliminary Assessment* (Nairobi: UNEP, 2010). なお，AOSIS諸国は，地球全体の平均気温の上昇を1.5℃以内に抑えるべきであると従前から主張していた。
52) "Statement on Behalf of the Alliance of Small Island States by Honourable Tillman J. Thomas, Prime Minister of Grenada and Chairman of AOSIS at the Opening UNFCCC COP 16, Cancun, Mexico, Tuesday 7, 2010," UNFCCC, accessed December 31, 2013, http://unfccc.int/files/meetings/cop_16/statements/application/pdf/101207_cop16_hls_grenada.pdf.
53) *Earth Negotiations Bulletin* 12, no. 496 (December 9, 2010), 1.
54) *Elements of the Outcome: Note by the Chair* (FCCC/AWGLCA/2010/CRP.3, December 8, 2010).
55) 座長ノートにおいては，先進諸国の排出削減に関してのみ法的拘束力が規定されていた。Ibid., 10, para. 37.
56) *Revised Proposal by the Chair* (FCCC/KP/AWG/2010/CRP.4/Rev.2, December 8, 2010).
57) *Earth Negotiations Bulletin* 12, no. 496 (December 9, 2010), 2.
58) *Earth Negotiations Bulletin* 12, no. 497 (December 10, 2010), 2-3.
59) *Earth Negotiations Bulletin* 12, no. 498 (December 13, 2010), 15-16.
60) *Preparation of an Outcome to Be Presented to the Conference of the Parties for Adoption at Its Sixteenth Session to Enable the Full, Effective and Sustained Implementation of the Convention through Long-Term Cooperative Action Now, Up to and Beyond 2012: Draft Conclusions Proposed by the Chair* (FCCC/AWGLCA/2010/L.7, December 10, 2010).
61) *Consideration of Further Commitments for Annex I Parties under the Kyoto Protocol: Draft Conclusions Proposed by the Chair* (FCCC/KP/AWG/2010/L.8 and Adds. 1-2, December 10, 2010).
62) *Earth Negotiations Bulletin* 12, no. 498 (December 13, 2010), 9, 12.
63) 京都議定書の第2約束期間を設定するには同議定書の附属書Bの改正が必要となるが，同議定書第21条7では，かかる改正の採択には関係締約国の書面による同意が必要とされ

ている.
64) 「気候変動:COP16の成果(カンクン合意)に対する日本の立場」外務省, 2010年12月15日, アクセス日:2014年1月1日, http://www.mofa.go.jp/mofaj/gaiko/kankyo/kiko/cop16_position2.html. なお, カンクン合意の採択に関連して日本政府は, 気候変動枠組条約事務局長に対し, 京都議定書第2約束期間の設定は受け入れられないとの立場を改めて表明した坂場COP16担当大使名の書簡を提出している. "Mitsuo Sakaba, Ambassador for COP 16 of the UNFCCC, to Mrs. Cristiana Figueres, Executive Secretary of the UNFCCC", 外務省, 2010年12月10日, アクセス日:2014年1月1日, http://www.mofa.go.jp/mofaj/gaiko/kankyo/kiko/pdfs/cop16_let1012.pdf.
65) *Earth Negotiations Bulletin* 12, no. 498 (December 13, 2010), 14.
66) *Revised Proposal by the Chair* (FCCC/KP/AWG/2010/CRP.4/Rev.4, December 10, 2010).
67) *Consideration of Further Commitments for Annex I Parties under the Kyoto Protocol: Draft Conclusions Proposed by the Chair* (FCCC/KP/AWG/2010/L.8 and Adds. 1-2, December 10, 2010).
68) FCCC/SB/2010/INF.X.
69) *Earth Negotiations Bulletin* 12, no. 498 (December 13, 2010), 5.
70) *Revised Proposal by the Chair* (FCCC/KP/AWG/2010/CRP.4/Rev.4, December 10, 2010).
71) *Consideration of Further Commitments for Annex I Parties under the Kyoto Protocol: Draft Conclusions Proposed by the Chair* (FCCC/KP/AWG/2010/L.8 and Adds. 1-2, December 10, 2010).
72) *Earth Negotiations Bulletin* 12, no. 498 (December 13, 2010), 12.
73) *Preparation of an Outcome to Be Presented to the Conference of the Parties for Adoption at Its Sixteenth Session to Enable the Full, Effective and Sustained Implementation of the Convention through Long-Term Cooperative Action Now, Up to and Beyond 2012: Draft Conclusions Proposed by the Chair* (FCCC/AWGLCA/2010/L.7, December 10, 2010).
74) *Earth Negotiations Bulletin* 12, no. 498 (December 13, 2010), 3-4.
75) "COP16 Plenary Statement of U.S. Special Envoy for Climate Change Todd Stern," UNFCCC, accessed December 31, 2013, http://unfccc.int/files/meetings/cop_16/statements/application/pdf/101209_cop16_hls_usa.pdf.
76) Council of the European Union, *Preparations for the 16th Session of the Conference of the Parties (COP 16) to the United Nations Framework Convention on Climate Change (UNFCCC) and the 6th Session of the Meeting of the Parties to the Kyoto Protocol (CMP 6) (Cancún, 29 November to 10 December 2010): Council Conclusions* (Brussels, October 14, 2010, 14957/10), para. 4.
77) "Statement by Minister of the Environment, Japan, Ryu Matsumoto," UNFCCC, December 9, 2010, accessed December 31, 2013, http://unfccc.int/files/meetings/cop_16/statements/application/pdf/101209_cop16_hls_japan.pdf.
78) "Statement on Behalf of the Group of 77 and China by H.E. Mr. Abudlrahman Fadel Al-Eryani, Head of Delegation of the Republic of Yemen, at the Joint High-Level segment of the Sixteenth Session of the Conference of the Parties of the Climate Change Convention and the Sixth Session of the Conference of the Parties Serving as a Meeting of the

Parties to the Kyoto Protocol (COP 16/CMP6) (Cancun, Mexico, 7 December 2010)," UNFCCC, accessed December 31, 2013, http://unfccc.int/files/meetings/cop_16/statements/application/pdf/101207_cop16_hls_yemen_g77.pdf.
79) 詳細については,本章第3節第2項.
80) 環境省編『平成23年版白書』123.
81) *The Cancun Agreements: Outcome of the Work of the Ad Hoc Working Group on Further Commitments for Annex I Parties under the Kyoto Protocol at Its Fifteenth Session*, Decision 1/CMP.6 (FCCC/KP/CMP/2010/12/Add.1, March 15, 2011), para. 1.
82) *Revised Proposal by the Chair* (FCCC/KP/AWG/2010/CRP.4/Rev.4, December 10, 2010).

第 5 章

ダーバン会議（2011年）の攻防
：ポスト京都議定書の基本合意の成立

　2011年11月末から12月にかけて開催されたダーバン会議（COP17・CMP7）においてEUは，自らが京都議定書第2約束期間に参加するための前提条件として，全ての主要国を対象とする法的拘束力を有する新たな国際枠組を2015年までに採択することを定めた明確なスケジュールについて合意が成立することを要求した。そして，法的拘束力のある包括的な国際枠組の構築に消極的な中国・インドとの間で，激しい議論の応酬が繰り広げられることとなった。本章の前半では，こうした交渉の展開を追うとともに，後半では，規範的アイデアの衝突と調整の観点から，交渉の展開を分析することとしたい。

第1節　ダーバン会議前夜までの状況
：複雑に絡み合う2つの争点

第1項　AWG-LCA及びAWG-KPでの平行線を辿る議論（2011年4月，6月，10月）

　2010年のカンクン会議の翌年の2011年においては，同年末に予定されているダーバン会議における合意形成に向けて，AGW-LCA（気候変動枠組条約の下での長期的協力の行動のための特別作業部会）及びAWG-KP（京都議定書の下での附属書Ⅰ国の更なる約束に関する特別作業部会）の2つのAWGが4月，6月，10月の3回にわたって開催された[1]。一連の交渉においては，京都議定書第2約束期間の設定と法的拘束力のある包括的な国際枠組の構築を巡る2つの論点について，各国・各交渉グループ間の意見の相違を埋められないまま，議論は平行線を辿った[2]。日本，カナダ，ロシアの3か国は京都議定書第2約束期間に参加し

ない旨を明らかにしており，EUは，将来の法的拘束力のある包括的な国際枠組の構築に向けた道筋についての合意なくして，京都議定書第2約束期間の設定には賛成できないという立場であった。一方米国は，そうした法的拘束力のある包括的な枠組の構築に向けた合意の機はまだ熟していないとの立場を表明し，あくまでもカンクン合意等の実施の加速化に議論の焦点を絞るべきであるとの主張をしていた。途上諸国は，京都議定書第2約束期間の設定を求める点では一致していたものの，例えばAOSIS諸国は，法的拘束力のある包括的な国際枠組の構築を明確に求めていた一方，中国やインドは，法的拘束力のある包括的な枠組の構築には消極的な姿勢を示していた。

第2項　京都議定書第2約束期間を巡る関係国の動向

　京都議定書第2約束期間設定に関して重要な点は，主要な附属書Ⅰ国（京都議定書に基づく排出削減義務を負っている国々。米国を除く先進諸国。）が第2約束期間に参加しなければ，実質的には京都議定書第2約束期間の設定は意味を失うこととなるという点であった。そして附属書Ⅰ国のうち，日本，ロシア，カナダの3か国は京都議定書第2約束期間に参加する意図がない旨，ダーバン会議開幕前から公式に表明していた[3]。この結果，第2約束期間が設定された場合でも，世界全体の二酸化炭素排出量のうち京都議定書に基づく排出削減義務を負っている国々の排出量は約26％から約15％へとほぼ半減することとなり[4]，第1約束期間（2008年～2012年）においてさえ実効性が乏しいと批判されていた京都議定書の基盤が大きく揺らぐ形となっていた。さらにダーバン会議開催日当日の11月28日月曜日になると，カナダが京都議定書から2011年内に脱退する方針（すなわち，京都議定書に基づき現在負っている第1約束期間の削減義務も放棄する方針）であるとの報道がなされ，カナダ政府は当該報道を否定も肯定もしなかった[5]。京都議定書を正式脱退した国はこれまで1つもなく[6]，ダーバン会議開催日というタイミングにおけるこのカナダの離脱報道はダーバン会議の見通しに暗い影を投げかけることとなった[7]。

　こうした中で京都議定書第2約束期間を設定するためには，京都議定書附属書Ⅰ国のうち，残る唯一の主要排出国グループであるEUの賛同を得ることが不可欠な状況であった。EUは，他の附属書Ⅰ国が京都議定書第2約束期間に

参加しなくても，全ての主要国が参加する包括的な法的枠組を2020年までに構築するというロードマップについて合意が成立するのであれば，2020年までの期間限定で京都議定書第 2 約束期間に EU として参加する用意があるとの方針をダーバン会議前の2011年10月に決定しており，[8] EU が合意すれば京都議定書第 2 約束期間の設定について合意が成立する可能性が残されていた。しかしながら，中国やインドは，ダーバン会議開幕前の段階から，法的義務を負うことには消極的な立場をとり続けており，京都議定書第 2 約束期間設定についてダーバン会議で合意を得ることは困難との危機感が，途上国の間で広がる結果となった。

第 2 節　ダーバン会議の開幕
　　　　：京都議定書を人質にとった EU の攻勢

第 1 項　京都議定書第 2 約束期間の設定が議論の前提に

　ダーバン会議は，2011年11月28日月曜日から12月 9 日金曜日までの約 2 週間の予定で，南アフリカ・ダーバンで開催された。ダーバン会議初日の11月28日月曜日に開催された気候変動枠組条約締約国会議（COP）開幕総会においては，ダーバン会議の重要課題の 1 つが京都議定書の第 2 約束期間の設定であることが改めて強調された。[9] まず，COP 総会のオープニング・セレモニーにおいて，2010年のカンクン会議（COP16・CMP6）の議長であった Espinosa メキシコ外務大臣による開会演説（Opening Statement）が行われ，カンクン合意の完全実施，緑の気候基金の資金確保，第 2 約束期間以降の京都議定書の取扱いの 3 点が今回の会合における重要なテーマであると述べられ，京都議定書第 2 約束期間の設定の重要性が強調された。途上諸国の代表によるステイトメントにおいても，京都議定書第 2 約束期間の設定を求める意見が相次いだ。

　COP 総会に引き続いて同日に開催された京都議定書締約国会合（CMP）の開幕総会においては，京都議定書第 2 約束期間の設定が，途上諸国側から，より強固に主張された。[10] 途上諸国側の主張の根拠は，主に次の 2 点に集約することができる。第 1 は，京都議定書の象徴的な意味である。京都議定書は，気候

変動レジームの中で唯一法的拘束力のある枠組を定めたサブ・レジームであり，その期限切れは，気候変動レジームの発展にとって質的に大きな後退を意味するという点である。第2の理由は，京都議定書が共通だが差異のある責任の考え方を体現しているというものであった。先進国の京都議定書離脱は，この共通だが差異のある責任の原則を踏みにじるものであるというものであった。

　こうした途上諸国の主張に対して先進諸国グループからは，ダーバン会議冒頭のCOP総会及びCMP総会のいずれにおいても，京都議定書第2約束期間の設定に明確に反対する統一的な意見は表明されなかった。EUは，前述のように条件付きながらも京都議定書第2約束期間の設定を受け入れる用意がある旨を既に表明しており，ダーバン会議の冒頭においてもその立場には変わりはなかった。一方，京都議定書第2約束期間への不参加の立場を表明している日本，カナダ及びロシアを主要メンバーとして含むアンブレラ・グループを代表して発言したオーストラリアも，京都議定書の上に構築される新たな気候変動レジームを支持するとともに，カンクン合意の実施が今後の取組の基礎であると述べるにとどまった。

　ダーバン会議の前年に成立したカンクン合意においては，京都議定書の第1約束期間と第2約束期間との間に空白期間が生じることのないよう，AWG-KPの議論を終え，その結果を速やかにCMPで採択することとされていたこともあって，ダーバン会議の焦点は，京都議定書第2約束期間を設定するかしないかではなく，京都議定書第2約束期間設定についてEUの同意を得るために，EUが提示する条件をどのような形で満たすことができるのかとなっていた。

第2項　京都議定書を人質にとったEUの攻勢

　京都議定書第2約束期間の設定を強く求める途上国の主張をいわば人質にとる形で，法的拘束力のある包括的な国際枠組の構築に向けた道筋の確保に向けて条件闘争を展開したのがEUであった。EUは，ダーバン会議初日のCOP総会及びCMP総会において，気候変動レジームの中核としての京都議定書の重要性を強調しつつ，自らが京都議定書第2約束期間に参加するための前提条

件として，全ての主要国を対象とする新たな法的枠組を2015年までに採択することを定めた明確なスケジュールについて合意が成立することを求めた。

　こうしたEUの提案は，先進国と途上国とでは異なった取扱いをすべきであるとする共通だが差異のある責任の考え方に必ずしも適合しないものである。しかしながら，EUはこの不整合を解消するため，共通だが差異のある責任の原則についてもダイナミックな解釈が必要であると主張した。EUは，その根拠として，科学の要請を前面に打ち出した。EUは，IPCC第4次評価報告書の科学的知見等を踏まえれば[13]，カンクン合意に基づく自主的な取組や一部の国のみに法的削減義務を課している京都議定書第2約束期間の設定だけでは，地球全体の平均気温の上昇を産業革命以前の水準と比べて2℃以内の上昇に抑えるという，カンクン合意で合意された目標[14]の達成は困難であると訴えた。

　京都議定書第2約束期間をいわば人質にとったEUの提案の結果，京都議定書第2約束期間の設定をダーバン会議における至上命題と捉える途上国各国は，EUの提案を真剣に検討せざるを得なくなった。しかしながら，包括的な法的枠組の構築に対する米国や中国・インドの否定的なスタンスに鑑みれば，EU案を軸に合意が成立するかどうかの見通しは，ダーバン会議冒頭の段階では決して明るいものではなかった。現に，ダーバン会議初日午後の記者会見において米国政府代表団は，2020年以降における全ての主要排出国の参加による包括的な国際枠組の中身について議論する前に，その法的形式について議論することはあまり意味がなく，現時点においてはむしろ2020年までをターゲットとしてカンクン合意に基づき各国がコミットした自主削減公約の実施に関する議論が優先課題であるとの立場を表明し，EUの提案を強く牽制していた[15]。

第3節　平行線を辿る事務レベル協議

第1項　AWG-KPにおける議論の膠着

　京都議定書第2約束期間の取扱いは，11月28日月曜日のCOP総会及びCMP総会に引き続いて翌29日火曜日午前に開催されたAWG-KPに議論の場を移して議論が行われた[16]。途上国側からは，2013年以降の京都議定書第2約束

期間の設定及び京都議定書の強化を求める声が相次いだ。

　こうした途上諸国の主張に対してEUは，気候変動枠組条約の全ての締約国の参加による新たな法的拘束力のある国際枠組の構築について合意が成立することを条件に，2020年までという期間で京都議定書の第2約束期間の設定を受け入れる用意がある旨を改めて表明した。一方，アンブレラ・グループを代表して発言したオーストラリアは，コペンハーゲン合意やカンクン合意に基づき各国が提出した削減目標を基礎とすべきであるとして，先進各国の削減目標の引き上げについては反対の意向を表明するにとどまった。なお，スペインは，全ての気候変動枠組条約締約国の参加による将来枠組の法形式に関する議論の進展が，バランスのとれたダーバン合意の不可欠な要素であると強調し，京都議定書の取扱いの議論のみが先行することを牽制した。

　京都議定書の取扱いに関する実質的な議論は，AWG-KPの下に設置されたコンタクト・グループ[17]に議論の場を移して，29日火曜日から開始された。コンタクト・グループにおける非公式協議の場において途上国側が特に主張した点は以下の4点であり，途上国の中でも気候変動の影響を現に受けつつある脆弱諸国（AOSIS諸国やLDC諸国）から特に強い主張がなされた[18]。

　第1に焦点とされたのは，附属書I国の削減目標のレベルである。途上国は，国連環境計画（UNEP：United Nations Environment Programme）のレポート[19]を引用しつつ，カンクン合意に基づき先進諸国から提出された排出削減目標は，地球全体の平均気温の上昇を2℃以内に抑えるという目標を達成するためには不十分であり，カンクン合意で提出された目標についてさらに検証を行い，さらに目標を引き上げるべきであると主張した。

　第2に焦点となったのは，第2約束期間の長さである。EUが自らの主張に合わせて2013年から2020年までの8か年とすることを主張していたのに対し，途上国サイドは，それでは期間が長すぎるとして第1約束期間と同様の5年間，すなわち，2013年から2017年までの5年間とすることを要求した。これは，先進国の削減目標を長期間固定化するのではなく，途中で見直すことにより少しでも強化したいという途上国側の主張の現れであった。

　第3に焦点とされたのは，第1約束期間の超過達成部分の繰り越しである。これを認めれば，第1約束期間の目標を超過達成する見込みの国については，

第2約束期間における目標が有名無実のものとなってしまうおそれがある点が懸念された。

第4の論点として，京都議定書第2約束期間に参加しない国々への制裁として，第2約束期間以降，京都議定書に基づく国際排出量取引の活用を認めない（すなわち，カンクン合意に基づき設定した自主的な排出削減目標達成の手段として国際排出量取引の活用を認めない）との主張も一部途上国から繰り返し表明された。

京都議定書第2約束期間設定の条件として，法的拘束力のある包括的な国際枠組の構築に向けたロードマップ（行程表）についての合意を掲げる EU にとって，これらの論点はロードマップの議論とセットであり，後述のようにロードマップについての議論が平行線を辿る中で，京都議定書第2約束期間設定の具体的な中身に関する議論についても，そのままでは合意が困難な事項であった。結果として，多くの論点について事務レベル協議では合意が成立せず，12月6日水曜日以降のハイレベル協議に引き継がれることとされた。

第2項　AWG-LCA における議論の膠着

全ての主要国を対象とした包括的な国際枠組の法的位置づけについては，ダーバン会議2日目の11月29日火曜日正午から開催された AWG-LCA の下で議論が進められた[20]。同日の AWG-LCA 総会においては，EU が，法的拘束力のある包括的な国際枠組を2015年までに採択すべきであると改めて訴えたのに対し，他の交渉グループはカンクン合意に基づく緑の気候基金の取扱いなど先進国から途上国への資金支援の充実強化の必要性を主に訴え，EU 提案の是非については特段の見解は表明されなかった。ただし，G77/中国を代表して発言したアルゼンチンは，気候変動枠組条約の下での全ての主要国の参加による新たな国際枠組は，あくまでも気候変動枠組条約の原則である共通だが差異のある責任の原則に基づくべきであると主張し，EU の提案を婉曲的に牽制した[21]。一方，AOSIS 諸国を代表して発言したグレナダは，EU が提案する法的拘束力のある国際枠組の2015年までの採択，2020年までの発効ではむしろ遅すぎるとし，京都議定書に基づく排出削減義務を負わない先進国については，京都議定書と同等の議定書を2012年末までに採択すべきであり，かつ，先進各国の削減目標はカンクン合意以上の水準に直ちに引き上げるべきであると主張し

た。こうした中，同日のAWG-LCA総会は，将来の法的枠組の取扱いを含む個別論点についての実質的な議論については，AWG-LCA総会ではなく，AWG-LCAの下に既に設置済みの個別のコンタクト・グループにおいて行うこととした上で，一旦終了した。この結果，法的枠組の取扱いについては，法的オプション（Legal Options）のコンタクト・グループにおいて議論が行われることとなった。

　法的オプションに関するコンタクト・グループは12月1日水曜日に開催され，各国・各交渉グループの間で意見対立が続いた[22]。基本的には，全ての国を対象とした将来枠組の法形式を議論することが重要とする国々（多くの先進諸国と一部途上諸国）と，カンクン合意に基づく自主的な取組がようやくスタートする段階であることを考えると，まずそのレビューを行ってから改めて将来の国際枠組の中身について議論を行い，その法的位置づけについてもその際に議論すればよいとする国々（中国・インドや米国）との間で大きく分かれる形となった。

　法的拘束力のある国際枠組の構築を求める先進国側からは，EUがこれまでの経験則上，自主的な取組では不十分であり，法的拘束力のある条約が必要であると訴えた。また，日本やオーストラリアも，法的拘束力のある1つの国際枠組の構築を訴えた。また，途上国側からは，気候変動の影響が既に顕在化しているLDC諸国及びAOSIS諸国から，法的拘束力のある将来枠組の構築を支持する意見が相次いだ。LDC諸国を代表してガンビアは，京都議定書第2約束期間の設定を条件として法的拘束力のある合意を支持し，AOSIS諸国を代表してグレナダは，京都議定書第2約束期間の設定とともにそれ以外の国々を対象とした法的拘束力のある国際枠組の構築を支持した。

　ただし，法的拘束力のある国際枠組を求める意見も決して一枚岩ではなかった。EUは京都議定書の第2約束期間を設定した上で，第2約束期間終了後の2020年以降の将来枠組として，京都議定書に代わる全ての締約国の参加による法的拘束力のある新たな包括的な国際枠組の構築を主張していたのに対し，日本は，京都議定書第2約束期間を設定せずに，速やかに，全ての締約国を対象とした法的拘束力のある新たな国際枠組の構築が必要であると主張した。また，AOSIS諸国は，京都議定書第2約束期間と併存する形で，それ以外の

国々を対象とした別途の法的拘束力のある国際枠組を速やかに構築すべきであると主張した。

　一方，法的拘束力のある国際枠組の構築に消極的な意見として，例えばインドは，気候変動枠組条約に基づく取組（すなわち自主的な取組）に議論の焦点を絞るべきであると主張した。サウジアラビアは，対策の中身を議論することが先であり法形式についての議論は反対である旨を表明した。逆に中国は，このコンタクト・グループのマンデートは対策の中身について議論することではなく，法的拘束力のある国際枠組とするか，または気候変動枠組条約締約国会議決定（COP決定）とするか（すなわち法的拘束力のない政治的枠組）とするかを議論することであると主張し，中身について議論することに反対の姿勢を示した。米国は，全ての締約国の参加による法的拘束力のある国際枠組の構築に賛成との意見を表明しつつも，本コンタクト・グループにおいて2020年以降の国際枠組の構築に向けたプロセスについて議論することは適当ではないとして，法的枠組について議論することに消極的な姿勢をみせた。

　法的オプションに関するコンタクト・グループにおける議論が平行線を辿る中，12月3日土曜日の朝に開かれた中間報告のためのAWG-LCA総会において，AWG-LCAのReifsnyder座長は，COP総会に提出する座長ノート案[23]を取りまとめ，各国に提示した[24]。同座長ノート案においては，AWG-LCAで取り上げられた多岐に渡る論点について各国の意見が併記されているが，Legal Optionに関する部分においては，4つのオプションに整理されていた[25]。これらのオプションのうち，オプション1がEUや日本などの提案を反映し，法的拘束力のある包括的な国際枠組を構築するとの方針を決定するとの案である。オプション2が，締約国会議決定又は法的拘束力のある文書のいずれかを採択するとの方針を決定する案であり，法的拘束力のある枠組を構築するかどうかの論点については先送りする案となっている。オプション3は，オプション2よりもさらに弱く，単に議論を先送りし，引き続き議論を行うことを決めるものであり，オプション4は，引き続き議論を継続するかどうかを決定することなく，AWG-LCAにおいては何も決定しないというものである。

　議論が平行線を辿る中，週が明けた12月5日月曜日にAGW-LCA総会が開催され，前述の座長ノートをReifsnyder座長が正式に提示し，今後の議論の

結果を踏まえ，同座長ノートの改訂版を12月7日水曜日に出す旨の発言をした[26]。しかしながら，翌6日火曜日に行われたコンタクト・グループにおける協議においてもオプションを絞ることができなかった[27]。気候変動枠組条約第17条に基づき新たな議定書を取りまとめるとの方針を決定するとのオプション1に関して，EUが共通だが差異のある責任の原則については，現在の状況に合わせてダイナミックな解釈が必要である（in a contemporary and dynamic manner）旨を案文に明記すべきであると提案したが，インドは，気候変動枠組条約の再解釈や改正を伴ってはならないと主張した。また中国も，ダイナミックな解釈は気候変動枠組条約の改正につながるものであるとして，EUの提案に反対した。

各国の意見対立が解けないまま，12月7日に開催されたAWG-LCAのコンタクト・グループ全体総会の場においてAWG-LCAのReifsnyder座長は，法的オプションに関しては各オプションが一部修正されたものの基本的には前回の案とほぼ同じ座長ノートの改訂版[28]を提示するとともに，法的オプションの議論は閣僚級のハイレベル協議に委ねることとする旨発言し，この論点については，後述のINDABAでの閣僚級協議の場に委ねられることとなった[29]。

第4節　ハイレベル協議の開始

第1項　EU提案への支持の広がり

事務レベル協議に引き続いて12月7日水曜日から12月9日金曜日までの3日間の予定でCOP・CMP合同ハイレベル会合が開催され，事務レベル協議から閣僚級のハイレベル協議へと交渉レベルが引き上げられ，最終合意を目指した政治折衝が開始されることとなった。またハイレベル会合の開会に先立ち各国の閣僚級の代表が続々と現地入りをするとともに相次いで記者会見を開催し，自国の立場についての説明を行うとともに，自らの主張への支持を訴えていた。こうした中で，EUのHedegaard委員も12月5日月曜日に記者会見を開催し，EU案の受け入れをより強硬な姿勢で訴えた[30]。そのポイントは，気候変動問題に対処する上では，2020年以降の法的拘束力のある包括的な国際枠組が

何としても必要であること，京都議定書第2約束期間に基づく一部の国だけを対象とした義務的取組とカンクン合意に基づく自主的取組だけでは不十分であり，それらはあくまでも将来の法的拘束力のある包括的な国際枠組が構築されるまでの間の過渡的なものであることなどを強く訴えた。そして，翌6日に開催されたCOP・CMP合同会合の場においても，こうした主張をHedegaard委員は改めて訴え，EUは，たとえ他の先進諸国が京都議定書第2約束期間に参加しなくとも，法的拘束力のある包括的な国際枠組の構築に向けたロードマップ（行程表）さえ採択されるのであれば，京都議定書第2約束期間に参加する用意がある旨を改めて強く表明した[31]。

京都議定書第2約束期間の設定に反対の日本，ロシアも，EUのロードマップの提案を積極的に支持した。日本の細野環境大臣は，京都議定書第2約束期間に参加しないとの立場を改めて表明した上で，法的拘束力のある包括的な国際枠組の構築を訴え，その検討のための新たな作業部会の設置を提案した[32]。また，ロシアのBedritskiy大統領補佐官も，京都議定書第2約束期間に参加しないとの立場を改めて表明した上で，新たな包括的な国際枠組を2016年までに採択するための明確なデッドラインを伴うロードマップについて合意することが必要であると訴えた[33]。

EUを始めとする先進諸国の動きに対し，COP・CMP合同ハイレベル会合においてG77/中国を代表して発言したアルゼンチンのD'alotto外務副大臣は，共通だが差異のある責任の原則に基づき，京都議定書第2約束期間の設定をダーバン会議で決定すべきであり，かつ，先進諸国の排出削減目標は強化されなければならないと訴える一方，法的拘束力のある包括的な国際枠組の構築に向けたロードマップに関するEU提案を牽制するような発言はみられなくなっていた[34]。途上諸国も決して一枚岩ではなく，ロードマップに関するEU案に同調する国々が広がりをみせつつあったのである。AOSIS諸国を代表して発言したグレナダは，京都議定書第2約束期間の設定を強く訴えると同時に，京都議定書に基づく排出削減義務を負っていない国々も対象とした議定書が必要であり，その取りまとめに向けたマンデート（mandate）についてダーバン会議の場で合意すべきであると訴えた[35]。また，LDC諸国を代表して発言したガンビアのSillah森林・環境大臣は，京都議定書第2約束期間の設定を訴える

と同時に,バリ行動計画の全ての要素を盛り込んだ形で,気候変動枠組条約第17条の規定に基づく新たな議定書又は法的拘束力のある文書を採択するためのマンデート (mandate) についてダーバン会議の場で合意すべきであり,この新たな議定書又は法的拘束力のある文書を2012年に採択すべきであると訴えた[36]。またBASIC諸国の一員であるブラジルのTeixeira環境大臣も,京都議定書第2約束期間の設定に加え,気候変動枠組条約の下,全ての締約国を対象とした法的拘束力のある包括的な国際枠組を2020年からスタートさせるための交渉を可及的速やかに開始すべきであると主張した[37]。同じくBASIC諸国の一員である南アフリカのMolewa水・環境大臣は,科学の要請を踏まえ,将来の新たな法的枠組について検討するためのプラットフォームを立ち上げるべきであると主張した[38]。このようにBASIC諸国の中でも,法的拘束力のある包括的な国際枠組の構築に反対の立場の中国・インドと,その構築に賛成するブラジル・南アフリカとで,立場が明確に分かれる形となった。

第2項 中国,インド,米国の慎重姿勢

前述のようにEU提案への支持が広がりをみせる一方,ハイレベル会合における公式ステイトメントにおける中国,インド,米国のスタンスは依然として法的拘束力のある国際枠組の構築には慎重なものであった。中国の解振華・国家発展改革委員会副主任は,気候変動枠組条約と京都議定書は,気候変動に関する国際協力における基本的な規範を形成するものであり,これらの条約・議定書は,共通だが差異のある責任の原則と衡平性の原則を定めていると指摘した上で,ダーバン会議における議論においても,これらの原則は堅持されなければならないと訴えた。その上で,京都議定書第2約束期間の設定を改めて求めるとともに,米国も同等の排出削減に取り組むべきであると主張した。また,世界全体の温室効果ガスの排出量に占める中国の温室効果ガスの排出量の割合が高いことについて懸念が示されている点について触れ,中国は発展途上国であり,国民1人当たりのGDPは僅か4,300ドルにしか過ぎないにもかかわらず,中国自身は2005年比で2020年までにGDP当たりの二酸化炭素排出量を40〜45%削減するとの目標を掲げ,あらゆる努力を払っていると述べ,中国を始めとする新興諸国に法的排出削減義務を課そうとするEU等の主張を牽制

した[39]。また，インドのNatarajan環境・森林大臣も，京都議定書第2約束期間の設定を訴えるとともに，インドも発展途上国であることを指摘しつつ，途上国への排出削減の義務付けにはあくまでも反対であると主張した。そして，気候変動問題に関しては，衡平性（equity）が基本であり，この衡平性の概念には，共通だが差異のある責任の原則が含まれると述べた[40]。

こうした中国・インドの慎重姿勢と呼応するように，米国も法的拘束力のある包括的な国際枠組の構築について慎重姿勢を示した。米国のStern気候変動担当特使は，2020年までに2005年比で17％の排出削減という米国の排出削減目標について触れ，米国として気候変動問題に真剣に取り組む姿勢を改めてアピールする一方で，京都議定書第2約束期間の設定や包括的な国際枠組の構築に関する論点については，難しい論点であり米国としてもどのような解決策が可能か模索していきたいと述べるにとどまった[41]。

第3項　米国や中国の軟化の兆し

ハイレベル会合におけるステイトメントでは消極姿勢を示す一方，舞台裏では米国や中国はハイレベル会合の開催と前後して柔軟姿勢を示唆し始めた。まず象徴的なのは，12月5日火曜日の記者会見において中国代表団が示した柔軟姿勢である。同記者会見において解振華・国家発展改革委員会副主任は，2020年以降の国際枠組に関し，「法的拘束力のある枠組又はそれと同等のもの」("legally binding one [framework] or some document to that effect")を受け入れる用意があると述べ，そのための条件として，京都議定書第2約束期間の設定，先進国による途上国支援の実施，途上諸国への技術移転などの仕組みの構築，共通だが差異のある責任の原則の堅持などの5条件を打ち出した[42]。この解副主任の発言は，中国の大きな方向転換を示しEU提案を軸にした合意成立の可能性を一気に高めるものとして，会議参加者に大きな期待感を与えるものであった。ただし，同じ記者会見の場において解副主任は，これらの5条件は新しいものではないと述べた上で，当面は既存のコミットメントを実施に移すこと及び各締約国の取組のレビューが最も重要であり，2020年以降どうすべきかを考えるのはその後であると表明し，依然として慎重な姿勢を強調した。また，中国の記者会見後に解副主任とバイ会談を行った米国のStern特使も，その後の

記者会見の場において，中国のスタンスには実質的には変化はみられないという見方を示した[43]。

一方，中国と同様に将来の法的枠組の構築に慎重とみられていた米国は，一層明確に柔軟な姿勢を表明した。ハイレベル会合におけるStern特使のステイトメントに相前後して，米国は法的拘束力のある包括的な国際枠組の構築を妨げようとしているとの批判がなされたことを受け，Stern特使が12月8日に急遽記者会見を開催し，米国は法的拘束力のある包括的な国際枠組の構築に賛成であり，その構築に向けたロードマップについて合意すべきというEUの提案を支持すると明言したのである[44]。この結果，将来の法的拘束力のある包括的な国際枠組の構築に向けたロードマップの採択については，中国・インドの対応がダーバン会議終盤における最大の焦点となった。

第4項　2つの特別作業部会の下での非公式協議

COP・CMP合同ハイレベル会合においては基本的には議論が行われることは想定されておらず，3日間にわたって各国代表がステイトメントを発言していくという形式的なものであって，実質的な協議は公式の会合と並行して開催される各種の非公式協議において行われた[45]。12月6日火曜日において開催された非公式COP・CMP合同総会においては，AWG-KP及びAWG-LCAの各作業部会における議論の模様が報告された。AWG-KPのMacey座長は，京都議定書第2約束期間の数値目標の在り方，第2約束期間の長さなどについてさらに議論を進展させる必要がある旨述べる一方で，京都議定書第2約束期間を2013年1月からスタートできるようにするためのオプションについては議論に進展があったと報告した。具体的なオプションには，①京都議定書第2約束期間を設定する改正案を暫定的に適用し，後日正式に採択するというオプション，②京都議定書を改正せず，CMP決定のみを行うというオプション，③各締約国による一方的な宣言の3つが含まれるとしている。同時に，Macey座長は，京都議定書第2約束期間の設定と将来の法的枠組の構築に向けたロードマップの採択とのリンクについては政治的決断が必要と表明した。

また，AWG-LCAのReifsnyder座長からは，数多くの論点について進展があったと報告がなされた[46]。そして，翌12月7日水曜日朝にReifsnyder座長が

AWG-LCAのコンタクト・グループに提示した改訂座長ノート[47]においては，法的オプションに関し，① AWG-LCA又は新たな検討の場において，2012年から作業を開始し，気候変動枠組条約第17条に基づく新たな議定書（protocol）又は法的拘束力のある文書（legally binding instrument/outcome）を取りまとめ，2012年のCOP18において，又は遅くとも2015年のCOP21にまでに採択することを決定，② AWG-LCAに対してバリ行動計画及びカンクン合意に基づく一連のCOP決定案を取りまとめるよう要請，③ AWG-LCAに対して，法的オプションについて引き続き検討するよう要請，④無決定，の主に4つの案が提示されていた。そして，法的オプションの論点については，INDABAでの閣僚レベルの協議で取り上げられることになると発言した。[48]

第5項　INDABAでの閣僚級交渉の進展

　京都議定書第2約束期間の設定と将来の法的枠組の在り方に関する議論は相互に密接に関係しておりパッケージで交渉すべきものであるが，事務レベルの交渉は前述のようにAWG-KPとAWG-LCAの2つのトラックで別々に行われ，こうしたパッケージ交渉を行う場としては十分に機能する場ではなかった。こうした中で，会議の全体像について関係者が把握し，多次元方程式の交渉事項について合意を促進するため，ダーバン会議のNkoana-Mashabane議長が主宰する非公式協議の場として設けられたのがINDABA（現地語で「会議」の意）である。[49]議論の全体概要は常にここにフィードバックされ，全ての交渉プロセスをオープンにする形で議論が進められた。そして，政治的論点は特別作業部会の場ではなく，Nkoana-Mashabane議長の主導の下，INDABAの場で調整が進められた。

　INDABAは事務レベルでもダーバン会議開催当初から開催されていたが，12月7日水曜日から合同ハイレベル協議が始まることを受け，12月6日火曜日からは閣僚級レベルでINDABAは開始された。[50]そして，会議の全体構造が見通せるように，現在の議論の状況を示した議長ペーパーがBigger Pictureというタイトルで毎日インターネット上で公開され，議論の全体概要が会議場の内外に常にオープンにされるようになった。閣僚級のINDABA開催初日の12月6日火曜日に，Nkoana-Mashabane議長は，京都議定書第2約束期間設定

第 5 章　ダーバン会議（2011年）の攻防

■表 5 - 1　*The Bigger Picture*（2011年12月 6 日火曜日14時25分版）の概要

オプション 1	気候変動枠組条約第17条の規定に基づく議定書として法的拘束力のある文書（a legally binding instrument）を策定し，取りまとめること
オプション 2	法的拘束力のある文書の取りまとめを通じて，バリ行動計画及びカンクン合意に基づく「合意された結果（agreed outcome）」の取りまとめ作業を終了すること
オプション 3	一連の COP 決定の取りまとめを通じて，バリ行動計画及びカンクン合意に基づく「合意された結果（agreed outcome）」の取りまとめ作業を終了すること
オプション 4	法的拘束力のある文書，COP 決定（decisions），規則又はガイドラインの取りまとめを通じて多国間ルールを強化し，気候変動枠組条約の全面的，効果的，持続的な実施を可能にすること

と気候変動枠組条約の下での将来の法的拘束力ある包括的な国際枠組に関するオプションの組み合わせの全体像を記した 2 枚紙（*The Bigger Picture*）を提示した[51]。この 2 枚紙においては，京都議定書に関しては，第 1 約束期間終了に伴い2013年 1 月以降に空白期間が生じるのを避けるため，第 2 約束期間の設定について合意をする必要があるとした上で，将来の法的枠組について，AWG-LCA の法的オプション（Legal Option）のコンタクト・グループの議論を反映する形で，気候変動枠組条約第17条に基づき法的拘束力のある議定書として採択するという一番固い案から将来枠組の構築に関し法的拘束力に一切言及しない案まで 4 つのオプションが盛り込まれていた（表 5 - 1 参照）。なお，ここで指摘しておくべき点は，*Bigger Picture* においてこうしたオプションの形で提示されたのは，将来の包括的な国際枠組の法的位置づけに関する論点のみであり，この時点で，この論点がダーバン会議における最大の論点となっていたことである。

翌12月 7 日水曜日に Nkoana-Mashabane 議長は，このオプション案の改訂版を提示した[52]。前日の12月 6 日付の案と比べると，オプション 4 が削除され，代わりにオプション 3 の 2 として，「一連の COP 決定のとりまとめを通じて，バリ行動計画及びカンクン合意に基づく『合意された結果（agreed outcome）』の取りまとめ作業を終了し，2020年以降の国際枠組の検討作業を開始する」というオプション案が追加されている。前日のオプション 4 は，選択肢

137

として法的拘束力のある文書から単なるガイドラインまで幅広く含め，事実上この論点を先送りするものであったが，この先送りのオプションが消えたことになる。また，前日のオプション3のままの場合，法的拘束力のない単なる締約国会議決定を採択して将来枠組の議論が終了（すなわち，自主的な枠組での固定化）するおそれがあるが，このオプション3の2の場合，2020年以降の将来枠組の検討のプロセスを開始するということを明示した点で，こうした形で議論が終了することを避けることを意図する案となっている点が特徴である。

　ダーバン会議閉幕予定日前日の12月8日木曜日朝に提示された *Bigger Picture* の改定案[53]においては，これまでの案に追加して，前書きの部分に，京都議定書第2約束期間の設定は，気候変動枠組条約の下で包括的な法的拘束力のある国際枠組に向けた取組の進展とセットである旨が規定された。ただし，将来枠組の法的オプションについてはオプションが絞り込まれるのではなく，逆に，各国・各交渉グループの意見を踏まえる形で文言の修正が行われるとともに，さらにオプションが追加されることとなった。オプションの絞り込みに向けた議論はその後も続けられ，その結果を踏まえ，同日木曜日中に *Bigger Picture* の改訂版が二度にわたって提示された（12月8日16時版[54]および12月8日22時版[55]）。しかしながら，12月8日木曜日22時版においても，依然として幅広いオプションが併記された形のままとなっていた。このように関係各国の間での意見集約が難航する中で，議論の決着は複数案併記のまま翌12月9日金曜日のダーバン会議閉幕予定日に持ち越されることとなった。

第5節　法的拘束力を巡る土壇場の攻防とダーバン合意の成立

第1項　EU・AOSIS諸国・LDC諸国の共同ステイトメントの発表

　ダーバン会議終盤になるとEU提案は大多数の国々から支持を獲得するに至った。そして，こうした支持の広がりを象徴する出来事が，ダーバン会議の最終予定日の12月9日金曜日に発表されたEU，AOSIS諸国，LDC諸国の三者による共同ステイトメントの発表であった[56]。このステイトメントにおいて

は，京都議定書第2約束期間の設定とセットで，法的拘束力のある文書の採択に向けたマンデート（mandate）とロードマップ（roadmap）についての決定を強く迫ったものとなっており，EU の主張に AOSIS 諸国と LDC 諸国が相乗りした形となっている。また，この共同ステイトメントにおいては，法的拘束力のある国際枠組の下，気候変動枠組条約の全ての締約国は，共通だが差異のある責任の原則を尊重して，それぞれの取組についてコミットすべきであると述べられており，共通だが差異のある責任の原則を盾に法的拘束力のある枠組の構築に反対する中国やインドの主張を牽制したものとなっていた。

第2項　議長案の提示と埋まらぬ溝

EU 提案への支持が広がる一方，中国及びインドの2か国が法的拘束力のある包括的な国際枠組の構築に強く反対した。こうした中，ダーバン会議最終予定日の12月9日金曜日中の合意成立を目指し，同日午前8時付けで議長案（表5-2参照）が提示され，これ以降，合意案の取りまとめに向けて，EU と中国・インドが激しい応酬を繰り広げることとなった。[57][58]

この議長案においては，法的拘束力の有無は明確には規定されておらず，EU の主張からはほど遠いものであり，中国やインドの主張に相当配慮したものとなっていた。ただし，具体的なタイムスケジュールに関しては EU の主張を取り入れ，この「法的枠組（legal framework）」についての検討は2015年までに終え，同年の COP21 において採択すべきことが議長案に盛り込まれるとともに，その適用も2020年からと明記された形となっている。この議長案に対し，表現が弱すぎるとの意見が，EU や AOSIS 諸国等から出され，引き続き

■表5-2　Nkoana-Mashabane 議長案（2011年12月9日金曜日午前8時版）（抄）

4．また，気候変動枠組条約の下で2020年から全ての締約国に適用される法的枠組（a legal framework）を作成するためのプロセスを，COP18で新たに設立される XX 特別作業部会を通じて開始することを決定し； 5．（略） 6．XX 特別作業部会は，法的枠組（the legal framework）を COP21（筆者注：2015年の気候変動枠組条約第21回締約国会議）で採択できるよう，その作業をできるだけ早く，遅くとも2015年までに終了することを決定し；

■表5-3　Nkoana-Mashabane 議長案（2011年12月9日金曜日午後11時版）（抄）

> 4．また，気候変動枠組条約の下で全ての締約国に適用される議定書又はその他の法的文書（a protocol or another legal instrument）を作成するためのプロセスを，気候変動枠組条約の下でXX特別作業部会を設立して開始することを決定し；
> 5．（略）
> 6．XX特別作業部会は，法的文書（the legal instrument）をCOP21（筆者注：2015年の気候変動枠組条約第21回締約国会議）で採択できるよう，その作業をできるだけ早く，遅くとも2015年までに終了することを決定し；

INDABAの場で非公式協議が続けられた。

舞台裏での非公式協議を経て，同日午後11時付で提示された改訂議長案（表5-3参照）においては，「法的枠組（a legal framework）」という用語がより強い「議定書又は他の法的文書（a protocol or another legal instrument）」という表現に改められた。これは，1995年の気候変動枠組条約第1回締約国会合で採択され，1997年の京都議定書の採択に向けたマンデートとロードマップを定めたベルリン・マンデートと同じ表現であり，相当強い文言であると認識された。ただし，その採択時期については2015年のCOP21と明記する一方，その発効の時期については「2020年」という年限を削除し，EUが求める2020年までの発効については何ら担保されていない形とされ，中国やインドの主張に一定程度配慮したものとなっていた。この案を巡って翌10日土曜日午前4時までINDABAでの非公式協議が続けられたが合意は成立せず，引き続き非公式協議が土曜日に終日かけて断続的に行われた。

第3項　両AWG閉幕総会での攻防

法的拘束力のある包括的な国際枠組の構築に向けたロードマップに関する議論が紛糾する中，12月10日土曜日の午後7時半，AWG-KP総会が開催され，AWG-KP座長案が提示された。AWG-KPの閉幕総会においては，京都議定書第2約束期間の在り方について数多くの論点について各国の意見が対立したまま残されたが，特に問題とされたのは，京都議定書第2約束期間の長さであった。EUは，京都議定書第2約束期間については，2020年からスタートする新たな法的枠組と整合性を図るため，座長案にある2017年ではなく，2020年

に終了すべきであると主張したが，グレナダ，コロンビア及びガンビアの3か国は，京都議定書に基づく削減目標が依然として低いことに鑑みれば，第2約束期間は8年間ではなく，第1約束期間と同様5年間とすべきであると主張した。この点については合意が成立せず，第2約束期間の終期については括弧書きのままとされた。また，日本は，京都議定書第2約束期間に参加しない国々を明示した脚注を付すべきであると主張し，受け入れられた。数多くの論点について各国の意見が分かれる中，AWG-KP総会においては，第2約束期間の長さについては括弧書きとする修正を加えた上で，座長提案を座長の責任において CMP 総会に提出することとされ，午後9時25分に閉会した。

AWG-KP 閉会に引き続いて，AGW-LCA 総会が直ちに開催され[63]，AWG-LCA の Reifsnyder 座長による座長案[64]が提示された。同座長案は，カンクン合意の実施に関する事項（MRV（測定・報告・検証）の詳細なルールや緑の気候基金の制度設計など）が盛り込まれる一方，法的オプションに関する事項については盛り込まれておらず，別途の Nkoana-Mashabane 議長案の調停案に委ねる形となっていた。また，AWG-LCA 総会においては，京都議定書第2約束期間に参加することを条件に，2020年以降の国際枠組が法的拘束力を有することを求める EU に対して，ベネズエラが，「EU が京都議定書に残ると言っても，目標のレベルが低すぎる。これでは途上国を温暖化の脅威にさらすだけだ」と激しく非難した。これに対して，EU と共同ステイトメントを9日金曜日に発表していた AOSIS 諸国[65]，LDC 諸国は一斉に反発し，EU は他の先進諸国が京都議定書第2約束期間に参加しないといっているにもかかわらず，京都議定書第2約束期間に参加する意思を表明しているとして，EU の姿勢を積極的に擁護する発言を次々と表明した。この AWG-LCA 座長案についても合意が成立せず，AWG-LCA 決定ではなく座長案としてそのまま COP 閉幕総会に送られることとされ，AWG-LCA 総会は，12月10日土曜日午後11時45分に閉会した。

第4項　COP/CMP 合同非公式総会の開会
　　　　：包括的な国際枠組の法的拘束力を巡る攻防

12月11日日曜日午前1時15分，Nkoana-Mashabane 議長は，COP・CMP 合

■表5-4　Nkoana-Mashabane議長案（2011年12月10日土曜日版）（抄）

> 2．また，気候変動枠組条約の下で全ての締約国に適用される議定書，その他の法的文書又は法的成果物（a protocol, another legal instrument or a legal outcome）を作成するためのプロセスを，気候変動枠組条約の下で「強化された行動のためのダーバン・プラットフォーム特別作業部会」を設立して開始することを決定し；
> 3．（略）
> 4．「強化された行動のためのダーバン・プラットフォーム特別作業部会」は，議定書，法的文書又は法的成果物（this protocol, legal instrument or legal outcome）をCOP21（筆者注：2015年の気候変動枠組条約第21回締約国会議）で採択し，2020年から発効させ，実施できるよう，その作業をできるだけ早く，遅くとも2015年までに終了することを決定し；

　同非公式総会を開会し[66]，将来の包括的な国際枠組の採択のスケジュール及びその法的性格に関して新たな調停案[67]（表5-4参照）を提示した。この調停案においては，将来の法的枠組については，「法的成果物（legal outcome）」という弱い表現が追加される一方，新たな法的枠組は2020年から実施に移されるべきことが再度案文に盛り込まれ，将来の法的枠組が法的拘束力を持つものではなくなる余地を残す案となっており，中国やインドに配慮した案となっていた。

　この議長案のうち，法的成果物（legal outcome）との表現の追加については，EUが反発した。EU代表のHedegaard委員は，他の主要先進諸国が京都議定書第2約束期間に参加しない方針でいる中にもかかわらず，EUとして京都議定書第2約束期間に参加する旨を表明している点を強調した上で，2015年までに気候変動枠組条約に基づく議定書その他の法的拘束力のある文書を採択することを求め，議長案ではこの点が担保されないため，より強い表現とすべきである旨主張した。そして，チリ，ノルウェー，コロンビアがEU支持を表明した。

　こうしたEUの主張に対して，最後まで難色を示したのはインドであった。インドは，「先進国と途上国との間の衡平性（equity）」（インドの理解では共通だが差異のある責任の原則を含む。）[68]の文言が挿入されない限り，法的成果物（legal outcome）という弱い表現は残しておく必要があると主張するとともに，議長案は地球温暖化対策の責任を先進国から途上国に移すものであると非難し，決して脅しには屈しないと発言した。また，中国の解振華・国家発展改革委員会副主任は積極的にインドの主張を擁護し，共通だが差異のある責任の重要性を

第5章　ダーバン会議（2011年）の攻防

■表5-5　法的拘束力を巡る文言の変遷

(Nkoana-Mashabane 議長案：12月9日金曜日午前8時版)
— launch a process in order to develop a legal framework applicable to all Parties under the United Nations Framework Convention on Climate Change

(Nkoana-Mashabane 議長案：12月9日金曜日午後11時版)
— launch a process in order to develop a protocol or another legal instrument applicable to all Parties under the United Nations Framework Convention on Climate Change

(Nkoana-Mashabane 議長案：12月10日土曜日版)
— launch a process to develop a protocol, another legal instrument or a legal outcome under the Convention applicable to all Parties

(12月11日日曜日未明に合意が成立した案文)
— launch a process to develop a protocol, another legal instrument or an agreed outcome with legal force under the Convention applicable to all Parties

改めて訴えた上で，テーブルを激しく叩きながら「先進国は削減約束を果たしていない。途上国は国内で十分にグリーン政策を行っている」と主張した[69]。

　こうした中国やインドの主張に対抗する形で，EU 以外の他の国々からも議長案の表現を強めるべきとの意見が次々と表明された。グレナダは，各国は野心的な目標から降りようとしているとして，議定書又は各国に責任を持たす法的文書の採択を求めた。バングラデッシュは，仮に欠点があるとしても，法的拘束力のある包括的な国際枠組と京都議定書第2約束期間をセットにしたパッケージ合意をすべきであると主張した。エルサルバドルも，法的拘束力のある包括的な国際枠組の構築を支持した。米国も京都議定書第2約束期間と気候変動枠組条約の全ての締約国を対象とした法的拘束力のある国際枠組とのパッケージ合意を支持した。特に重要なのは，中国・インドと同じ BASIC グループの一員であるブラジルが，この場で改めて法的拘束力のある包括的な国際枠組の重要性を訴え，我々は京都議定書を生み出したベルリン・マンデート以来の歴史的に最も重要な合意に辿りつく一歩手前まで来ているとして，合意を強く求めたことである。ここに至って，中国及びインドの孤立が鮮明になった。

　こうした状況を踏まえ，12月11日日曜日午前2時55分[70]，Nkoana-Mashabane 議長は会議を中断して，EU とインドとの間で直接話し合うよう提案し，直接対面で向き合う両国の間を各国の代表が取り囲む形で，話し合いが行われた。

最終的には，法的成果物（legal outcome）という用語に代えて，法的効力を有する合意結果（agreed outcome with legal force）という形でより強い表現とする妥協案が提示され，インドとEUがこれを受け入れることとなった。この結果，①将来枠組の検討の場として，気候変動枠組条約の下に新たにダーバン・プラットフォーム特別作業部会を設けて速やかに将来枠組について検討を開始し，②2015年までに検討を終え，気候変動枠組条約の全ての締約国を対象とする新たな「議定書，法的文書又は法的効力を有する合意結果」（a protocol, another legal instrument or an agreed outcome with legal force）を採択し，③2020年から適用することについて合意が成立し，午前3時40分にNkoana-Mashabane議長は合意成立を宣言した[71]。

第5項　閉幕総会の再開

　将来枠組の法的拘束力の取扱いについて合意が成立したことを受け，12月11日日曜日午前4時に京都議定書締約国会合（CMP）閉幕総会が再開された[72]。その場でAWG-KPのMacey座長は，AWG-KPにおいては合意が成立しなかったとして，座長提案について報告した[73]。Macey座長は，各国の間で合意が得られなかった括弧書き部分（ブラケット付の部分）は全て削除することとするものの，京都議定書第2約束期間の長さについては，2017年までの5年間とする案と2020年までの8年間とする案を併記し，この点については翌2012年の京都議定書第8回締約国会合（CMP8）において改めて議論の上で決定することを提案した。各国もこれを支持し，座長案のまま採択され，CMP総会は閉幕した。引き続いて気候変動枠組条約締約国会議（COP）閉幕総会が再開され[74]，AWG-LCAのReifsnyder座長が，カンクン合意の実施細目（MRVの詳細や緑の気候基金の制度設計など）について規定した座長提案について報告し[75]，原案のまま採択された。その後，Nkoana-Mashabane議長が，将来の法的枠組の検討について定めた決定案[76]を包括的な国際枠組を定めた画期的な決定案であるとして紹介をし，そのまま採択された。一連の公式会合が終了し，ダーバン会議が閉会したのは12月11日日曜日午前6時22分であった。

第6項　ダーバン合意の概要

ダーバン会議で採択された一連の気候変動枠組条約締約国会議決定（COP決定）及び京都議定書締約国会合決定（CMP決定）をまとめてダーバン合意と呼ぶこととされている。ダーバン合意の主な柱は，カンクン合意の実施のための一連の決定（COP決定）[77]，2020年以降の包括的な国際枠組構築への道筋（COP決定）[78]，京都議定書第2約束期間に向けた合意（CMP決定）[79]の三本柱からなる。ダーバン合意の特色を一言で言えば，2020年の前と後とで大きく異なる気候変動レジームの枠組について合意したという点である。すなわち，2020年までの気候変動レジームは，全ての締約国を対象としたカンクン合意に基づく自主的な取組と京都議定書第2約束期間の下での一部の先進諸国（EUなど）を対象とした義務的な取組との2つの枠組によるハイブリッド・レジームとされてい

■表5-6　ダーバン合意の概要

●カンクン合意の実施（COP決定）
- 2010年に採択されたカンクン合意に基づき，緑の気候基金の基本設計に合意するとともに，カンクン合意に基づく排出削減目標・排出削減行動を推進するためのMRV（測定・報告・検証）等の仕組みのガイドライン等について合意。

●2020年以降の将来の包括的な国際枠組構築への道筋（COP決定）
- 将来の包括的な国際枠組の構築に関しては，法的文書を作成するための新しいプロセスである「強化された行動のためのダーバン・プラットフォーム特別作業部会」を立ち上げ，可能な限り早く，遅くとも2015年中に作業を終えて，議定書，法的文書又は法的効力を有する合意成果（a protocol, another legal instrument or an agreed outcome with legal force）を2020年から発効させ，実施に移すとの道筋に合意。
- AWG-LCAについては，その任期を1年間延長し，翌年のCOP18にてバリ行動計画の目的を達成するための一連の決定を採択することによりその役割を終えること。

●京都議定書第2約束期間に向けた合意（CMP決定）
- 京都議定書については，第2約束期間を設定するとの方針について合意。
- 京都議定書を批准していない米国に加え，日本，ロシア，カナダの3か国は第2約束期間には参加しないことを明らかにし，そのような立場を明記した成果文書を採択。
- AWG-KPは，第2約束期間に参加する先進国の削減目標の設定をCOP18で行い，その役割を終えること。

出典：日本政府代表団資料掲載のダーバン合意の概要を基に筆者作成。日本政府代表団「気候変動枠組条約第17回締約国会議（COP17）京都議定書第7回締約国会合（CMP7）等の概要」外務省，2011年12月11日，アクセス日：2014年2月1日，http://www.mofa.go.jp/mofaj/gaiko/kankyo/kiko/cop17/gaiyo.html.

るのに対し，2020年以降については，京都議定書に代わる，気候変動枠組条約の全ての締約国を対象とした１つの法的枠組（正確には，「議定書，法的文書または法的効力を有する合意成果（a protocol, another legal instrument or an agreed outcome with legal force）」）の下での取組をスタートさせることに合意したことである（表５-６参照）。

第６節　分　析：主な規範的アイデアの衝突と調整

　本節では，前述のダーバン会議における多国間交渉の展開を規範的アイデアの衝突と調整の観点から分析することとしたい。

第１項　ダーバン会議における主な規範的アイデアの変化・発展

　2010年のカンクン会議を受けた状況の変化のうち，特に重要な点としては次の２点を挙げることができる。第１に，カンクン合意[80]において，AWG-KPにおける検討作業を継続し，第１約束期間と第２約束期間との間に空白期間が生じないよう，その検討結果を可能な限り速やかにCMPにおいて採択するとの方針が決定されたことである。そして，この検討に当たってはAWG-KP座長案[81]を踏まえて検討作業を継続することとされ，同座長案においては全ての主要国を対象とした包括的な議定書の採択と併せて京都議定書第２約束期間を設定するというオプションと，この包括的な議定書の採択にかかわらず（すなわち，この点を条件とせずに）京都議定書第２約束期間を設定するというオプションの２つの案が併記されていた。これを受け，ダーバン会議における議論の焦点は，京都議定書第２約束期間を設定するかしないかではなく，EUが求める法的拘束力のある包括的な国際枠組の構築との関係を含めどのような形で京都議定書第２約束期間を設定するかどうかとなった。第２に，カンクン合意[82]において，AWG-LCAの正式な議題として，気候変動枠組条約第17条に基づく議定書の採択も含め，気候変動枠組条約の下で全ての締約国を対象とした包括的な国際枠組の法的位置づけについて検討することが位置づけられた結果，法的拘束力の是非について議論すること自体を拒否することが困難な状況が生まれたことである。

■図5-1　ダーバン会議で提唱された主な規範的アイデアの対立構造

（図：縦軸上「包括的な国際枠組は法的拘束力のない自主的なものとすべき（途上国への義務付けに反対）」、縦軸下「包括的な国際枠組に法的拘束力を持たすべき（途上国にも排出削減を義務付けるべき）」、横軸左「京都議定書第2約束期間を設定すべき」、横軸右「京都議定書第2約束期間設定に反対」。

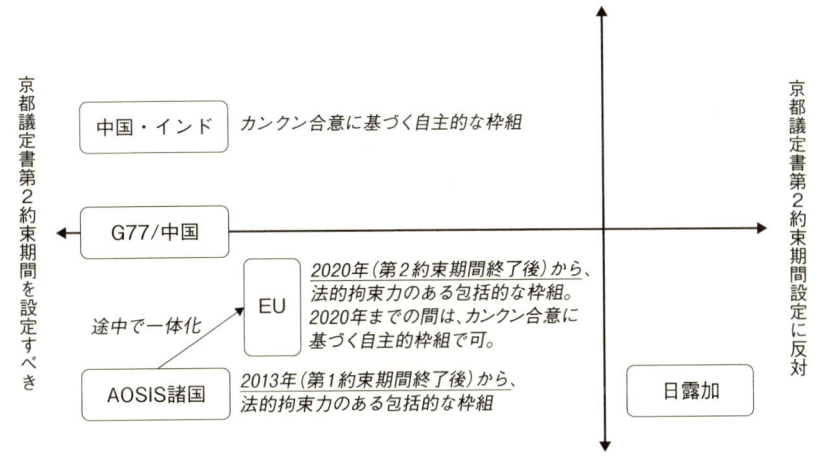

左上：中国・インド「カンクン合意に基づく自主的な枠組」
左中：G77/中国
中央：EU「2020年（第2約束期間終了後）から、法的拘束力のある包括的な枠組。2020年までの間は、カンクン合意に基づく自主的枠組で可。」
左下：AOSIS諸国「2013年（第1約束期間終了後）から、法的拘束力のある包括的な枠組」（EUとAOSISは「途中で一体化」）
右下：日露加）

　こうした状況の変化に対応して最も大きな変化・発展を遂げたのがEUが提唱した規範的アイデアであった。そしてダーバン会議の終盤になるとAOSIS諸国の規範的アイデアがこのEUの規範的アイデアに相乗りしていく結果となった。また，G77/中国の規範的アイデアも，京都議定書第2約束期間の設定を強く求める点では変わりはないものの，グループ全体としてみれば，法的拘束力のある包括的な国際枠組の構築を許容するものへと変化・発展を遂げることとなった。一方，カンクン会議のときから内容面で基本的に変化・発展しなかったのが，中国・インドの規範的アイデアと日露加の規範的アイデアであった。（図5-1参照）

　なお，第3章及び第4章で主な規範的アイデアの1つとして分析の対象として取り上げた米国の規範的アイデアは，ダーバン会議で政治的争点となった2つの主要論点（京都議定書第2約束期間の設定と法的拘束力のある包括的な国際枠組の構築）については基本的には中立的な立場に立つものであった。また，米国の規範的アイデアの中核的要素である全ての主要国を対象とした包括的な国際

枠組の構築と各国の取組の国際的なレビューのための仕組み（MRV（測定・報告・検証）など）の構築についてはカンクン合意という形で気候変動レジームの一要素として制度化されていた。この結果，ダーバン会議においては，米国は主な規範的アイデア提唱国としての立場からは卒業することとなったと考えられるため，米国の規範的アイデアは本節で取り上げないこととしたい。

(1) EUの規範的アイデア：他の規範的アイデアの一部取り込み

EUは，その規範的アイデアの中核的要素（全ての主要国を対象とした法的拘束力のある包括的な国際枠組の構築）は堅持しつつ，2020年までの期間限定で京都議定書第2約束期間の設定を前提条件付きで受け入れるとの方針を表明するとともに，その前提条件として，全ての主要国を対象とした法的拘束力のある包括的な国際枠組の構築に向けた具体的なロードマップの採択を要求するとの形で，その規範的アイデアに修正を加えた。具体的には，カンクン会議の際にEUが提唱した規範的アイデアは，京都議定書第2約束期間の設定と同時に法的拘束力のある包括的な国際枠組の構築を求めるものとなっていたが，ダーバン会議においてEUが提唱した規範的アイデアは，この2つの時間軸をずらし，法的拘束力のある包括的な国際枠組の開始については将来へ先送りすることとし2020年からスタートすることとするとともに，それまでの間は，暫定的な措置として，京都議定書第2約束期間に基づく取組とカンクン合意に基づく自主的な取組とのハイブリッド・レジームとすることを許容するものへと大きく変化・発展したのである。このEUの新たな規範的アイデアは，京都議定書第2約束期間の設定を受け入れるという点においてカンクン会議での途上諸国の規範的アイデアの主要部分を取り入れるとともに，法的拘束力のある包括的な国際枠組の構築に向けた議論のプロセスを提案するという点においてカンクン会議でのAOSIS諸国の規範的アイデアを一部取り込み，さらに法的拘束力のある国際枠組の発効を2020年までの将来に先延ばしすることにより，2020年までの間は，京都議定書第2約束期間の下でのEU等の一部の先進諸国の義務的な取組とカンクン合意に基づく全ての主要国の参加による自主的な枠組とのハイブリッド・レジームとすることを許容し，その点において少なくとも2020年までの間のポスト京都議定書の国際枠組については，途上諸国の取組の自主性を強調する中国やインドの規範的アイデアの要素を一部取り込んだものと

なっていた。そして，2020年以降については，EUの規範的アイデアは，京都議定書とカンクン合意のハイブリッド・レジームに代えて，法的拘束力のある包括的な1つの国際枠組に移行することを主眼とするものとなっていた。

(2) 日露加（特に日本）の規範的アイデア

日本，ロシア，カナダ（特に日本）の規範的アイデアは，京都議定書第2約束期間の設定に反対という点に関しては常に一貫していたが，カンクン合意の結果，京都議定書第2約束期間設定に向けた大きな流れが生じていく中で，その主張の仕方に変化がみられた。すなわち日露加は，京都議定書第2約束期間設定に反対との主張を前面に出すのではなく，京都議定書第2約束期間設定は意味がないため自らは参加しないと主張する一方，特に日本は，カンクン合意をベースに全ての主要国が参加する法的拘束力のある包括的な国際枠組を構築すべきであるとの議論を展開することとなった。

(3) G77/中国の規範的アイデア

日露加の規範的アイデアと対照をなしたのがG77/中国の規範的アイデアであった。京都議定書第2約束期間の設定に関しては，G77/中国の主張はコペンハーゲン会議，カンクン会議，そしてダーバン会議と常に一貫しており，ダーバン会議においてもG77/中国は，京都議定書第2約束期間の設定を強く求めた。なお，カンクン会議においては，G77/中国グループ全体としての規範的アイデアは，法的拘束力のある包括的な国際枠組の構築に対して積極的に反対しないというものであったが，ダーバン会議においては，法的拘束力のある包括的な国際枠組の構築を許容する規範的アイデアへと変化・発展することとなった。ただし，G77/中国内の個別の国々やサブ・グループ単位でみると，法的拘束力のある包括的な国際枠組の構築を強く求めるサブ・グループ（AOSIS諸国）と，これに強く反対する国々（中国・インド）の両極端の主張が混在していた。

(4) 中国・インドの規範的アイデア

中国やインドが提唱する規範的アイデアについては，カンクン会議以降，大きな変化は認められなかったが，他の途上諸国と比べ，その独自性が際立つものとなっていた。中国やインドは，京都議定書第2約束期間の設定を強く主張する一方，新興諸国を始めとする途上諸国の排出削減の取組は，共通だが差異

のある責任の原則を踏まえれば，法的義務付けの対象とすることは不適当であり，あくまでも自主的なものとして位置づけるべきであると主張したのである。ただし，ここで注意すべき点は，中国，インド，ブラジル及び南アフリカの4か国の新興諸国からなるBASIC諸国としては，その提唱する規範的アイデアが明確に2つに分裂したことである。すなわち，ダーバン会議の議長国である南アフリカは，将来の法的拘束力のある包括的な国際枠組の構築を受け入れる用意がある旨を表明し，同じくブラジルも将来の法的拘束力のある枠組については受け入れる用意がある旨を表明した。この結果，中国及びインドがもっとも強硬なスタンスをとるという構図が出来上がることとなった。

(5) AOSIS諸国の規範的アイデア：EUの規範的アイデアとの一体化

EUに次いで大きく変化・発展したのはAOSIS諸国の規範的アイデアであった。AOSIS諸国の規範的アイデアにおいては，ダーバン会議開催当初は，京都議定書第2約束期間の設定を求めるとともに，京都議定書第2約束期間と同じ時期，すなわち2013年から法的拘束力のある包括的な国際枠組をスタートすべきであるというものであった。そして，コペンハーゲン会議，そしてカンクン会議と続く一連の多国間交渉の過程において2013年以降の法的拘束力のある包括的な国際枠組の構築が困難であることが明らかになる一方，将来における法的拘束力のある包括的な国際枠組の構築に向けた交渉プロセスに関するAOSIS諸国のカンクン会議の際の提案については，大多数の国々の支持が得られることが明らかになった。こうした中で，カンクン会議におけるAOSIS諸国の規範的アイデアの一部を取り入れる形で，EUが2020年までに法的拘束力のある包括的な国際枠組を構築するためのロードマップを提案するに及び，AOSIS諸国の規範的アイデアはEUの規範的アイデアに相乗り・一体化する形となった。そして，EUの規範的アイデアへの相乗りは，前述のようにダーバン会議最終日に発出されたEU, AOSIS諸国，そしてLDC諸国の連盟による共同声明[83]という形で結実することとなった。

第2項　ダーバン会議における主な規範的アイデアの優劣

(1) G77/中国の規範的アイデアが議論の土台に

ダーバン会議の冒頭においては，京都議定書第2約束期間の設定が最大の争

点の1つとして認識されていた。そして，ダーバン会議において京都議定書第2約束期間の設定について合意が成立しないのではないかとの危機感を背景に，会議冒頭からG77/中国グループ諸国や同グループのサブ・グループから京都議定書第2約束期間設定を求める声が相次いだ。こうした途上諸国の主張に対して先進諸国側からは，京都議定書第2約束期間の設定を阻止しようとする動きはみられなかった。例えば，京都議定書の締約国でない米国は，京都議定書第2約束期間の設定については従来から中立的なスタンスであり，カンクン会議において京都議定書第2約束期間の設定に反対していた日本，ロシア，カナダの3か国は，ダーバン会議においてはその主張の重点を，京都議定書第2約束期間に参加しないという点に移していた。またEUは，条件付きながらも京都議定書第2約束期間の設定を受け入れる用意があるとのスタンスを明確にしていた。このように京都議定書第2約束期間の設定に向けた交渉の流れが出来上がっており，京都議定書第2約束期間を設定すべきというG77/中国の規範的アイデアが，議論の土台とされたと評価することができる。

(2) EUの規範的アイデアへの圧倒的な支持の広がり

ダーバン会議後半における最大の争点は，全ての主要国を対象とした法的拘束力のある包括的な国際枠組を2020年以降新たにスタートさせることとするかどうかという点であり，主としてEUが提唱する規範的アイデアと中国やインドが提唱する規範的アイデアの2つの規範的アイデアの衝突と調整を中心に交渉が展開した。そして，会議が進展するにつれ多くの国々がEUの規範的アイデアに相乗りしていった。特に顕著なのは，気候変動の深刻な影響を被りつつあるAOSIS諸国及びLDC諸国の動きであり，会議の終盤の2012年12月9日金曜日にはEUと共同ステイトメント[84]を発表するに至り，これらの国々の規範的アイデアはEUの規範的アイデアと一体化することとなった。

また，AOSIS諸国やLDC諸国のみならず，他の途上諸国もEUの規範的アイデアへの積極的な支持に回った点も重要なポイントである。例えば中国やインドと同じくBASIC諸国に属するブラジル及び南アフリカもダーバン会議終盤になると積極的にEUの規範的アイデアの支持に回った。また，その他の途上諸国もダーバン会議終盤になると，京都議定書第2約束期間とセットという条件付きで，将来の法的拘束力のある新たな国際枠組の構築を支持し，EUの

規範的アイデアを積極的に支持するに至った。

　また，他の先進諸国もEUの規範的アイデアに相乗りすることとなった。例えば，日本の規範的アイデアの主要な要素は，京都議定書第2約束期間の設定反対と，京都議定書第1約束期間終了後（すなわち2013年以降）速やかに法的拘束力のある国際枠組を構築すべきというものであり，京都議定書第2約束期間の設定を許容するEUの規範的アイデアと必ずしも整合するものではなかった。しかしながら，法的拘束力のある包括的な国際枠組の構築に関しては，日本も積極的にEUの規範的アイデアを支持した[85]。また，米国も12月8日の記者会見においてEUの規範的アイデアへの支持を明確に表明した[86]。このように先進諸国，途上諸国の垣根を越えた広範な支持をEUの規範的アイデアは獲得するに至り，他の規範的アイデアに対して圧倒的に優越的な地位に立つこととなった。

(3) **中国・インドの規範的アイデアの対抗力**
　ダーバン会議を通してEUの規範的アイデアが主導的影響力を発揮する中で，会議終盤までEUの規範的アイデアを拒否し，対抗的規範的アイデアとして一定の影響力を発揮し続けたのが中国・インドが提唱した規範的アイデアであった。中国・インドの規範的アイデアの主たる要素は，共通だが差異のある責任の原則にのっとり，法的削減義務は当面は先進諸国のみが負うべきであり，新興国を含む途上諸国の排出削減の取組はあくまでも自主的なものにとどまるべきであるとするものであった。そしてこうした考え方の下，中国・インドは，①京都議定書第2約束期間の設定を先進諸国に迫るとともに，②新興国を含む途上諸国については，当面はカンクン合意に基づく自主的な排出削減の取組をベースとすべきであり，法的拘束力のある包括的な国際枠組の構築については反対であるとの立場をとっていた。こうした中国・インドの規範的アイデアを積極的に支持する国々は，ALBA諸国など一部の国々にとどまった。

　しかしながら，中国・インドが主張した規範的アイデアは，ダーバン会議の終盤に至るまで大きな影響力を発揮し続け，EUの規範的アイデアをベースとする合意成立を阻み続けたという点で注目に値する。EUを始めとする各国は，多数派形成による圧力をもってしても，この中国・インドの規範的アイデアを抑えることはできなかった。この結果，ダーバン合意においては，2020年

以降の包括的な国際枠組について，法的拘束力のあるものとすることを明確に盛り込むことができなかった。

(4) 日露加（特に日本）の規範的アイデアの部分的な影響力

一方，日本，ロシア，カナダの３か国（特に日本）の規範的アイデアの影響力は，限定的なものにとどまった。特に日本が提唱した規範的アイデアの主要な要素は，①京都議定書第２約束期間の設定反対，②全ての主要国を対象とした法的拘束力のある包括的な国際枠組の構築の２点である。このうち，②の点に関しては，EUの規範的アイデアと共通する部分であり，日露加の規範的アイデア独自の影響力を観察することができるとすれば，①の京都議定書第２約束期間設定反対に関する部分であるが，日露加の規範的アイデアは，京都議定書第２約束期間設定に向けた大きな流れを変えるには至らなかった。ただし，日露加の３か国が京都議定書第２約束期間に参加しないことを注釈という形でダーバン合意に明記させることに成功しており[87]，そうした点については部分的に影響力を発揮したといえる。

第３項 ま と め

2011年のダーバン会議（COP17・CMP7）においては，2009年のコペンハーゲン会議（COP15・CMP5），2010年のカンクン会議（COP16・CMP6）とこれまで先送りにされてきた２つの論点，すなわち法的拘束力のある包括的な国際枠組の構築と京都議定書第２約束期間の設定を巡って，特にEUの規範的アイデアと中国・インドの規範的アイデアが正面から衝突し，ハイレベルでの調整が図られることとなった。こうした中で，会議冒頭から圧倒的な支持を獲得し，大多数の国々の間で共有され，京都議定書第２約束期間に関して議論の土台とされたのがG77/中国の規範的アイデアであった。一方，ダーバン会議冒頭では必ずしも多くの国々の支持を得てはいなかったものの，議論の進展に伴い支持を拡大し，主導的な影響力を発揮するに至ったのがEUの規範的アイデアであった。そして，ダーバン合意の取りまとめに当たって，このEUの規範的アイデアに対する対抗的な規範的アイデアとして会議終盤まで存在感を示し続けたのが中国・インドの規範的アイデアであった。

本章を通じて浮かび上がった主な検討課題は次の３点である。第１点目は，

京都議定書第 2 約束期間を設定すべきという G77/ 中国の規範的アイデアが，ダーバン会議の冒頭の段階からなぜ圧倒的な支持を獲得することができ，京都議定書第 2 約束期間の設定に反対という日露加の規範的アイデアが G77/ 中国の規範的アイデアに対抗し得なかったのかという点である。第 2 点目は，なぜ EU の規範的アイデアが圧倒的な支持を獲得できたのかである。カンクン会議前半の段階では EU の規範的アイデアを支持する国々は少数にとどまったものの，会議終盤になると圧倒的多数の国々が EU の規範的アイデアを支持するようになった。これはなぜなのであろうか。第 3 点目の検討課題は，EU の規範的アイデアへの圧倒的な支持の広がりにもかかわらず，なぜ中国やインドの規範的アイデアが，ダーバン会議の土壇場の段階まで EU の規範的アイデアに抵抗できたのであろうか。これらの点については，次章においてさらに分析することとしたい。

---

1) *Earth Negotiations Bulletin* 12, no. 523 (November 28, 2011), 2.
2) *Earth Negotiations Bulletin* 12, no. 521 (October 10, 2011), 14.
3) ロシアは2010年12月 8 日に，日本は同年12月10日に，カナダは翌2011年 6 月 8 日に，気候変動枠組条約事務局に対して，京都議定書第 2 約束期間に参加する意思のない旨の方針を伝えている。*Outcome of the Work of the Ad Hoc Working Group on Further Commitments for Annex I Parties under the Kyoto Protocol at Its Sixteenth Session*, Decision 1/CMP.7 (FCCC/KP/CMP/2011/10/Add.1, March 15, 2012), 7nn*p-r*.
4) IEA のデータを基に筆者集計。IEA, *CO_2 Emissions from Fuel Combustion: Highlights*, 2011 ed. (Paris: IEA, 2011), 46.
5) David Ljunggren, "Canada Won't Confirm It's Pulling out of Kyoto," *Reuters*, November 28, 2011, accessed January 2, 2014, http://www.reuters.com/article/2011/11/28/us-carbon-canada-kyoto-idUSTRE7AR1MO20111128;「京都議定書カナダ脱退か」『日本經濟新聞』2011年11月29日夕刊 2 面縮刷版1510。なお，カナダ政府は，ダーバン会議終了後の2011年12月15日に京都議定書からの脱退を正式に気候変動枠組条約事務局に通知した。"Status of Ratification of the Kyoto Protocol," UNFCCC, accessed January 2, 2014, http://unfccc.int/kyoto_protocol/background/items/6603.php.
6) 米国は京都議定書に批准しておらず，当初から京都議定書の締約国ではない。
7) *Earth Negotiations Bulletin* 12, no. 524 (November 29, 2011), 2.
8) Council of the European Union, *Preparations for the 17th Session of the Conference of the Parties (COP 17) to the United Nations Framework Convention on Climate Change (UNFCCC) and the 7th Session of the Meeting of the Parties to the Kyoto Protocol (CMP 7) (Durban, South Africa, 28 November - 9 December 2011): Council Conclusions* (3118th ENVIRONMENT Council Meeting, Luxembourg, October 10, 2011).
9) *Earth Negotiations Bulletin* 12, no. 524 (November 29, 2011), 1.

第 5 章　ダーバン会議（2011年）の攻防

10) Ibid., 1-2.
11) *The Cancun Agreements: Outcome of the Work of the Ad Hoc Working Group on Further Commitments for Annex I Parties under the Kyoto Protocol at Its Fifteenth Session*, Decision 1/CMP.6（FCCC/KP/CMP/2010/12/Add.1, March 15, 2011), para. 1.
12) 2011年11月28日月曜日ダーバン会議初日の COP 開幕総会及び CMP 開幕総会における EU のステイトメントの全文については，Council of the European Union, *United Nations Framework Convention on Climate Change (UNFCCC): 17th Session of the Conference of the Parties (COP 17), 7th Session of the Conference of the Parties Serving as the Meeting of the Parties to the Kyoto Protocol (CMP 7), 35th Session of the Subsidiary Body for Implementation (SBI 35) and of the Subsidiary Body for Scientific and Technological Advice (SBSTA 35), 16th Session of the Ad Hoc Working Group on Further Commitments for Annex I Parties under the Kyoto Protocol (AWG-KP 16) and 14th Session of the Ad Hoc Working Group on Long-Term Cooperative Action under the Convention (AWG-LCA 14) (Durban, 28 November – 9 December 2011): Compilation of EU Statements*, 18654/11 (Brussels: Council of the European Union, 16 December 2011), 3-6, accessed January 2, 2014, http://register.consilium.europa.eu/doc/srv?l=EN&t=PDF&gc=true&sc=false&f=ST%2018654%202011%20INIT&r=http%3A%2F%2Fregister.consilium.europa.eu%2Fpd%2Fen%2F11%2Fst18%2Fst18654.en11.pdf.
13) IPCC, *Climate Change 2007: Synthesis Report* (Geneva: IPCC, 2007).
14) *The Cancun Agreements: Outcome of the Work of the Ad Hoc Working Group on Long-Term Cooperative Action under the Convention*, Decision 1/CP.16（FCCC/CP/2010/7/Add.1, March 15, 2011), para. 4.
15) "Press Briefing: 17th Session of the Conference of the Parties to the UN Framework Convention on Climate Change," U.S. Department of State, November 28, 2011, accessed January 21, 2012, http://www.state.gov/e/oes/rls/remarks/2011/177803.htm.
16) *Earth Negotiations Bulletin* 12, no. 525 (November 30, 2011), 1-2.
17) コンタクト・グループ（contact group）とは，コンセンサス形成に向けて集中的に議論を行うために設置される非公式の議論の場のこと。Ronald A. Walker and Brook Boyer, *A Glossary of Terms for UN Delegates* (Geneva: United Nations Institute for Training and Research, 2005), 40.
18) *Earth Negotiations Bulletin* 12, no. 525 (November 30, 2011), 2-3.
19) UNEP, *Bridging the Emissions Gap: A UNEP Synthesis Report* (Nairobi: UNEP, 2011). UNEPの同報告書においては，カンクン合意に盛り込まれた1.5℃／2℃未満に地球全体の平均気温上昇を抑えるという目標の達成に必要な温室効果ガスの排出削減を実現するためには，カンクン合意に基づき各国が提出した排出削減目標の達成だけでは不十分であり，必要な削減量と実際の削減量のギャップは60億トン CO_2-eq から120億トン CO_2-eq になると推計されている（なお，2010年の世界全体の温室効果ガス排出量は約300億 CO_2-eq とされている）。
20) *Earth Negotiations Bulletin* 12, no. 525 (November 30, 2011), 1.
21) "Statement on Behalf of the Group of 77 and China by H.E. Ambassador Silvia Merega, Head of Delegation of the Argentine Republic, at the Opening Plenary of the Fourteenth Session of the Ad Hoc Working Group on Long-Term Cooperative Action under the Convention (AWG-LCA 14, 4ht Part) (Durban, South Africa, 29 November 2011)," The

155

Group of 77, accessed January 23, 2012, http://www.g77.org/statement/getstatement.php?id=111129b.
22) *Earth Negotiations Bulletin* 12, no. 527 (December 2, 2011), 1-2.
23) *Amalgamation of Draft Texts in Preparation of a Comprehensive and Balanced Outcome to Be Presented to the Conference of the Parties for Adoption at Its Seventeenth Session: Note by the Chair* (FCCC/AWGLCA/2011/CRP.37, December 3, 2011); *Amalgamation of Draft Texts in Preparation of a Comprehensive and Balanced Outcome to Be Presented to the Conference of the Parties for Adoption at Its Seventeenth Session: Note by the Chair: Addendum* (UCCC/AWGLCA/2011/CRP.37/Add.1, December 3, 2011).
24) *Earth Negotiations Bulletin* 12, no. 529 (December 5, 2011), 3.
25) *Amalgamation of Draft Texts in Preparation of a Comprehensive and Balanced Outcome to Be Presented to the Conference of the Parties for Adoption at Its Seventeenth Session: Note by the Chair* (FCCC/AWGLCA/2011/CRP.37, December 3, 2011), 78.
26) *Earth Negotiations Bulletin* 12, no. 530 (December 6, 2011), 1-2.
27) *Earth Negotiations Bulletin* 12, no. 531 (December 7, 2011), 2.
28) *Update of the Amalgamation of Draft Texts in Preparation of a Comprehensive and Balanced Outcome to Be Presented to the Conference of the Parties for Adoption at Its Seventeenth Session: Note by the Chair* (FCCC/AWGLCA/2011/CRP.38, December 7, 2011).
29) *Earth Negotiations Bulletin* 12, no. 532 (December 8, 2011), 1.
30) European Union, "Press Briefing," UNFCCC Webcast site, Windows Media Player video file, December 5, 2011, accessed January 2, 2014, http://unfccc4.meta-fusion.com/kongresse/cop17/templ/play.php?id_kongresssession=4382&theme=unfccc.
31) "Statement at the Opening of the High-Level Segment of COP17 by Connie Hedegaard, European Commissioner for Climate Action," UNFCCC, December 6, 2011, accessed January 3, 2014, http://unfccc.int/files/meetings/durban_nov_2011/statements/application/pdf/111206_cop17_hls_european_union.pdf.
32) "Statement by Minister of the Enviornment, Japan, Goshi Hosono," UNFCCC, December 7, 2011, accessed November 29, 2013, http://unfccc.int/files/meetings/durban_nov_2011/statements/application/pdf/111207_cop17_hls_japan.pdf.
33) "Statement of the Advisor to the President of the Russian Federation, Spescial Representative of the President of the Russian Federation on Climate Change, Mr. Alexander Bedritskiy, to the 17th Conference of the Parteis to the UNFCCC/7th Meeting of the Parties fo the Kyoto Protocol," UNFCCC, December 8, 2011, accessed November 29, 2013, http://unfccc.int/files/meetings/durban_nov_2011/statements/application/pdf/111208_cop17_hls_russia.pdf.
34) "Statement on Behalf of the Group of 77 and China by H.E. Ambassador Mr. Alberto Pedro D'alotto, Vice Minister of Foreign Affairs of Argentina, at the Joint High-Level Segment of the Seventeenth Session of the Conference of the Parties of the Climate Change Convention and the Seventh Session of the Conference of the Parties Serving as the Metting of the Parties to the Kyoto Protocol (COP 17/CMP 7) (Durban, South Africa, 6 December 2011)," accessed November 29, 2013, http://unfccc.int/files/meetings/durban_nov_2011/statements/application/pdf/111206_cop17_hls_argentina_behalf_g77_china.pdf.
35) "Statement Delivered by Grenada on Behalf of the Alliance of Small Island States (AO-

第 5 章　ダーバン会議（2011 年）の攻防

　　　SIS), High-Level Segment of the COP and CMP, Durban, South Africa, 6 December 2011," UNFCCC, accessed November 29, 2013, http://unfccc.int/files/meetings/durban_nov_2011/statements/application/pdf/111206_cop17_hls_grenada_behalf_alliance_small_island_states.pdf.
36) "Statement by Hon. Jato S. Sillah, Minster, Ministry of Forestry and the Environment, the Gambia on Behalf of the Least Developed Countries, at the High Level Segment of the 17th session of the Conference of Parties of the UNFCCC and 7th Session of the Meeting of Parties to the Kyoto Protocol (CMP 6), Durban, South Africa," UNFCCC, December 6, 2011, accessed November 29, 2013, http://unfccc.int/files/meetings/durban_nov_2011/statements/application/pdf/111206_cop17_hls_gambia_behalf_least_developed_countries.pdf.
37) "Statement of Minister of the Environment of Brazil, Dr. Izabella Teixeira", UNFCCC, December 8, 2011, accessed November 29, 2013, http://unfccc.int/files/meetings/durban_nov_2011/statements/application/pdf/111208_cop17_hls_brazil.pdf.
38) "Statement by Minister Edna Molewa, Minsiter of Water and Environmental Affairs, South Africa – at the COP 17/CMP 7, High Level Segment on 7 December 2011," UNFCCC, accessed November 29, 2013, http://unfccc.int/files/meetings/durban_nov_2011/statements/application/pdf/111207_cop17_hls_south_africa.pdf.
39) "Statement of Minsiter Xie Zhenjua of China," UNFCCC, December 7, 2014, accessed November 29, 2013, http://unfccc.int/files/meetings/durban_nov_2011/statements/application/pdf/111207_cop17_hls_china.pdf.
40) "Statement by Ms. Jayanthi Natarajan, Minsiter of Environment & Forests, Government of India, High Level Segment, 17th Conference of Patries (COP 17), Durban (December 7, 2011)," UNFCCC, accessed November 29, 2013, http://unfccc.int/files/meetings/durban_nov_2011/statements/application/pdf/111207_cop17_hls_india.pdf.
41) "U.S. Statement at COP 17," U.S. Department of State, accessed January 3, 2014, http://www.state.gov/e/oes/rls/remarks/2011/178458.htm.
42) "Durban Climate Change Conference – November 2011, Press Briefing, Durban, South Africa, 05 December 2011, Head of Chinese Delegation, Minister XIE Zhenhua," UNFCCC Web site, Windows Media Player video file, accessed January 27, 2012, http://unfccc4.meta-fusion.com/kongresse/cop17/templ/play.php?id_kongresssession=4390&theme=unfccc.
43) "Press Briefing: 17th Session of the Conference of the Parties to the UN Framework Convention on Climate Change," U.S. Department of State, December 6, 2011, accessed January 3, 2014, http://www.state.gov/e/oes/rls/remarks/2011/178316.htm.
44) "Press Briefing: 17th Session of the Conference of the Parties to the UN Framework Convention on Climate Change," U.S. Department of State, December 8, 2011, accessed January 27, 2012, http://www.state.gov/e/oes/rls/remarks/2011/178451.htm.
45) *Earth Negotiations Bulletin* 12, no. 531 (December 7, 2011), 1-2.
46) Ibid., 2.
47) *Update of the Amalgamation of Draft Texts in Preparation of a Comprehensive and Balanced Outcome to Be Presented to the Conference of the Parties for Adoption at Its Seventeenth Session: Note by the Chair* (FCCC/AWGLCA/2011/CRP.38, December 7, 2011),

81-82.
48) *Earth Negotiations Bulletin* 12, no. 532 (December 8, 2011), 1.
49) *Earth Negotiations Bulletin* 12, no. 534 (December 13, 2011), 29-30.
50) *Earth Negotiations Bulletin* 12, no. 531 (December 7, 2011), 2.
51) "INDABA: The Bigger Picture," UNFCCC, 14:25, December 6, 2011, accessed January 3, 2014, http://unfccc.int/files/meetings/durban_nov_2011/application/pdf/indaba_4_-_enriched_bullets_-_061211.pdf.
52) "INDABA: The Bigger Picture," UNFCCC, December 7, 2011, accessed January 3, 2014, http://unfccc.int/files/meetings/durban_nov_2011/application/pdf/indaba_4_-_enriched_bullets_-_071211.pdf.
53) "INDABA: The Bigger Picture," UNFCCC, December 8, 2011, accessed January 3, 2014, http://unfccc.int/files/meetings/durban_nov_2011/application/pdf/indaba__-_enriched_bullets_-_08122011_-final.pdf.
54) "INDABA: The Bigger Picture," UNFCCC, Thursday, 16:00, December 8, 2011, accessed January 3, 2014, http://unfccc.int/files/meetings/durban_nov_2011/application/pdf/revised_indaba__-_enriched_bullets_-_08122011_-final.pdf.
55) "INDABA: The Bigger Picture," UNFCCC, 22:00, December 8, 2011, accessed January 3, 2014, http://unfccc.int/files/meetings/durban_nov_2011/application/pdf/2200_text_-_8122011-indaba.pdf.
56) "Common Statement by the European Union, Least Developed Countries and the Association of Small Island States," European Union, December 9, 2011, accessed January 3, 2014,
 http://ec.europa.eu/commission_2010-2014/hedegaard/headlines/news/2011-12-09_01_en.htm.
57) "Chair's Proposal: INDABA: The Bigger Picture," UNFCCC, 8:00, December 9, 2011, accessed January 3, 2014, http://unfccc.int/files/meetings/durban_nov_2011/application/pdf/materials_indaba_9_dec_document_1.pdf.
58) *Earth Negotiations Bulletin* 12, no. 534 (December 13, 2011), 29-30; WWFジャパン「気候変動枠組条約第17回締約国会合及び京都議定書第7回締約国会合報告（COP17・COP/MOP7ダーバン会議報告）」WWFジャパン，2012年1月10日，アクセス日：2014年1月3日, http://www.wwf.or.jp/activities/upfiles/20120110_douban_report_wwfjapan.pdf.; 加納雄大（元外務省国際協力局気候変動課長）『環境外交：気候変動交渉とグローバル・ガバナンス』（信山社, 2013），158-60
59) "Chair's Proposal: INDABA: The Bigger Picture," UNFCCC, 23:00, December 9, 2011, accessed January 3, 2014, https://unfccc.int/files/meetings/durban_nov_2011/application/pdf/2325_text-_9122011-indaba.pdf.
60) *The Berlin Mandate: Review of the Adequacy of Article 4, Paragraph 2(a) and (b), of the Convention, Including Proposals Related to a Protocol and Decisions on Follow-Up*, Decision 1/CP.1 (FCCC/CP/1995/7/Add.1, June 6, 1995).
61) *Earth Negotiations Bulletin* 12, no. 534 (December 13, 2011), 25-26.
62) *Consideration of Further Commitments for Annex I Parties under the Kyoto Protocol: Draft Conclusions Proposed by the Chair* (FCCC/KP/AWG/2011/L.3 and Adds.1-5, December 10, 2011).

63) *Earth Negotiations Bulletin* 12, no. 534 (December 13, 2011), 26-27.
64) *Outcome of the Work of the Ad Hoc Working Group on Long-Term Cooperative Action under the Convention to Be Presented to the Conference of the Parties for Adoption at Its Seventeenth Session: Draft Conclusions Proposed by the Chair*（FCCC/AWGLCA/2011/L.4, December 9, 2011）.
65) ＷＷＦジャパン「気候変動枠組条約第17回締約国会合及び京都議定書第7回締約国合報告（COP17・COP/MOP7 ダーバン会議報告）」ＷＷＦ ジャパン，2012年1月10日，アクセス日：2014年1月3日，http://www.wwf.or.jp/activities/upfiles/20120110_douban_report_wwfjapan.pdf.
66) *Earth Negotiations Bulletin* 12, no. 534 (December 13, 2011), 27.
67) *Establishment of an Ad Hoc Working Group on the Durban Platform for Enhanced Action: Proposal by the President*, Draft Decision -/CP.17（FCCC/CP/2011/L.10, December 10, 2011）.
68) なお，インドは，共通だが差異のある原則ではなく衡平の原則に度々言及しているが，インドのステイトメントにおいても述べられているように，インドは共通だが差異のある責任の原則を含む原則として衡平の原則の概念を用いている。"Statement by Ms. Jayanthi Natarajan, Minsiter of Environment & Forests, Government of India, High Level Segment, 17th Conference of Patries (COP 17), Durban (December 7, 2011)," UNFCCC, accessed November 29, 2013, http://unfccc.int/files/meetings/durban_nov_2011/statements/application/pdf/111207_cop17_hls_india.pdf.
69) ＷＷＦジャパン「気候変動枠組条約第17回締約国会合及び京都議定書第7回締約国会合報告（COP17・COP/MOP7 ダーバン会議報告）」ＷＷＦ ジャパン，2012年1月10日，アクセス日：2014年1月3日，http://www.wwf.or.jp/activities/upfiles/20120110_douban_report_wwfjapan.pdf; *Earth Negotiations Bulletin* 12, no. 534 (December 13, 2011), 27.
70) "Recent COP17/CMP7 Updates, 11 December," IISD, accessed August 28, 2015, http://www.iisd.ca/climate/cop17/10-11december.html.
71) Ibid.
72) *Earth Negotiations Bulletin* 12, no. 534 (December 13, 2011), 27.
73) *Consideration of Further Commitments for Annex I Parties under the Kyoto Protocol: Draft Decision; Proposed by the Chair*, Draft Decision -/CMP.7（FCCC/KP/AWG/2011/L.3/Add.6, December 10, 2011）.
74) *Earth Negotiations Bulletin* 12, no. 534 (December 13, 2011), 27-28.
75) *Outcome of the Work of the Ad Hoc Working Group on Long-Term Cooperative Action under the Convention to Be Presented to the Conference of the Parties for Adoption at Its Seventeenth Session: Draft Conclusions Proposed by the Chair*（FCCC/AWGLCA/2011/L.4, December 9, 2011）.
76) *Establishment of an Ad Hoc Working Group on the Durban Platform for Enhanced Action: Proposal by the President*, Draft decision -/CP.17（FCCC/CP/2011/L.10, December 10, 2011）.
77) *Outcome of the Work of the Ad Hoc Working Group on Long-Term Cooperative Action under the Convention*, Decision 2/CP.17（FCCC/CP/2011/9/Add.1, March 15, 2012）.
78) *Establishment of an Ad Hoc Working Group on the Durban Platform for Enhanced Action*, Decision 1/CP.17（FCCC/CP/2011/9/Add.1, March 15, 2012）.

79) *Outcome of the Work of the Ad Hoc Working Group on Further Commitments for Annex I Parties under the Kyoto Protocol at Its Sixteenth Session*, Decision 1/CMP.7 (FCCC/KP/CMP/2011/10/Add.1, March 15, 2012).
80) *The Cancun Agreements: Outcome of the Work of the Ad Hoc Working Group on Further Commitments for Annex I Parties under the Kyoto Protocol at Its Fifteenth Session*, Decision 1/CMP.6 (FCCC/KP/CMP/2010/12/Add.1, March 15, 2011).
81) *Revised Proposal by the Chair* (FCCC/KP/AWG/2010/CRP.4/Rev.4, December 10, 2010).
82) *The Cancun Agreements: Outcome of the Work of the Ad Hoc Working Group on Long-term Cooperative Action under the Convention*, Decision 1/CP.16 (FCCC/CP/2010/7/Add.1, March 15, 2011).
83) "Common Statement by the European Union, Least Developed Countries and the Association of Small Island States," European Union, December 9, 2011, accessed January 3, 2014, http://ec.europa.eu/commission_2010-2014/hedegaard/headlines/news/2011-12-09_01_en.htm.
84) Ibid.
85) "Statement by Minister of the Enviornment, Japan, Goshi Hosono," UNFCCC, December 7, 2011, accessed November 29, 2013, http://unfccc.int/files/meetings/durban_nov_2011/statements/application/pdf/111207_cop17_hls_japan.pdf.
86) "Press Briefing: 17th Session of the Conference of the Parties to the UN Framework Convention on Climate Change," U.S. Department of State, December 8, 2011, accessed January 27, 2012, http://www.state.gov/e/oes/rls/remarks/2011/178451.htm.
87) *Outcome of the Work of the Ad Hoc Working Group on Further Commitments for Annex I Parties under the Kyoto Protocol at Its Sixteenth Session*, Decision 1/CMP.7 (FCCC/KP/CMP/2011/10/Add.1, March 15, 2012), 7nnp-r.

第6章

規範的アイデアの衝突と調整の政治力学

　第3章から第5章までの各章においては，コペンハーゲン会議，カンクン会議，そしてダーバン会議における多国間交渉の展開を包括的に明らかにした上で，規範的アイデアという概念レンズを用いて，規範的アイデアの衝突と調整の観点から，交渉の展開を分析した。そして，本書の主たる問題意識と問いは，ポスト京都議定書を巡る一連の多国間交渉における規範的アイデアの衝突と調整に関し，なぜいずれの規範的アイデアが優位になり，他はそうならなかったのかという点である。そこで本章においては，第1章第3節で示した分析枠組に即して，コペンハーゲン会議，カンクン会議及びダーバン会議の3つの事例の比較分析を行い，規範的アイデアの妥当性の作用のみならず，国際関係におけるパワーや経済的利益の要因などの他の要因の作用にも着目して，規範的アイデアの衝突と調整の政治力学について総合的な分析を行うこととしたい。

第1節　規範的アイデアの妥当性の作用

第1項　コペンハーゲン会議（2009年）の事例分析

(1)　主な規範的アイデアの妥当性

　コペンハーゲン会議における主な規範的アイデアに関する主要国・主要交渉グループの相互の反応を踏まえれば，主な規範的アイデアの妥当性の程度は，以下のとおり評価することができる（表6-1参照）。

　　附属書Ⅰ国（米国以外の先進諸国）の規範的アイデアの妥当性　　コペンハーゲン会議におけるEU，日本などの先進諸国の規範的アイデアの中核的要素は，京

■表6-1　コペンハーゲン会議における主な規範的アイデアの妥当性

	排出削減の実効性	先行規範との整合性	誠実性に関する評判[a]	総合評価
附属書Ⅰ国 （米国以外の先進諸国）	◎	×	○	△
米国	○	○	○	○
G77/中国 （特にBASIC諸国）	×	◎	○ （ただし、中国の対応に関しては厳しい批判も存在）	△
AOSIS諸国	◎	△	○	△+

　a　誠実性の要件については、大多数の国々からの特に顕著な批判がない限り、概ね誠実性の要件は満たしているものとして整理

都議定書第2約束期間を設定するのではなく、米中を含む全ての主要国を対象とした包括的な1つの国際枠組を法的拘束力（legally binding）のあるものとして構築すべきであるというものであり、その主眼は、世界全体の温室効果ガス排出削減の実効性の確保であった。そうした意味において、妥当性要求の3要素のうち、排出削減の実効性の要素は十分に満たしていたものと評価することができる[1]。現に、この点についての特段の批判は、各国・各交渉グループからは提起されていない。

　その一方で、EUや日本などの先進諸国の規範的アイデアに対しては、共通だが差異のある責任の原則や京都議定書第2約束期間の設定に関する先行規範をないがしろにするものとして、途上諸国から繰り返し批判を受けることとなった。したがって、EUや日本などの先進諸国の規範的アイデアは、先行規範との整合性の要件を十分に満たしていたと評価することは困難である。

　なお、コペンハーゲン会議までに新たな中期目標（2020年までの排出削減目標）を先進各国とも相次いで表明していたこともあり、気候変動問題への取組に関するEUや日本などの先進諸国の誠実性に関しては、コペンハーゲン会議全体を通じて特に顕著な批判は認められなかった[2]。

　　米国の規範的アイデアの妥当性　　米国の規範的アイデアの中核的な要素は、全ての主要排出国による自主的な排出削減目標の設定とその達成状況の国際的なレビューのための仕組み（国際的なMRV（測定・報告・検証）など）の2

つを主たる内容とする包括的な国際枠組づくりであり，妥当性要求の3要素を概ね全て満たす「討議のテストケース」[3]に近い規範的アイデアであったと考えられる。

　第1に，米国の規範的アイデアは，先進諸国のみに法的な排出削減義務を課す京都議定書第2約束期間の設定を許容するものであり，また，バリ行動計画に基づき全ての気候変動枠組条約締約国を対象とした包括的な国際枠組の構築を訴える一方，当該国際枠組に法的拘束力を付与することまでは求めるものではなく，こうした点においてEUや日本などの他の先進諸国の規範的アイデアと異なるものとなっていた。そして，米国の規範的アイデアを基本としたコペンハーゲン合意の採択を巡って，コペンハーゲン会議最終日のCOP総会において議論が行われた際にも，コペンハーゲン合意について，共通だが差異のある責任の原則等の先行規範との整合性が特に問題とされなかったことに鑑みれば，米国の規範的アイデアは，先行規範との整合性の要件を概ね満たしていたものと評価することができる。

　第2に，米国の規範的アイデアは，法的拘束力のある国際枠組の構築を求めるものではない点において，その排出削減の実効性の程度は，EUや日本などの規範的アイデアには及ばないものであったと考えられる。しかしながら，米国の規範的アイデアは，先進諸国に限らず全ての主要国による自主的な排出削減目標の設定とその達成状況を国際的にレビューするための仕組み（MRV（測定・報告・検証）など）を提唱することにより，少なくとも京都議定書の枠組に比べれば，世界全体の温室効果ガスの排出削減の実効性がより高いといえる国際枠組を提唱するものとなっていた。そして，米国の規範的アイデアは将来の法的拘束力のある国際枠組の構築を否定するものではなかったことから，法的拘束力のある包括的な国際枠組の構築を求めるEUや日本などからも，その実効性に関して特段の批判は提起されていない。したがって，米国の規範的アイデアは，排出削減の実効性の要件も概ね満たしていたと評価することができると考えられる。

　第3に，米国の誠実性に関する評判の面でも，特に問題はないものであったと考えられる。米国自身が温室効果ガスの排出削減に関する中期目標を表明し，国際的なMRV（測定・報告・検証）を受ける用意があるとの姿勢を示して

おり，米国の誠実性に対して各国から批判が集中するような状況はみられなかった。

　G77/中国（特にBASIC諸国）の規範的アイデアの妥当性　G77/中国の規範的アイデアは，京都議定書第2約束期間を設定し，先進諸国のみに法的な排出削減義務を課す現行の国際枠組の継続を求める一方，新興諸国を含む途上諸国については，あくまでも自主的な排出削減努力にとどめるべきであるとするものであった。そして，G77/中国の規範的アイデアの主たる論拠は，共通だが差異のある責任の原則，そして京都議定書第2約束期間の設定に関するこれまでの諸決定であった。そうした意味において，G77/中国の規範的アイデアは，先行規範との整合性は極めて高いものであったと評価することができる。現に，この点についての特段の批判は，各国・各交渉グループからは提起されていない。

　その一方で，G77/中国の規範的アイデアは，途上諸国の取組はあくまでも自主的なものとして位置づけるものであり，その実効性の面で問題を抱えるものであったと考えられる。こうした中で，コペンハーゲン会議の場においては，EUや日本などの先進諸国のみならず，AOSIS諸国などからも，排出削減の実効性の面で繰り返し反論を招くこととなった。したがって，G77/中国の規範的アイデアは，排出削減の実効性の要件を十分に満たしていたと評価することは困難である。

　なお，コペンハーゲン会議までに新たな中期目標（2020年までの排出削減目標）を新興諸国が相次いで表明していたこともあり，気候変動問題への取組姿勢に関する途上諸国（特に新興諸国）の誠実性に関しては，コペンハーゲン会議全体を通じて特に顕著な批判は認められなかった。ただし，コペンハーゲン会議での中国の対応については，先進国のみならず一部の途上国からも反発を招いた点[4]については留意することが必要である。

　AOSIS諸国の規範的アイデアの妥当性　AOSIS諸国の規範的アイデアの中核的な要素は，法的拘束力のある2つの国際枠組の構築であった。すなわち京都議定書第2約束期間の設定と，京都議定書に基づく排出削減義務を負っていない他の主要国を対象とした法的拘束力のある包括的な国際枠組の構築であった。そしてその主眼は，EUや日本などの先進諸国の規範的アイデアと同じ

く，世界全体の排出削減の実効性の確保であった。そうした意味において，EUや日本などの規範的アイデアと同様，妥当性要求の3要素のうち，排出削減の実効性の要素は十分に満たしていたものと評価することができる。

　また，先行規範との整合性に関しては，AOSIS諸国の規範的アイデアは，京都議定書第2約束期間の設定を求めるものであるという点において，京都議定書第2約束期間の設定に関する先行規範との整合性は保たれたものとなっており，EUや日本などの先進諸国の規範的アイデアよりも先行規範との整合性が高いものであったと評価できる。その一方で，途上国の排出削減・抑制の取組について法的な義務付けを求めるものである点においては，EUや日本などの規範的アイデアと同じであり，EUや日本などの規範的アイデアと同様に共通だが差異のある責任の原則という先行規範との整合性の点で問題を抱えるものであったと考えられる。

　なお，AOSIS諸国は気候変動により特に深刻な被害を受けると予測される国々であるため[5]，その危機感に裏付けられたAOSIS諸国の発言の誠実性に関して，コペンハーゲン会議全体を通じて多数の国々から批判が集中するような状況は全くみられなかった。このため，AOSIS諸国の規範的アイデアに関しては，誠実性の要件は十分満たしていたものと考えられる。

(2) **主な規範的アイデアの妥当性の作用**

　米国の規範的アイデアの妥当性の作用　　コペンハーゲン会議において主導的影響力を発揮したのは米国の規範的アイデアであり，米国の規範的アイデアを基本としてコペンハーゲン合意は取りまとめられた。そして，コペンハーゲン会議における米国の規範的アイデアは，前述のように妥当性要求の3要素を概ね満たす「討議のテストケース」に近い規範的アイデアであった一方，他の規範的アイデアは，妥当性要求の3要素のいずれかの面で問題を抱えるものであったことに鑑みれば，コペンハーゲン会議において米国の規範的アイデアが主導的な影響力を発揮した理由としては，米国の規範的アイデアが「討議のテストケース」に近い妥当性の高い規範的アイデアであったことが考えられる。そして，コペンハーゲン会議最終日のCOP総会の場において，米国の規範的アイデアを踏まえたコペンハーゲン合意に対し，大多数の国々がその取りまとめプロセスを問題視したにもかかわらず，将来のより良い合意に向けた一歩と

して最終的には賛成の立場に回ったのも，コペンハーゲン合意の土台となった米国の規範的アイデアが妥当性要求の3要素を概ね満たしていたため，その妥当性について有効な反論を展開することが困難であったことが主な理由であると考えられる。ただし，こうした米国の規範的アイデアに対して，なぜBASIC諸国が最後まで抵抗できたのかについての説明は，妥当性の要因のみでは説明は困難である。

附属書Ⅰ国（米国以外の先進諸国）の規範的アイデアとG77/中国の規範的アイデアの妥当性の作用　　一方，附属書Ⅰ国（米国以外の先進諸国）の規範的アイデアとG77/中国の規範的アイデアが拮抗し，議論が平行線を辿ったのは，両規範的アイデアのいずれも妥当性要求の3要素のいずれかの面で問題を抱えるものであると同時に，その妥当性要求の充足度の総合評価においてほぼ似たようなレベルであったことが主な要因であったと考えられる。

まず，EUや日本などの先進諸国は，IPCC第4次評価報告書などの科学的知見を踏まえれば排出削減の実効性が担保される国際枠組とすることが必要であるとして，自らの主張の妥当性を訴えたが，先行規範との整合性を求める途上諸国に対する有効な反論とは受け取られず，途上諸国の支持を取り付けることができなかった。こうした点を踏まえれば，妥当性要求の3要素の1つである先行規範との整合性の弱さが，コペンハーゲン会議においてEUや日本などの先進諸国の規範的アイデアが主導的な影響力を発揮できなかった主たる要因の1つであったと考えられる。

また，共通だが差異のある責任の原則を盾にG77/中国は，自らの規範的アイデアをベースとしたAWG-LCA座長案及びAWG-KP座長案の採択を図ったが，排出削減の実効性の面を問題視するEUや日本などの先進諸国，AOSIS諸国などの一部の途上国グループからの反論を乗り越えることができず，コペンハーゲン会議においては主導権を握ることができなかった。こうした点を踏まえれば，妥当性要求の3要素の1つである排出削減の実効性の弱さが，コペンハーゲン会議においてG77/中国の規範的アイデアが主導的な影響力を発揮できなかった主たる要因の1つであったと考えられる。

AOSIS諸国の規範的アイデアの妥当性の作用　　AOSIS諸国の規範的アイデアは，妥当性要求の3要素を概ね満たす「討議のテストケース」に近い規範的

アイデアに該当するものではなかった一方，総合評価としてはその妥当性の程度において，附属書Ⅰ国（米国以外の先進諸国）の規範的アイデアとG77/中国の規範的アイデアを上回るものであったと考えられる。しかしながら，コペンハーゲン会議においては，もっぱらEUや日本などの附属書Ⅰ国の規範的アイデアとG77/中国の規範的アイデアの衝突と調整を軸に議論が展開した一方，AOSIS諸国の規範的アイデアはこうした対立構造の陰に隠れてしまい，独自の存在感を示すに至らなかった。したがって，妥当性の要因のみでは，なぜAOSIS諸国の規範的アイデアがEUや日本などの附属書Ⅰ国の規範的アイデアとG77/中国の規範的アイデアの衝突と調整の陰に隠れてしまったのかの説明は困難であると考えられる。

第2項　カンクン会議（2010年）の事例分析

(1) 主な規範的アイデアの妥当性

　カンクン会議における主な規範的アイデアに関する主要国・主要交渉グループの相互の反応を踏まえれば，主な規範的アイデアの妥当性の程度は，以下のとおり評価することができる（表6-2参照）。

　　EUの規範的アイデアの妥当性　　カンクン会議におけるEUの規範的アイデアは，コペンハーゲン会議のときと異なり，法的拘束力のある包括的な国際枠組の一部をなすものとして京都議定書第2約束期間の設定を受け入れるものへと変化・発展を遂げていた。この結果，EUの規範的アイデアの妥当性は，コペンハーゲン会議のときよりも高いものとなっていたと考えられる。すなわち，コペンハーゲン会議の時点におけるEUの規範的アイデアは，京都議定書第2約束期間の設定に反対という点において先行規範との整合性を大きく欠いた規範的アイデアとなっていた。一方，カンクン会議におけるEUの規範的アイデアは京都議定書第2約束期間の設定を条件付きながらも受け入れるものとなっており，先行規範との整合性の問題がある程度緩和されたものとなっていたと評価することができる。ただし，EUの規範的アイデアは，先進国であるか途上国であるかを問わずに全ての主要排出国を対象とした法的拘束力のある包括的な国際枠組の構築を訴えるものであったため，特に中国・インドから，共通だが差異のある責任の原則を踏まえ，途上諸国の取組はあくまでも自主的

■表6-2　カンクン会議における主な規範的アイデアの妥当性

	排出削減の実効性	先行規範との整合性	誠実性に関する評判[a]	総合評価
EU	◎	△	○	△+
日露加（特に日本）	◎	×	日本の対応に関し，一部の国々から強い反発	△
米国	○	○	○	○
G77/中国（特に中国・インド）	△	◎	○	△+
AOSIS 諸国（議論のプロセスに関する部分）	○	○	○	○

a　誠実性の要件については，大多数の国々からの特に顕著な批判がない限り，概ね誠実性の要件は満たしているものとして整理

なものとして位置づけるべきであって，包括的な国際枠組に法的拘束力を持たすこと（すなわち途上諸国に排出削減義務を課すこと）には反対である旨の反論が繰り返しなされている。したがって，EUの規範的アイデアは，先行規範との整合性の要素を依然として十分に満たしていたものではなかったと評価することができる。

　なお，EUの規範的アイデアは，京都議定書第2約束期間の設定を条件付きで許容しつつも，全ての主要国を対象とした法的拘束力のある包括的な国際枠組の構築を主眼とするものである点においてコペンハーゲン会議のときと同様であり，コペンハーゲン会議のときと同様に世界全体の排出削減の実効性の要件は概ね満たしていたものと考えられる。また，EUの誠実性に関する評判もコペンハーゲン会議の際と特段の違いは認められなかった。

　　　日露加（特に日本）の規範的アイデアの妥当性　　カンクン会議における日露加（特に日本）の規範的アイデアは，法的拘束力のある包括的な国際枠組の構築を求めるという点においてEUの規範的アイデアと同趣旨のものであったが，京都議定書第2約束期間の設定に反対という点で先行規範との整合性の面で弱みを抱えており，そうした点も考慮すれば，他の規範的アイデアの妥当性に及ばなかったと考えられる。

まず，日露加（特に日本）の規範的アイデアの中核的要素は，世界全体の温室効果ガスの排出削減の取組の実効性を上げるためには，一部の先進諸国のみに排出削減義務を課す京都議定書では不十分であり，京都議定書第2約束期間の設定ではなく，全ての主要国を対象とした法的拘束力のある包括的な国際枠組を速やかに構築することが必要であるというものであった。こうした日露加（特に日本）の規範的アイデアは，IPCC第4次評価報告書の科学的な知見を踏まえて気候変動による深刻な影響を回避するために世界全体での温室効果ガス排出削減の実効性を高めようとするものであって，排出削減の実効性という観点からみれば，妥当性の程度は極めて高いものであったと評価できる。

　その一方で日露加（特に日本）が提唱した規範的アイデアは，先進諸国のみならず途上諸国にも法的な排出削減義務を課そうとするものであり，かつ，京都議定書第2約束期間の設定に反対という点をより協調するものとなったため，共通だが差異のある責任の原則との関係のみならず京都議定書第2約束期間設定に関する先行規範との齟齬がかえって大きいものと受け止められる結果になったと考えられる。

　なお，誠実性に関する評判に関しては，カンクン会議初日の11月29日月曜日において，「いかなる前提条件の下でも（京都議定書）第2約束期間の設定は受け入れられない」との日本の発言に対して，京都議定書をないがしろにしてはならないとして途上国より強い反発があったこと[7]にも留意する必要がある。

　　米国の規範的アイデアの妥当性　　カンクン会議における米国の規範的アイデアの内容はコペンハーゲン会議から特段の変化はみられず，コペンハーゲン会議の際と同じく妥当性要求の3要素を概ね満たす「討議のテストケース」に近い規範的アイデアであったと考えられる。

　　G77/中国（特に中国・インド）の規範的アイデアの妥当性　　EUと同様，その内容面で変化・発展がみられたのがG77/中国の規範的アイデアであった。この結果，G77/中国の規範的アイデアの妥当性も，コペンハーゲン会議の時点と比べてある程度高まることとなったと考えられる。

　コペンハーゲン会議の時点におけるG77/中国の規範的アイデアは，途上諸国の取組の自主性を強調するあまり，国際的なMRV（測定・報告・検証）などの国際的なレビューの仕組みの導入に消極的であり，妥当性要求の3要素のう

ち排出削減の実効性という点では問題を抱えるものとなっていた。一方，カンクン会議における G77/ 中国の規範的アイデアにおいては，各国の取組の国際的なレビューのための仕組み（国際的な MRV（測定・報告・検証）等）を受け入れるものとなっており，排出削減の実効性がある程度担保された規範的アイデアに変化・発展を遂げたものと評価することができる。この結果，コペンハーゲン会議の際と異なり，カンクン会議においては，国際的なレビューの是非を巡る G77/ 中国の規範的アイデアと米国の規範的アイデアとの間の大きな対立構造はほぼ解消されることとなり，争点がその具体的な制度設計に移ったことから，G77/ 中国の規範的アイデアの実効性について米国から強い異論はもはや提起されなかった。

ただし，G77/ 中国の規範的アイデアは，法的拘束力のある包括的な国際枠組の構築に消極的であることには変わりはなく，まずは京都議定書第 2 約束期間の設定を目指すものであったため，EU 等からは，ポスト京都議定書の国際枠組の実効性を確保するためには，京都議定書第 2 約束期間の設定はあくまでも法的拘束力のある包括的な国際枠組の構築とセットであるべきであるとの反論を招く結果となった。したがって，G77/ 中国の規範的アイデアは，世界全体の温室効果ガスの排出削減の実効性という点で，依然として問題を抱えるものであったと考えられる。

なお，G77/ 中国の規範的アイデアは，先行規範との整合性を前面に打ち出した規範的アイデアであったため，コペンハーゲン会議のときと同様に先行規範との整合性が極めて高いものであったと評価できる。その誠実性に関する評判もコペンハーゲン会議の際と特段の違いは認められなかった。

AOSIS 諸国の規範的アイデアの妥当性　　AOSIS 諸国の規範的アイデアは，京都議定書第 2 約束期間の設定とセットで全ての主要国の参加による法的拘束力のある包括的な国際枠組の構築を求めるものである点において EU の規範的アイデアと同趣旨のものであり，この点についての妥当性とその作用は EU の規範的アイデアと同様であったと考えられる。一方，AOSIS 諸国の規範的アイデア独自の部分は，ダーバン会議に向けて法的拘束力のある包括的な国際枠組の構築に関する議論のプロセスについて具体的な提案を含むものとなっていた点であり，この点に限ってみれば，妥当性要求の 3 要素を概ね満たす「討議

のテストケース」に近いものとなっていたと評価できる。

　第1に，先行規範との整合性に関しては，包括的な国際枠組の法的拘束力の取扱いに関する議論を正式な議題として位置づけ，翌年のダーバン会議に向けて正式に検討を開始すべきであるとするAOSIS諸国の規範的アイデアは，新たな議定書の採択手続を定めた気候変動枠組条約第17条を根拠としたものであったため，同条の規定に基づいて議論をすること自体に対しては，同じく気候変動枠組条約第3条第1項に規定する「共通だが差異のある責任の原則」という先行規範に反するという反論を行うことが困難なものであったと考えられる。したがって，具体的な議論のプロセスに関する部分についてのAOSIS諸国の規範的アイデアは，先行規範との整合性の要件を概ね満たしていたものと考えられる。第2に，法的拘束力のある包括的な国際枠組の構築に関する正式な議論を開始することは，世界全体の排出削減の実効性の確保という方向性に沿ったものであり，他の主要国・主要交渉グループから排出削減の実効性の観点からの特段の反論は提起されていない。したがって，排出削減の実効性の要件も概ね満たしていたと考えられる。第3に，その誠実性に関する評判については，コペンハーゲン会議の際と特段の違いは認められなかった。

　このように，法的拘束力のある包括的な国際枠組に関する議論のプロセスについての具体的な提案に関する限り，AOSIS諸国の規範的アイデアは，妥当性要求の3要素を概ね満たす討議のテストケースに近い規範的アイデアであったと考えられる。

(2)　**主な規範的アイデアの妥当性の作用**

　　米国の規範的アイデアの妥当性の作用　　米国の規範的アイデアに関して特筆すべき点は次の2点である。第1に，コペンハーゲン会議後，カンクン会議の開催までの間に，先進諸国であるか途上諸国であるかを問わず大多数の国々が，米国の規範的アイデアを基礎としたコペンハーゲン合意への支持を表明したことである。第2に，カンクン会議においては何よりも手続が重視され，十分な説得と討議のプロセスを経てもなお，コペンハーゲン合意の土台となった米国の規範的アイデアの優位性は揺らがなかったことである。このような説得と討議のプロセスを改めて経てもなお，米国の規範的アイデアを基礎としたコペンハーゲン合意の妥当性について主要各国・主要交渉グループからの有効な

反論は提起されず，コペンハーゲン合意をベースにカンクン合意が成立することとなった。こうした点に鑑みれば，米国の規範的アイデアの妥当性が高く，「討議のテストケース」に概ね該当するものであったことが，米国の規範的アイデアが主導的な影響力を発揮できた主な要因であったと考えられる。

　AOSIS諸国の規範的アイデアの妥当性の作用　カンクン会議において注目すべき点のもう1つは，AOSIS諸国の規範的アイデアが主導的な影響力を発揮したことである。カンクン合意においては，AWG-LCAの任期をさらに1年間延長した上で[9]，全ての主要国を対象とした包括的な国際枠組の法的位置づけについて検討することがAWG-LCAのマンデートとして新たに盛り込まれたが[10]，これはAOSIS諸国の規範的アイデアを反映したものと評価することができる。そして，AOSIS諸国が提唱した規範的アイデアを受けて，包括的な国際枠組の法的拘束力の取扱いに関してどのように検討を進めるべきかについてコンタクト・グループ等において議論が重ねられたが，大多数の国々がAOSIS諸国の規範的アイデアに賛成の立場に回り，法的拘束力のある包括的な国際枠組の構築に強く反対していた中国やインドも，AOSIS諸国が提唱する規範的アイデアに対して正面から有効な反論を展開することができなかった。こうした点に鑑みれば，AOSIS諸国の規範的アイデアが主導権を発揮できた主たる理由としては，その規範的アイデアが「討議のテストケース」に概ね該当する妥当性の高いものであったことが考えられる。

　EUの規範的アイデアとG77/中国の規範的アイデアの妥当性の作用　カンクン会議において主導権を獲得するには至らなかったものの，有力な規範的アイデアとして拮抗した規範的アイデアが，EUの規範的アイデアとG77/中国の規範的アイデアであった。前述のようにEUの規範的アイデアとG77/中国の規範的アイデアのそれぞれが妥当性要求の充足度を高める方向で変化・発展を遂げた結果，カンクン会議においても，その妥当性の程度において両者はほぼ互角のものであったと評価することができる。その一方で，EUの規範的アイデアとG77/中国の規範的アイデアのいずれも，妥当性要求の3要素を概ね全て満たす「討議のテストケース」に該当するまでに至っていなかったため，カンクン会議においてはお互いに相手の妥当性の問題点について反論することが可能であったと考えられる。したがって，EUの規範的アイデアとG77/中国

の規範的アイデアは妥当性の程度においてほぼ同等であり，かつ，それぞれがその妥当性の面での不備を抱えていたと評価することができる。

　この結果，京都議定書第2約束期間設定に関するカンクン合意で今後の交渉のベースとされたAWG-KP座長提案[11]においては，法的拘束力のある包括的な国際枠組の構築とセットで京都議定書第2約束期間を設定すべきというEUの規範的アイデアを反映したオプションと，法的拘束力のある包括的な国際枠組の構築の有無にかかわらず京都議定書第2約束期間を設定すべきというG77/中国の規範的アイデアを反映したオプションの2つが併記されることとなったと考えられる。

　　日露加（特に日本）の規範的アイデアの妥当性の作用　　前述のように日露加（特に日本）の規範的アイデアは，特に先行規範との整合性の点も考慮すれば，EUやG77/中国の規範的アイデアの妥当性に及ばなかったと考えられる。この結果，法的拘束力のある包括的な1つの国際枠組を構築すべきであって京都議定書第2約束期間を設定すべきではないという日露加の規範的アイデアの中核的な部分については，有力な規範的アイデアとして他の規範的アイデアに十分に対抗するに至らず，カンクン会議を通じて具体的なオプションとして正面から取り上げられなかったと考えられる。なお，カンクン合意においては，日露加の規範的アイデアに配慮する形で，京都議定書第2約束期間に対する各国の立場を害しない旨脚注で明記されたが[12]，なぜ日露加の規範的アイデアがこのような形で影響力を発揮することができたのかについては，妥当性の要因のみでは説明は困難である。

第3項　ダーバン会議（2011年）の事例分析

(1)　主な規範的アイデアの妥当性

　ダーバン会議における主な規範的アイデアに関する主要国・主要交渉グループの相互の反応を踏まえれば，主な規範的アイデアの妥当性の程度は，以下のとおり評価することができる（表6-3参照）。なお，ダーバン会議における主な規範的アイデアのうち，AOSIS諸国の規範的アイデアについては，ダーバン会議の途中の段階でEUの規範的アイデアと一体化し，その独自性を失っていたことから，以下の考察の対象からは除外することとしている。なお，米国

■表6-3　ダーバン会議における主な規範的アイデアの妥当性

	排出削減の実効性	先行規範との整合性	誠実性に関する評判 a	総合評価
EU	○	○	◎（高い評判）	○
日露加（特に日本）	◎	×	○	△
G77/中国	○	◎	○	○
中国・インド	△	◎	○	△+

a 誠実性の要件については，大多数の国々からの特に顕著な批判がない限り，概ね誠実性の要件は満たしているものとして整理

が提唱する規範的アイデアの中核的要素がカンクン合意に盛り込まれた結果，米国は規範的アイデア提唱国としての立場からは卒業することとなったため，以下の考察の対象から除外した。

G77/中国の規範的アイデアの妥当性　ダーバン会議において，その内容面で大きな変化・発展がみられた規範的アイデアの1つが，G77/中国の規範的アイデアであった。2010年のカンクン会議におけるG77/中国の規範的アイデアの中核的な要素は，①京都議定書第2約束期間の設定と②法的拘束力のある包括的な国際枠組の構築への消極的な反対の2点であったが，ダーバン会議においては，このうちの②の点が変化・発展し，京都議定書第2約束期間の設定を条件に，法的拘束力のある包括的な国際枠組の構築を積極的に許容するものとなっていた。この結果，G77/中国の規範的アイデアの妥当性は，カンクン会議時点よりもさらに高いものとなっており，妥当性要求の3要素全てを概ね満たす「討議のテストケース」に近いものであったと考えられる。

第1に，排出削減の実効性に関しては，法的拘束力のある包括的な国際枠組の構築を積極的に許容するものであるという意味において，排出削減の実効性に関する要件を概ね満たしていたものと考えられる。現に，G77/中国の規範的アイデアに対して，排出削減の実効性の面で特段の反論は，他の主要国・主要交渉グループからは提起されていない。

第2に先行規範との整合性に関しては，G77/中国の規範的アイデアは，先行規範との整合性を前面に打ち出した規範的アイデアであった。さらに，カンクン合意において，AWG-KPにおける検討作業を継続し，第1約束期間と第

2 約束期間との間に空白期間が生じないよう，その検討結果を可能な限り速やかに CMP において採択するとの方針が決定されるとともに，この検討に当たっては AWG-KP 座長案[14]を踏まえて検討作業を継続することとされ，同座長案においては，全ての主要国を対象とした包括的な議定書の採択と併せて京都議定書第 2 約束期間を設定するというオプションと，この包括的な議定書の採択にかかわらず（すなわち，この点を条件とせずに）京都議定書第 2 約束期間を設定するというオプションの 2 つの案が併記されていた。この結果，京都議定書第 2 約束期間を設定に関しては，京都議定書第 2 約束期間を設定すべきという G77/ 中国の規範的アイデアの先行規範との整合性は，コペンハーゲン会議，そしてその後のカンクン会議のときよりも，ダーバン会議においては，さらに高いものとなっていたと考えられる。

　第 3 に，G77/ 中国の誠実性に関する評判については，コペンハーゲン会議やカンクン会議の際と特段の違いは認められなかった。

　EU の規範的アイデアの妥当性　　EU の規範的アイデアの中核的な要素は，①全ての主要国を対象とした法的拘束力のある包括的な国際枠組を 2020 年からスタートさせるための具体的なロードマップを策定すべきであり，②京都議定書第 2 約束期間（2020 年まで）の設定は，このロードマップの策定を前提とすべきであるという 2 点であった。こうした EU の規範的アイデアは，妥当性要求の 3 要素全てを概ね満たす「討議のテストケース」に近いものであったと考えられる。

　第 1 に，排出削減の実効性に関しては，ダーバン会議における EU の規範的アイデアは，法的拘束力のある包括的な国際枠組の開始時期を京都議定書第 1 約束期間が終了する 2013 年以降ではなく 2020 年からと先送りにしており，その分，排出削減の実効性は損なわれたとの評価も考えられる。しかしながら，EU の規範的アイデアに対して，排出削減の実効性の観点からの特段の反論は他の主要国・主要交渉グループからも提起されなかったことに鑑みれば，時間軸を後ろにずらしたとしても，排出削減の実効性の要件は概ね満たされていたと考えられる。法的拘束力のある包括的な国際枠組の構築について合意が成立する目途が立たない中，EU の規範的アイデアは，法的拘束力のある包括的な国際枠組を将来構築するための道筋をつけようとするものであり，そうした意

味において排出削減の実効性の確保という要請に応えたものとなっていたと考えられる。

　第2に，先行規範との整合性に関しては，法的拘束力のある包括的な国際枠組について2020年までの発効を訴える一方，それまでの間のポスト京都議定書の国際枠組としては，一部の先進諸国のみに排出削減を義務付けた国際枠組（京都議定書第2約束期間の設定）と，途上国を含めた全ての主要国を対象とした自主的な国際枠組（カンクン合意に基づく包括的な国際枠組）とのハイブリッド・レジームとすることを認めることにより，共通だが差異のある責任の原則との整合性が図られるとともに，京都議定書とカンクン合意という2つの先行規範との整合性が確保されたものとなっていたと考えられる。

　また，EUの規範的アイデアのうち，2020年から発効させることを求めた法的拘束力のある包括的な国際枠組についても，共通だが差異のある責任の原則について今日の現実に照らして柔軟に解釈すべきとの主張を展開することにより，その不整合を緩和する理論武装をEUの規範的アイデアは備えたものとなっていたと考えられる。そして，G77/中国全体の意見としては，EUの規範的アイデアについて先行規範との整合性を問題視する反論が提起されなくなったことに鑑みれば，EUの規範的アイデアのうち，2020年以降の国際枠組に関する部分についても，先行規範との整合性の問題は相当程度解消されたものとなっていたと考えられる。ただし，ダーバン会議終盤になっても，中国・インドが共通だが差異のある責任の原則を盾にEUの規範的アイデアに対して強硬に反論を展開し続けたことに鑑みれば，先行規範との整合性の問題は完全には解消できていなかったものと考えられる。

　第3に，妥当性要求の3要素のうち，誠実性に関する評判に関しては，日本，ロシア，カナダの3か国が京都議定書第2約束期間に参加しない方針を明らかにしている中，これらの3か国が京都議定書第2約束期間に参加しなくてもEUとして京都議定書第2約束期間に参加する用意がある旨を表明することにより，気候変動問題への取組に対するEUの誠実性に関する評判は極めて高いものとなったと考えられる。この点は，ダーバン会議終盤の段階において，ベネズエラが，「EUが京都議定書に残ると言っても，目標のレベルが低すぎる。これでは途上国を温暖化の脅威にさらすだけだ」と激しく非難したのに対

して，EUは他の先進諸国が京都議定書第2約束期間に参加しないといっているにもかかわらず，京都議定書第2約束期間に参加する意思を表明しているとして，気候変動問題に対するEUの姿勢を積極的に擁護する発言が他の国々から相次いだことからも裏付けられる[15]。

中国・インドの規範的アイデアの妥当性　中国・インドの規範的アイデアは，EUの規範的アイデアには及ばないものの，妥当性の程度が相当程度高いものであり，特に，先行規範との整合性の面ではEUの規範的アイデアを上回るものであり，EUの規範的アイデアの急所を突いたものであったと考えられる。現に，中国やインドが会議終盤において自らの主張の妥当性の根拠としてたびたび依拠したのが，共通だが差異のある責任の原則であった。

その一方で，中国やインドの規範的アイデアは途上諸国による排出削減の取組をあくまでも自主的な性格のものとして位置づけるものである点において，排出削減の実効性の点ではEUの規範的アイデアに及ばないものとなっていたと考えられる。現に，EUのHedegaard委員は，気候変動枠組条約の経験を踏まえれば，排出削減の実効性という観点からは自主的な枠組では実効性に欠け不十分であり，京都議定書のような法的拘束力のある枠組の方が実効性が高いと繰り返し主張し，中国・インドの規範的アイデアは不十分であるとの主張を展開していた。ただし，先進諸国以外の主要国の排出削減対策についてもカンクン合意に基づき国際的なレビューの対象となり，一定の実効性が確保されることとなった結果，排出削減の実効性の面でのEUの規範的アイデアとの差は，コペンハーゲン会議当時のG77/中国の規範的アイデアと比べて相当程度縮まっていたと評価できる。

また，その誠実性に関する評判においては，中国やインドの規範的アイデアは，EUの規範的アイデアに及ばないものとなっていたと考えられる。中国やインドの気候変動問題への取組に関する誠実性に関し，多数の国々から批判が集中するような場面はみられなかったが，逆に，EUの場合と異なり，他の国々から中国やインドの姿勢を積極的に擁護する発言も殆どみられなかった。

このように，中国やインドの規範的アイデアは，先行規範との整合性が高いだけでなく，排出削減の実効性や誠実性の要素においても，ある程度妥当性要求を満たしていたと考えられるが，全体としてみれば，その妥当性の程度は

EU の規範的アイデアに及ばないものであったと考えられる。

　　　日露加（特に日本）の規範的アイデアの妥当性　　　日本，カナダ，ロシアの3か国（特に日本）の規範的アイデアは，排出削減の実効性は高いものの，先行規範との整合性の観点も考慮して全体としてみれば，その妥当性の程度において，EU の規範的アイデアや中国・インドの規範的アイデアに及ばなかったと考えられる。

　ダーバン会議における日露加（特に日本）の規範的アイデアは世界全体の温室効果ガスの大幅な排出削減を進めるためには，一部の先進諸国のみに排出削減義務を課す京都議定書では不十分であり，京都議定書第2約束期間の設定ではなく，全ての主要国を対象とした法的拘束力のある包括的な国際枠組を速やかに構築することが必要であるとするものであり，排出削減の実効性の観点を前面に出したものであった。したがって，こうした日露加の規範的アイデアは，排出削減の実効性という要件の充足度は高いものであったと評価できる。

　ただし，日露加が提唱した規範的アイデアは，京都議定書第2約束期間の設定に反対という点において，京都議定書第2約束期間の設定に関する先行規範との整合性が低いものであったと評価できる。特に，2010年末に成立したカンクン合意[16]において，京都議定書第1約束期間と第2約束期間との間に空白期間が生じないよう，その検討結果を可能な限り速やかに京都議定書締約国会合（CMP）において採択することとされたことも考慮する必要がある[17]。

　また，誠実性に関する評判においても，自らは京都議定書第2約束期間に参加しないとの日露加の姿勢は，単独でも京都議定書第2約束期間への参加を表明していた EU の評決には及ばないものであったと考えられる。

(2) 主な規範的アイデアの妥当性の作用

　　　G77/ 中国の規範的アイデアの妥当性の作用　　　ダーバン会議における規範的アイデアの衝突と調整において注目すべき第1の点は，京都議定書第2約束期間の設定を求める G77/ 中国の規範的アイデアが圧倒的に優位な位置を占め，ダーバン会議冒頭の段階から既に大多数の国々の間で共有され，概ね間主観性（intersubjectivity）を獲得しており，議論の土台とされていたことである。これは，G77/ 中国の規範的アイデアが，前述のように妥当性要求の3要素を概ね満たす「討議のテストケース」に近い規範的アイデアとなっていたことが主な

第 6 章　規範的アイデアの衝突と調整の政治力学

要因であると考えられる。

EU の規範的アイデアの妥当性の作用　ダーバン会議で注目すべき点の第 2 は，EU の規範的アイデアへの圧倒的な支持の広がりである。ダーバン会議の当初の段階では EU の規範的アイデアへの支持はまだ広がっていなかったが，一連の多国間交渉の過程を経て，ダーバン会議の終盤の段階になると大多数の国々が EU の規範的アイデアを支持するようになり，この結果，EU の規範的アイデアをベースとする形でダーバン合意が成立することとなった。これは，EU の規範的アイデアが妥当性要求の 3 要素全てを概ね満たす「討議のテストケース」に近いものであり，他の規範的アイデアに比べ，その説得力が高いものとなったことが主な要因であると考えられる。

ただし，2020 年以降の包括的な国際枠組の法的拘束力の取扱いに関し，EU の規範的アイデアが中国・インドの規範的アイデアの前に妥協を余儀なくされたのは，EU の規範的アイデアが，先行規範との整合性の面では依然として問題を抱えるものであり，中国・インドの規範的アイデアは，その急所を突いたものであったことが主な要因であると考えられる。

中国・インドの規範的アイデアの妥当性の作用　ダーバン会議における規範的アイデアの衝突と調整に関し注目すべき第 3 の点は，ダーバン合意の取りまとめの過程で EU の規範的アイデアへの支持が広がりをみせる中で，中国・インドの規範的アイデアが会議の終盤まで EU の規範的アイデアに対抗できたことである。この主な要因としては，EU の規範的アイデアには及ばないものの，中国・インドの規範的アイデアも妥当性の程度が相当程度高いものであり，特に，先行規範との整合性の面では EU の規範的アイデアを上回るものであったことが考えられる。

ただし，中国やインドの規範的アイデアは，総合評価としては，その妥当性の程度は EU の規範的アイデアには及ばないものであり，この結果，EU の規範的アイデアに対して優位に立つことができなかったものと考えられる。しかしながら，中国やインドの規範的アイデアは，先行規範との整合性の点に関しては，EU の規範的アイデアの急所を突いたものであったが故に，EU の規範的アイデアに会議終盤まで対抗することができたものと考えられる。

日露加（特に日本）の規範的アイデアの妥当性の作用　京都議定書第 2 約束期

間設定反対という日露加の規範的アイデアがダーバン会議において主導的な影響力を発揮できなかったのは、特に先行規範との整合性の面で、その妥当性の程度が他の規範的アイデアに及ばなかったことが主な要因であったと考えられる。京都議定書第2約束期間設定に反対という日本と同様の主張を展開したのはロシア及びカナダの2か国にとどまったが、同じく少数意見にとどまりながらも最後まで交渉の行方に影響力を発揮しつづけた中国・インドの規範的アイデアと日露加の規範的アイデアとの違いは、中印の規範的アイデアが妥当性の3要素それぞれを一定程度以上満たしていたのに対し、日露加の規範的アイデアは妥当性の3要素のうち、特に先行規範との整合性において弱みを抱えていたことにあると考えられる。

ただし、なぜダーバン合意において、日露加の規範的アイデアを一部反映する形で、これら3か国については京都議定書第2約束期間に参加しないことが正式に認められることとなったのかについては、妥当性の要因だけでは説明は困難である。

第2節　規範的アイデアの妥当性と他の要因との相関

前節の分析の結果、規範的アイデアの妥当性の要因に着目することで、各事例における規範アイデアの優劣は概ね説明可能であると考えられるが、必ずしも十分に説明できない点があることも明らかとなった。このため、本節においては、パワーの要因や経済的利益の要因との相関も含めて規範的アイデアの衝突と調整の政治力学を検証することとし、リーダーシップなどの交渉の要因や国際的な文脈等の横断的な要因についても補完的な分析視角として用いることとする。

第1項　パワーや経済的利益の要因

妥当性の要因と他の要因との相関について分析するに先立ち、本項においては、ポスト京都議定書を巡る多国間交渉において作用したパワーや経済的利益の要因とはどのようなものであったのかについて明らかにすることとしたい。

第6章　規範的アイデアの衝突と調整の政治力学

(1) パワーの要因：各規範的アイデア提唱国・グループの発言力
（二酸化炭素排出量）

　コペンハーゲン会議（COP15・CMP5）が開催された2009年時点における世界全体の二酸化炭素排出量についてみると、附属書Ⅰ国（米国を除く先進諸国）が占める割合は約26％（うち、EU27か国が占める割合は約12％、日露加が占める割合は約11％）、米国が占める割合は約18％、BASICグループが占める割合は約32％（うち、中国・インドが約29％）、途上諸国全体（BASICグループを含む。）[18]は約55％、AOSIS諸国の排出量が占める割合は僅少であった[19]。なお、各国の二酸化炭素排出量が世界全体の排出量に占める割合は、2、3年程度の期間であれば大きな変化が生じるものではないことから、分析の便宜上、以下の分析ではこの2009年時点のデータを用いることとする（図6-1参照）。

(2) 経済的利益の要因：主要国・主要交渉グループにとっての核心的な経済的利益

　第1章第3節第1項で紹介した経済的利益の要因を対策コストと生態学的脆弱性の2つに分けたSprinzとVaahtoranta[20]の分析枠組や、経済的利益の要因が政治的な調整コストに変換されているかどうかに着目する山田の論考[21]を参考に、ポスト京都議定書を巡る一連の多国間交渉において、主要国・主要交渉グループにとって何が核心的な経済的利益を損なうものとして認識されていたかを整理すると以下のとおり整理することができると考えられる。整理に当たっては、主要国・主要交渉グループに係る経済的利益の要因を排出削減コスト（対策コスト）と気候変動により将来予測される影響の程度（生態学的脆弱性）の2つの側面に着目し、そうした経済的利益の要因が、一連の多国間交渉における主要国・主要交渉グループのステイトメント等に強く反映されている場合には当該経済的利益が政治的な調整コストに変換された核心的な経済的利益に該当するものとして整理を行った。

　EUの核心的な経済的利益　　ポスト京都議定書を巡る一連の多国間交渉におけるEUのステイトメント等[22]においては、全ての主要国を対象とした法的拘束力のある国際枠組の構築を強く求める一方、京都議定書第2約束期間の設定に関しては、コペンハーゲン会議、カンクン会議、そしてダーバン会議に至る過程で、より柔軟な姿勢を示すようになっていった。この点において、京都議定書第2約束期間設定に一貫して強く反対し続けた日本と対照をなしている。

■図6-1　世界のエネルギー起源 CO_2 排出量（2009年）

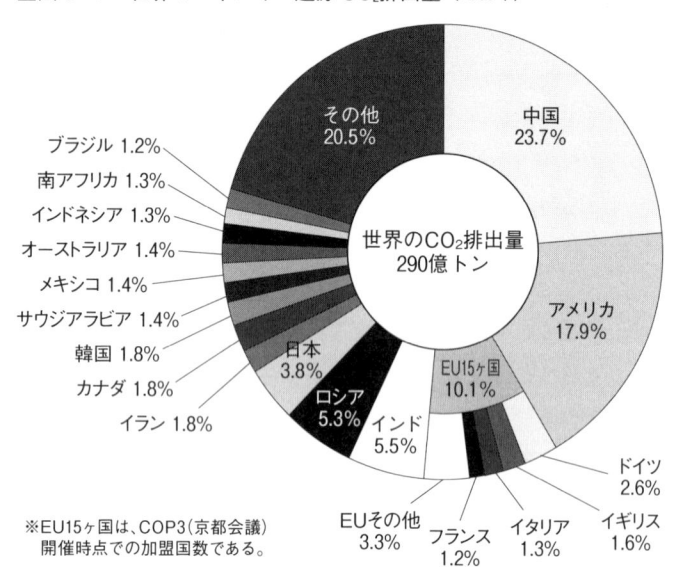

世界のCO_2排出量
290億トン

中国 23.7%
アメリカ 17.9%
EU15ヶ国 10.1%
インド 5.5%
ロシア 5.3%
日本 3.8%
EUその他 3.3%
ドイツ 2.6%
イギリス 1.6%
イタリア 1.3%
フランス 1.2%
ブラジル 1.2%
南アフリカ 1.3%
インドネシア 1.3%
オーストラリア 1.4%
メキシコ 1.4%
サウジアラビア 1.4%
韓国 1.8%
カナダ 1.8%
イラン 1.8%
その他 20.5%

※EU15ヶ国は、COP3（京都会議）開催時点での加盟国数である。

注：旧EU15か国ではなくEU27か国の排出総量でみるとその割合は約12%である。
出典：環境省資料．「世界のエネルギー起源 CO_2 排出量（2009年）」環境省，アクセス日：2014年1月5日．http://www.env.go.jp/earth/cop/co2_emission_2009.pdf.

　EUは，2020年までに1990年比で20%削減（他の先進国・途上国がその責任及び能力に応じて同等以上の削減に取り組むのであれば30%削減）という中期目標を掲げていたが，[23] EU27か国の2009年時点の温室効果ガス排出量は1990年比でマイナス17.6%であり，この20%削減目標をEUが達成するために要する限界削減費用は日本と比べればかなり少ないものと認識していたと考えられる[24]（日本の2009年時点の温室効果ガス排出量は1990年比でマイナス4.7%）[25]。こうした点に鑑みれば，少なくとも京都議定書第2約束期間の設定に係る論点に関しては，EUは核心的な経済的利益の要因の制約はあまり強くなかったものと考えられる。

　日本の核心的な経済的利益　ポスト京都議定書を巡る一連の多国間交渉において，日本が強く反対したのは京都議定書第2約束期間の設定であり，京都議定書第2約束期間の設定は，日本の核心的な経済的利益を損なうものでもあると認識されていたと考えられる。1990年比で2020年までに温室効果ガス排出

量を25％削減するとの野心的な中期目標を掲げた日本は，その目標達成に要する排出削減コストは極めて高いものであると受け止めており，例えば，（財）地球環境産業技術研究機構（RITE）の分析によれば，主要各国が表明した2020年の排出削減目標を実現するための限界削減費用がいくらかを試算すると，EU（1990年比20％削減）が約48ドル，米国（2005年比17％削減）が約60ドル，韓国（BAU比30％削減）が約21ドル，中国（GDP比45％削減）が約3ドルであるのに対して，日本（1990年比25％削減）は約476ドルに達し，各国の中でも極めて高い状況にあると指摘されていた[26]。現に国内の主要産業界も，一部の先進諸国のみに排出削減義務を課す京都議定書第2約束期間の設定は産業の国際競争力を損ない，日本経済への悪影響が大きいとして，京都議定書第2約束期間の設定に強く反対していた[27]。

米国の核心的な経済的利益　国際戦略上の米国の主たる関心事項の1つは，中国等の新興諸国の台頭にどう対応するかという観点であると考えられ，こうした中でポスト京都議定書を巡る多国間交渉における米国にとっての核心的な経済的利益は，もっぱら排出削減コストに関するものであり，中国やインド等の新興諸国と米国との間で産業の国際競争面におけるイコール・フッティングを確保することであったと考えられる[28]。こうした基本的な立場は，第2章第2節第1項で紹介した米国上院のByrd-Hagel決議[29]で明確に打ち出されており，その後も米国政府において踏襲され，ポスト京都議定書を巡る一連の多国間交渉における米国のステイトメント[30]等においても，途上国を含む全ての主要国を対象とした包括的な国際枠組の構築の必要性を米国は一貫して訴えていた。

G77/中国の核心的な経済的利益　まず対策コストの面に関しては，G77/中国のステイトメント[31]の内容を踏まえれば，経済成長著しい中国・インドなどの新興諸国を除き，大多数のG77/中国グループ諸国にとって，温室効果ガスの排出削減に要する対策コストそのものは核心的な経済的利益を損なうものとしては認識されていなかったものと考えられる。新興諸国を除く大部分の途上諸国が世界全体の排出量に占める割合は，各国別にみれば極めて少ないことから，仮に全ての国を対象とした法的拘束力のある国際枠組が構築されたとしても，これらの国々が将来大幅な排出削減を求められる可能性は低いと受け止め

られていたと考えられる。

　一方，気候変動の影響による被害の観点に関しては，IPCC 第 4 次評価報告書においては，G77/ 中国グループ諸国のうち，アフリカ諸国やアジア・アフリカのデルタ地帯，小島嶼諸国などは特に深刻な影響を被ることが指摘されている。[32] 気候変動によるこうした深刻な影響に対する懸念は，G77/ 中国の一連のステイトメントにおいても一貫して強調されている。こうした中で，コペンハーゲン会議，カンクン会議，そしてダーバン会議に至る一連の多国間交渉の場における G77/ 中国代表によるステイトメントについてみると，いずれのステイトメントにおいても一貫して途上国支援の重要性・必要性が強調されていた。したがって，ポスト京都議定書の国際枠組の構築に当たって，必要かつ十分な額の途上国支援が確保されることが，G77/ 中国としての核心的な経済的利益として位置づけられていたものと考えられる。

　　中国・インドの核心的な経済的利益　　経済成長が著しく，世界全体の排出量に占める割合においてそれぞれ 1 位と 3 位を占める中国とインドにとっての[33]核心的な経済的利益は，将来の経済成長の制約要因を自国に課されるおそれがある新たな国際枠組の構築を回避することにあったと考えられる。中国・インドは国全体としてみれば，二酸化炭素排出量が極めて大きいが，国民 1 人当たりの二酸化炭素排出量は先進諸国と比べて中国が半分程度，インドが 7 分の 1 程度の状況にある。[34] そして，一般に経済成長と二酸化炭素排出量の増加との間には緩やかな正の相関があるため，[35] 中国・インドは，今後の経済成長に伴って一層の排出量の増加が見込まれている。[36] こうした経済的な利益認識も背景となって，中国・インドのステイトメント[37]においては，自らが途上国であることを強調し，途上諸国の経済発展の必要性を尊重するよう求めるとともに，共通だが差異のある責任の原則が繰り返し強調され，途上諸国の取組はあくまでも自主的なものであるとの主張が展開されたものと考えられる。

　　AOSIS 諸国の核心的な経済的利益　　IPCC 第 4 次評価報告書によれば，小島嶼諸国は，気候変動に伴う海面上昇によりもっとも深刻な影響を受ける地域の 1 つと指摘されている。[38] こうした中で，AOSIS 諸国にとっての核心的な経済的利益は，気候変動による深刻な悪影響を回避し，地域社会の存続を守ることにあったと考えられる。こうした危機意識は AOSIS 諸国のステイトメン

ト等においても繰り返し強調されており，気候変動問題は，AOSIS諸国の存続（survival）に係る問題であるとの認識が示されている。[39]

第2項　コペンハーゲン会議（2009年）の事例分析

コペンハーゲン会議における主な規範的アイデアの妥当性及び他の要因の状況は，表6-4のとおり整理することができる。特に核心的な経済的利益の侵害の程度に関しては，EU，日本などの先進諸国，AOSIS諸国の規範的アイデアは，新興諸国に対して排出削減を法的に義務付けることを内容とするものであり，新興諸国の核心的な経済的な利益の侵害の程度が高いものであったと考えられる。一方，包括的な法的拘束力のある国際枠組の構築に反対し，京都議定書第2約束期間の設定を求めるG77/中国の規範的アイデアは，先進諸国のみに排出削減を法的に義務付ける京都議定書の現状の枠組の固定化につながりかねないものであり，国際的な産業競争力の面において，先進諸国にとって核心的な経済的な利益の侵害の程度が高いものであったと考えられる。

また，米国の規範的アイデアは，京都議定書第2約束期間の設定と法的拘束力を有する包括的な国際枠組の構築の2つの論点をセットで先送りするものであったため，主要各国・交渉グループにとって核心的な経済的利益を侵害する程度は相対的に低いものであったと考えられる。ただし米国の規範的アイデアは，途上諸国を含む主要国の排出削減の取組について，国際的なMRV（算定・報告・検証）の対象とすることを中核的な要素として含んでおり，この点については中国やインド等のBASIC諸国にとって，その取組の自主性を損ない将来の経済成長の制約要因となりかねないものであって核心的な経済的利益を侵害する程度が高いものとして受け止められていたと考えられる。

こうした中で米国の規範的アイデアが優位に立った理由としては，規範的アイデアの妥当性の要因とは別に，二酸化炭素排出量を背景とした米国の発言力の要因及び核心的な経済的利益の要因でも説明可能であるとも考えられる。さらに米国Obama大統領自身のリーダーシップによる積極的な説得の試みが，米国の規範的アイデアの優位性を後押ししたとも考えられる。

しかしながら，発言力や核心的な経済的利益の要因，リーダーシップの要因のみでは，米国の規範的アイデアを土台としたコペンハーゲン合意について，

■表6-4　コペンハーゲン会議における主な規範的アイデアの妥当性の要因と他の要因

	発言力 (二酸化炭素排出量[a])	核心的な経済的利益の侵害の程度	妥当性の程度
EU，日本などの先進諸国	約26%	大	△
米国	約18%	小（国際的なMRVについては大）	○
G77/中国 (特にBASIC諸国)	約55% (約32%)	大	△
AOSIS諸国	僅少	大	△+

a　世界全体のエネルギー起源 CO_2 排出量に占める割合

　コペンハーゲン会議最終日のCOP総会において数多くの国々から強い反発を招いたにもかかわらず，なぜ最終的には大多数の国々がその採択に賛成することとなったのかの説明は困難である。一方で，これらの要因に加え，妥当性の要因を加味することによってこの点は説明することができると考えられる。すなわち，米国の規範的アイデアの妥当性は高く，妥当性要求の3要素を概ね満たす「討議のテストケース」に近い規範的アイデアであったため，他の国々はコペンハーゲン合意の取りまとめプロセスについては批判しつつも，コペンハーゲン会議終盤のCOP・CMP合同総会において約7時間にわたって議論が尽くされる中，コペンハーゲン合意の基礎となった米国の規範的アイデアの妥当性の高さを認めざるを得なくなったため，最終的にはコペンハーゲン合意の採択に賛同することとなったものと考えられる。したがって，コペンハーゲン会議において米国の規範的アイデアがなぜ主導的な影響力を発揮できたのかについては，パワーや経済的利益の要因，交渉の要因に加えて，妥当性の要因も加味することによって，より説得的に説明することが可能であると考えられる。

　その一方で，米国の規範的アイデアの中核的な要素の1つであった国際的なMRV（測定・報告・検証）については，二酸化炭素排出量を背景とした発言力が大きいBASIC諸国（特に中国，インド）の核心的な経済的利益を侵害する程度が高いものであったため，BASIC諸国との調整の結果，コペンハーゲン合意の取りまとめの過程で米国の規範的アイデアが修正を余儀なくされたと考え

第6章　規範的アイデアの衝突と調整の政治力学

られる（すなわち，途上国の取組のうち国際的な MRV の対象となるのは国際的な支援を受けた取組に限定された。）。こうした点に鑑みれば，主導的な影響力を発揮した規範的アイデアを中核としつつ，他の規範的アイデアとの調整をどのように図るかの局面においては，発言力の要因や核心的な経済的利益の要因も重要な要因として働いたと考えられる。

　また，コペンハーゲン会議において，EU や日本などの先進諸国の規範的アイデアと G77/ 中国の規範的アイデアとが拮抗したのは，妥当性の要因に加え，二酸化炭素排出量を背景とした発言力の要因や核心的な経済的利益の要因が拮抗していたことも理由であると考えられる。

　なお，妥当性の程度の面で EU や日本などの先進諸国の規範的アイデアや G77/ 中国の規範的アイデアを上回っていたと考えられる AOSIS 諸国の規範的アイデアが，これら 2 つの規範的アイデアに比べ存在感が薄かったことに鑑みれば，ある規範的アイデアが有力なものとして議論の俎上に載るためには，当該規範的アイデア提唱国・グループの発言力の大きさがある程度以上であることが必要であるとも考えられる。

　このように規範的アイデアの妥当性の要因に加えて，発言力の要因（パワーの要因）や核心的経済的利益の要因も加味することによって，コペンハーゲン会議における規範的アイデアの衝突と調整の政治力学について，より厚みのある説明が可能になると考えられる。

第 3 項　カンクン会議（2010 年）の事例分析

　カンクン会議における主な規範的アイデアの妥当性及び他の要因の状況は，表 6-5 のとおり整理することができる。特に核心的な経済的利益の侵害の程度に関しては，EU，日露加，そして G77/ 中国の規範的アイデアによる他の主要国・交渉グループの核心的な経済的利益の侵害の程度は，コペンハーゲン会議の際と同様であったと考えられる。その一方で，米国の規範的アイデアについては，他の主要国・主要交渉グループにとって核心的な経済的利益の侵害の程度はコペンハーゲン会議のときよりもさらに低いものとなっていたと考えられる。コペンハーゲン合意において途上諸国の取組についても国際的なレビュー（国際的な MRV など）の対象とされたことを受けて，G77/ 中国（特に中

■表6-5　カンクン会議における主な規範的アイデアの妥当性の要因と他の要因

	発言力 （二酸化炭素排出量[a]）	核心的な経済的利益の侵害の程度	妥当性の程度
EU	約12%	大	△+
日露加（特に日本）	約11%	大	△
米国	約18%	小	○
G77/中国 （特に中国・インド）	約55% （約29%）	大	△+
AOSIS諸国 （議論のプロセスに関する部分）	僅少	小	○

a　世界全体のエネルギー起源 CO_2 排出量に占める割合

国，インド）の利益認識もこれらを受け入れたものへと変化し，コペンハーゲン合意を支持するに至ったことから，コペンハーゲン合意の基礎となった米国の規範的アイデアは中国やインド等の新興諸国にとっても，核心的な経済的利益を侵害する程度が高いものではもはやなくなっていたと評価することができる。また，包括的な国際枠組の法的拘束力の取扱いに関する議論のための具体的なプロセスを提案する AOSIS 諸国の規範的アイデアに関しては，法的拘束力の取扱いについて議論すること自体は，G77/中国（特に中国やインド）にとって核心的な経済的利益を直ちに侵害するものではなく，主要国・主要交渉グループにとって受け入れ可能なものであったと考えられる。

こうした中で米国の規範的アイデアは，妥当性の面で他の規範的アイデアに対して優位に立っていたのみならず，ある程度の発言力を背景としており，かつ，他の主要国・主要交渉グループの核心的な経済的利益の侵害の程度も相対的に低いものであったと考えられ，全体としてみても他の規範的アイデアに対して相対的に優位に立っていたと考えられる。このため，米国の規範的アイデアがカンクン会議においても主導的な影響力を発揮できたと考えられる。

また，米国の規範的アイデアと並んで，AOSIS 諸国の規範的アイデアも，妥当性の面で他の規範的アイデアに対して優位に立っていたのみならず，他の主要国・主要交渉グループの核心的な経済的利益の侵害の程度も相対的に低いものであったと考えられる。なお，二酸化炭素排出量に着目した場合 AOSIS

諸国の発言力が小さかったことに鑑みれば，規範的アイデアの妥当性の程度が高く，他の主要国・主要交渉グループの核心的な経済的利益の侵害の程度が相対的に小さい場合には，二酸化炭素排出量に基づく発言力の要因は必ずしも決定的に不利な要因としては働かないと考えられる。特に，カンクン会議は何よりも議論のプロセスが重視されたため，「討議の論理」が強く作用する状況にあったと考えられ，この結果，AOSIS 諸国の規範的アイデアの妥当性がより一層強く作用したと考えられる。

次に，EU の規範的アイデアと G77/ 中国（特に中国・インド）の規範的アイデアのいずれも主導的な影響力を発揮できなかった一方，両規範的アイデアが拮抗した理由としては，両規範的アイデアとも妥当性の面で「討議のテストケース」に該当するものではなかった一方，妥当性の程度においてほぼ互角であり，かつ，他の主要国・主要交渉グループの核心的な経済的利益の侵害の程度においてもほぼ同等の状況であったことが主な理由であると考えられる。なお，二酸化炭素排出量の大きさに基づく発言力に関しては，EU よりも G77/ 中国の発言力がかなり大きいといえるが，EU の排出量もある程度以上の大きさがあったため，この点については決定的に不利な要因としては働かなかったものと考えられる。

その一方で，京都議定書第 2 約束期間設定反対という日露加 3 か国の規範的アイデアの影響力が部分的なものにとどまった要因としては，規範的アイデアの妥当性の要因が大きかったのではないかと考えられる。日露加の規範的アイデアは，その発言力，他の主要国・主要交渉グループの核心的な経済的利益の侵害の程度のいずれの点でも EU の規範的アイデアと同等であった。にもかかわらず日露加の規範的アイデアがその影響力において EU の規範的アイデアに及ばなかった理由としては，先行規範との整合性の面で日露加の規範的アイデアの妥当性が，EU の規範的アイデアの妥当性に及ばなかったことが主な要因であったと考えられる。なお，カンクン合意においては，日露加の規範的アイデアに配慮する形で，京都議定書第 2 約束期間に対する各国の立場を害しない旨脚注で明記されたが，これは京都議定書第 2 約束期間設定反対という日露加の核心的な経済的利益に配慮した結果であると考えられる。

このように規範的アイデアの妥当性の要因に加えて，二酸化炭素排出量に基

づく発言力の要因（パワーの要因）や核心的な経済的利益の要因も加味することによって，カンクン会議における規範的アイデアの衝突と調整の政治力学について，より厚みのある説明が可能になると考えられる。

第4項　ダーバン会議（2011年）の事例分析

ダーバン会議における主な規範的アイデアの妥当性要求の3要素の充足度及び他の要因の状況は，表6-6のとおり整理することができると考えられる。特に核心的な経済的利益の侵害の程度に関しては，法的拘束力のある包括的な国際枠組の構築を求めるEUの規範的アイデアは，主要排出国であり，今後とも二酸化炭素排出量の急増が見込まれる中国及びインドの2か国にとっては，依然として自国の核心的な経済的利益を侵害する程度が高いものとして受け止められていたと考えられる。

一方，京都議定書第2約束期間の設定を求めるG77/中国の規範的アイデアは，ダーバン会議の時点においては，法的拘束力のある包括的な国際枠組の構築を許容するものに変化していた。この結果，G77/中国の規範的アイデアは，国際的な産業競争力の面において，特に新興諸国に対して先進諸国が将来にわたって不利益を被る懸念は小さいものとなっており，先進諸国にとっても核心的な経済的利益を侵害する程度は必ずしも高いものではなくなっていたと考えられる。なお，日露加の規範的アイデアや中国・インドの規範的アイデアによる他の主要国・交渉グループの核心的な経済的利益の侵害の程度は，カンクン会議の際と同様であったと考えられる。

こうした中で，京都議定書第2約束期間を設定すべきというG77/中国の規範的アイデアは，妥当性要求の3要素を概ね満たす「討議のテストケース」に近い規範的アイデアであったと考えられるだけでなく，二酸化炭素排出量を背景とした発言力も総体としては大きく，また，他の主要国・主要交渉グループの核心的な利益の侵害の程度も小さいものであったことから，ダーバン会議の開会当初の段階から，主導的な影響力を発揮できたものと考えられる。

次にEUの規範的アイデアは，妥当性要求の3要素を概ね満たす「討議のテストケース」に近い規範的アイデアであったため主導的な影響力を発揮できたものと考えられる。また，EUの規範的アイデアが主導的な影響力を発揮でき

■表6-6　ダーバン会議における主な規範的アイデアの妥当性の要因と他の要因

	発言力 (二酸化炭素排出量[a])	核心的な経済的利益の侵害の程度	妥当性の程度
EU	約12%	大	○
日露加（特に日本）	約11%	大	△
G77/中国	約26% (中国・インドの排出量を除く。)	小	○
中国・インド	約29%	大	△⁺

a　世界全体のエネルギー起源CO_2排出量に占める割合

たことに鑑みれば，規範的アイデアの妥当性が高く，討議のテストケースに近いような場合には，たとえ他の主要国・主要交渉グループの核心的な経済的利益を侵害する程度が高い規範的アイデアであっても，主導的な影響力を発揮することは十分に可能であると考えられる。

　その一方で，こうしたEUの規範的アイデアに対して，中国・インドの規範的アイデアがダーバン会議終盤まで対抗できた理由としては，中国・インドの規範的アイデアの妥当性がある程度高いものであり先行規範との整合性の点においてEUの規範的アイデアの急所を突くものであったこと加え，中国・インドの発言力が大きかったことも主な要因であったと考えられる。そして，EUの規範的アイデアは中国・インドの核心的な経済的利益の侵害の程度が高いものであったため，ダーバン合意の取りまとめの過程で，EUの規範的アイデアは一部修正を余儀なくされたものと考えられる。

　また，日露加の規範的アイデアが，特に京都議定書第2約束期間の取扱いに関して主導権を獲得できなかったのは，特に先行規範との整合性の面も考慮すれば，その総体的な妥当性の程度が他の規範的アイデアに及ばなかったことが主たる要因であると考えられる。一方，ダーバン合意において，日露加が京都議定書第2約束期間に参加しない旨が脚注で明記されることとなったのは，京都議定書第2約束期間の設定が日露加の核心的な経済的利益を侵害する程度が高いものであることに配慮した結果であると考えられる。

　このように規範的アイデアの妥当性の要因に加えて，二酸化炭素排出量を背景とした発言力の要因（パワーの要因）や核心的な経済的利益の侵害の程度（経

済的利益の要因)を加味することにって、ダーバン会議における規範的アイデアの衝突と調整の政治力学について、より厚みのある説明が可能になると考えられる。

第3節　3つの事例の比較分析と結論

第1項　規範的アイデアの衝突と調整の政治力学

　コペンハーゲン会議、カンクン会議、ダーバン会議の3つの事例に関する前述の分析結果を比較した場合、次の3点を指摘することができる。第1に、合意形成に当たって、ある規範的アイデアが主導権を獲得するためには、妥当性要求の3要素を概ね満たす「討議のテストケース」に近い規範的アイデアであることが必要であったと考えられる。第2に、「討議のテストケース」に該当しない規範的アイデアが有力なアイデアとして議論の俎上に載るためには、相対的に妥当性の程度が高いことが重要であり、相対的に妥当性の程度が低い規範的アイデアが有力な規範的アイデアとして議論の俎上に載ることは困難であったと考えられる。第3に、主導権を獲得した規範的アイデアを中心とした合意案の取りまとめに当たって、他の規範的アイデアの要素をどこまで取り込むかという規範的アイデアの調整の局面においては、規範的アイデアの妥当性以外の他の要因も重要な要因として作用したと考えられる。

(1)　**規範的アイデアの衝突の政治力学①：主導権獲得の条件**

　前述のコペンハーゲン会議、カンクン会議、そしてダーバン会議の3つの事例を比較した場合、いずれの事例においても、妥当性要求の3要素を概ね満たす「討議のテストケース」に近い規範的アイデアが合意案取りまとめに当たって主導権を獲得したと評価することができる。例えばコペンハーゲン会議においては、「討議のテストケース」に概ね該当する米国の規範的アイデアが主導権を獲得した。また、カンクン会議においては、全ての主要排出国を対象とした自主的な国際枠組の構築に関しては米国の規範的アイデアが、法的拘束力のある包括的な国際枠組の構築に関する議論の場の設定に関してはAOSIS諸国の規範的アイデアが、それぞれ主導権を獲得したが、いずれの規範的アイデア

第6章　規範的アイデアの衝突と調整の政治力学

も，それぞれの論点に関しては「討議のテストケース」に概ね該当する規範的アイデアであったと考えられる。さらにダーバン会議においても，主導権を獲得したのは「討議のテストケース」に概ね該当したG77/中国やEUの規範的アイデアであった。逆に，いずれの事例においても，「討議のテストケース」に該当しない規範的アイデアで，主導権を獲得した規範的アイデアはなかった。

　一方，規範的アイデア提唱国・グループの発言力（二酸化炭素排出量），他の主要国・主要交渉グループの核心的な経済的利益の侵害の程度の要因によっても，なぜある規範的アイデアが主導権を獲得でき，他の規範的アイデアは主導権を獲得できなかったのかの説明は部分的には可能であった。例えば，コペンハーゲン会議の事例において米国の規範的アイデアが主導権を発揮できたのは，米国の発言力がある程度の大きさであり，かつ，他の主要国・主要交渉グループの核心的な経済的利益の侵害の程度が他の規範的アイデアと比較して相対的に小さいものであったことが要因であるとも考えられる。ただし，コペンハーゲン会議の事例では，米国の規範的アイデアを土台としたコペンハーゲン合意について，コペンハーゲン会議最終日のCOP総会において数多くの国々から強い反発を招いたにもかかわらず，なぜ最終的には大多数の国々がその採択に賛成することとなったのかの説明は，発言力や核心的な経済的利益の要因，リーダーシップの要因のみでは困難であった。また，カンクン会議の事例においては，二酸化炭素排出量に基づく発言力の要因において圧倒的に不利なAOSIS諸国の規範的アイデア（ダーバン会議に向けて法的拘束力のある包括的な国際枠組の構築に関する具体的な議論のプロセスの提案）が議論の主導権を獲得したことは，発言力の要因からでは説明が困難であった。さらに，ダーバン会議において，中国やインドの核心的な経済的利益を侵害する程度が高いと受け止められたEUの規範的アイデアが議論の主導権を獲得したことも，経済的利益の要因からだけでは説明は困難であった。

　したがって，規範的アイデアの衝突と調整の局面において，いずれの規範的アイデアが主導権を獲得するかについては妥当性の要因の作用が大きいと考えられ，「討議のテストケース」に概ね該当するほど妥当性の程度が高い規範的アイデアに関しては，主導権獲得に当たって他の要因は決定的な要因としては

働かないものと考えられる。その理由としては，ポスト京都議定書を巡る多国間交渉の場であるCOP（気候変動枠組条約締約国会議）やCMP（京都議定書締約国会合）の場は，各アクターが気候変動レジームの原理や規範を共有している「緩やかに社会化された状況」[40]に該当し，Risseが言うところの「討議の論理」[41]が強く働く状況にあったことが考えられる。そして，規範的アイデアが妥当性の3要素全てを概ね充足し，「討議のテストケース」に概ね該当するような場合は，他のアクターはそれに対する効果的な反論を展開することが困難になると考えられる[42]。このため，妥当性の要因が他の要因よりも強く働き，パワーの要因や経済的利益の要因の面で他の規範的アイデアよりも劣位にある場合であっても，主導権を獲得できたと考えられる。また，2009年のコペンハーゲン会議，2010年のカンクン会議，2011年のダーバン会議と議論を重ねれば重ねるほど，関係アクターの社会化が進みレジームの規範や理念が関係アクターに一層強く浸透する結果となるため，「討議の論理」がより強く働くようになっていったと考えられる[43]。

　その一方で，「討議のテストケース」に該当しない規範的アイデア間の優劣については，後述のように妥当性の要因は必ずしも決定的な要因として働かず，他の要因による作用も大きかったものと考えられ，妥当性の要因と他の要因との総合力によって左右されると考えられる。

(2)　規範的アイデアの衝突の政治力学②：議論の俎上に載る条件

　2009年のコペンハーゲン会議，2010年のカンクン会議，そして2011年のダーバン会議の3つの事例を比較した場合，いずれの事例においても，有力な規範的アイデアとして議論の俎上に載ったものは妥当性の程度が相対的に高いと考えられる規範的アイデアであり，相対的に妥当性の程度が低い規範的アイデアが有力な規範的アイデアとして議論の俎上に載ることは困難であった。例えば，2010年のカンクン会議，そして2011年のダーバン会議においては，少なくとも京都議定書第2約束期間の取扱いに関しては，その設定に反対する日露加の規範的アイデアが有力な規範的アイデアとして議論の俎上に載ることはなかった。これは，日露加の規範的アイデアの妥当性が，京都議定書第2約束期間の設定に関しては先行規範との整合性の面も加味すれば，他の規範的アイデアの妥当性に及ばなかったことが主な要因であったと考えられる。

第 6 章　規範的アイデアの衝突と調整の政治力学

　逆に，他の規範的アイデアに対して，有力な規範的アイデアとして対抗するためには，少なくとも他の規範的アイデアと同等又はそれに準ずる程度の高い妥当性を備えていることが必要であると考えられる。例えば，コペンハーゲン会議において EU や日本などの先進諸国の規範的アイデアと G77/ 中国（特に中国・インド）の規範的アイデアが拮抗したのも，これら 2 つの規範的アイデアがその妥当性の程度においてほぼ同程度であったことが理由であると考えられる。また，カンクン会議において，EU の規範的アイデアと G77/ 中国の規範的アイデアが拮抗したのも同じ理由であると考えられる。さらに，ダーバン会議において，中国・インドの規範的アイデアが「討議のテストケース」に概ね該当する EU の規範的アイデアに会議終盤まで対抗できたのも，その妥当性の程度において EU の規範的アイデアに準ずるものであったことが主な要因の 1 つであると考えられる。

　なお，妥当性の要因は，有力な規範的アイデアとして議論の俎上に載るための必要条件であると考えられるが，必ずしも十分条件ではないと考えられる。例えば，コペンハーゲン会議において，相対的な妥当性の程度が他の規範的アイデアと比べ遜色のなかった AOSIS 諸国の規範的アイデアが，有力な規範的アイデアとして議論の俎上に載らなかったことに鑑みれば，二酸化炭素排出量に基づく発言力の要因も有力な規範的アイデアとして生き残るかどうかを左右する重要な要因として作用したと考えられる。また，ダーバン会議において，中国・インドの規範的アイデアが，EU の規範的アイデアに対して会議終盤まで対抗できたのも，その発言力の大きさも背景にしていたからだと考えられる。

　ただし，本来発言力が小さかったはずの AOSIS 諸国の規範的アイデアがカンクン会議において主導権を獲得したことに鑑みれば，規範的アイデアの妥当性が極めて高く，「討議のテストケース」に概ね該当するような場合には，前述のように他の要因は決定的に不利な要因とはならないと考えられる。

(3) 規範的アイデアの調整の政治力学

　本書で分析対象とした 2009 年のコペンハーゲン会議，2010 年のカンクン会議，そして 2011 年のダーバン会議のいずれの事例においても，主導権を獲得した規範的アイデアの内容がそのまま最終的な合意に反映されたわけではなく，

195

他の対抗的な規範的アイデアの要素も一部，最終的な合意結果に反映されており，「討議のテストケース」に概ね該当し議論の主導権を獲得した規範的アイデアも，合意形成の過程で部分的に変容を余儀なくされている。この規範的アイデア間の調整の過程において，いずれの規範的アイデアがより最終合意により強く反映され，他はそうはならなかったのかの説明は，規範的アイデアの妥当性の要因に加えて，他の要因による説明を加味することによって，より厚みのある説明が可能であった。例えば，コペンハーゲン合意において，国際的なMRV（測定・報告・検証）の取扱いに関し，米国の規範的アイデアが修正を余儀なくされ，G77/中国（特にBASIC諸国）の規範的アイデアが一部反映されたことは，BASIC諸国の発言力や核心的な経済的利益の要因によって説明することが可能であると考えられる。

また，カンクン合意において，AOSIS諸国の規範的アイデアを反映して全ての主要国を対象とした包括的な国際枠組の法的位置づけについて検討することがAWG-LCAの正式な検討課題として位置づけられた一方，法的拘束力のある包括的な国際枠組の構築に向けた方向性までは打ち出すに至らなかったのも，中国やインドの発言力の要因や核心的な経済的利益の要因によって説明することが可能であると考えられる。そして，カンクン合意において，京都議定書第2約束期間の設定に関する各国の立場に予断を与えるものではないとの注釈が付けられたのも，日露加3か国の核心的な経済的利益の要因の作用も大きかったと考えられる。

さらに，ダーバン合意において，2020年以降の包括的な国際枠組の法的拘束力の取り扱いに関し，EUの規範的アイデアが修正を余儀なくされ，中国やインドの規範的アイデアが一部反映されて表現が弱くされたことは，中国やインドの発言力やその核心的な経済的利益の要因の作用も大きかったと考えられる。

以上の点をより端的に整理すれば，どの規範的アイデアを中核として合意形成を図るかの局面においては規範的アイデアの妥当性の要因が強く左右し，妥当性要求の3要素を概ね満たす「討議のテストケース」に近い規範的アイデアを主軸として合意案の取りまとめが行われるが，規範的アイデア間の調整の過程では，他の主要国・主要交渉グループの核心的な経済的利益を大きく損なう

ことのないよう調整が図られ，かつ，二酸化炭素排出量に基づく発言力の大きい国や交渉グループの核心的な経済的利益については，調整の過程でより大きな配慮がなされると考えられる。

第2項　規範的アイデアの変化・発展プロセスとしての多国間交渉

　ポスト京都議定書を巡る一連の多国間交渉の過程で明らかになった点としては，主な規範的アイデアの変化・発展を挙げることができる。こうした規範的アイデアの変化・発展を促進する主たる要因の1つとしては，Floriniの比喩を借りれば，規範的アイデア間の生存競争が考えられる[44]。前項で示したように，規範的アイデアの衝突と調整の政治力学を左右する重要な要因として，規範的アイデアの妥当性が作用するのであれば，各規範的アイデアが自らの生き残りを図るためには，その妥当性要求の充足度を他の規範的アイデアよりも高めることが必要となると考えられる。したがって，妥当性を高める方向での規範的アイデアの変化・発展は，他の規範的アイデアとの生存競争の中で，自らが提唱する規範的アイデアの中核的な要素を実現しようとする規範的アイデア提唱国・提唱グループによる合理的行動の結果であると考えられる。

　こうした観点からは，コペンハーゲン会議の前の段階で，2020年の排出削減目標を主要各国が相次いで国際社会に表明し，気候変動問題への積極的な姿勢をアピールしたことや，一連の会議において各国・各交渉グループが気候変動問題への自らの積極姿勢を繰り返しアピールしたことも，妥当性の要因の1つである誠実性に関する評判を高めるためであり，自らの規範的アイデアの妥当性を高めるための合理的な行動の一つであると評価することができる。

　ポスト京都議定書を巡る一連の多国間交渉において様々な規範的アイデアが衝突と調整を繰り広げる中で，特に大きな変化を遂げたのはEUの規範的アイデアであり，自らの規範的アイデアの中核的要素（法的拘束力のある包括的な国際枠組の構築）を堅持しつつも，対抗的な規範的アイデアの主な要素も包摂する形で変化・発展を遂げた。コペンハーゲン会議の時点でのEUの規範的アイデアは，米国以外の他の先進諸国と同じく，京都議定書第2約束期間の設定に代えて，全ての主要国を対象とした法的拘束力のある包括的な国際枠組を構築すべきであるというものであった。これがカンクン会議になると，全ての主要

国を対象とした法的拘束力のある包括的な国際枠組の一部をなすものとして京都議定書第2約束期間の設定を認めるものへと変化し，ダーバン会議の段階になると京都議定書第2約束期間の設定を過渡的な措置として認める代わりに，2020年以降は京都議定書に代わる法的拘束力のある包括的な国際枠組を構築すべきであるというものへと変化・発展を遂げた。この変化・発展を妥当性の面からみれば，妥当性要求の3要素のうちの2要素（排出削減の実効性と誠実性に関する評判）の充足度を損なうことなく，共通だが差異のある責任の原則や京都議定書第2約束期間設定に関する先行規範との整合性を高めていく方向での変化・発展であった。このようにEUの規範的アイデア全体の妥当性の程度が高まり，妥当性要求の3要素をほぼ満たすレベルにまで妥当性の程度を高めることに成功した結果，ダーバン会議においてEUの規範的アイデアが主導的影響力を発揮できたと考えられる。

　このようにEUの規範的アイデアが京都議定書第2約束期間の設定を積極的に許容するものへと変化発展していったのと対照的に，日露加の3か国は，京都議定書第2約束期間の設定に反対という点で，一貫した姿勢をとり続けた。京都議定書第2約束期間の設定は，EUにとっては核心的な経済的利益を侵害する程度が低かった一方，1990年比25％削減という野心的な中期目標を掲げた日本にとっては，その侵害の程度は特に高いものであった。こうした経済的利益の要因の違いが，EUの規範的アイデアと日露加（特に日本）の規範的アイデアとの間で，その変化・発展に関して差異が生じる要因の1つとなったと考えられる。このように，各規範的アイデアが，その中核的要素を堅持しつつ，どこまで変化・発展を遂げることができるかの程度は，国内要因にも相当程度左右されると考えられる。ただし，この点については，今後さらに検証が必要であると考えられる。

第4節　おわりに

第1項　規範的アイデアの衝突・調整と国際レジームの形成・維持・発展

第1章第2節で概観したように，国際レジームの形成・維持・発展に関する

第 6 章　規範的アイデアの衝突と調整の政治力学

　先行研究においては，いずれの国の主張や提案が優位になり，他は重視されないのかの政治力学については，しばしばパワーや経済的利益の要因，あるいはリーダーシップ論などの交渉の要因に着目して分析が行われている。こうした中で本書では，2007年末に採択されたバリ行動計画を受けて本格的に交渉がスタートし，ポスト京都議定書の気候変動レジームの基本的な枠組に関する合意が成立した2011年のダーバン会議（COP17・CMP7）に至るまでの一連の多国間交渉を対象として，規範的アイデアの衝突と調整という側面に着目して分析を行った。そして，規範的アイデアという概念レンズを用いることによって，ポスト京都議定書を巡る多国間交渉において，複数の規範的アイデアが提唱され，その相互の衝突と調整の過程を経て，ある規範的アイデアが多くの国々に共有され間主観性（intersubjectivity）を獲得し，国際レジームの一要素として制度化されていく過程について，より厚みのある説明を行うことができたものと考えられる。本書の分析は専らポスト京都議定書を巡る多国間交渉に関するものであるが，本書の分析枠組及び本書で得られた知見は，貿易分野などの他の事例についても一定の意義があると考えられる。

　一方，本書の分析枠組については，主に次の3点が課題として残されており，今後の検討が必要であると考えられる。第1に，妥当性要求の判断基準について本書は，Habermasの妥当性に関する議論を踏まえたRisseや阪口の分析枠組を援用する形で，各規範的アイデアの妥当性要求の3要素の充足度に着目して分析を行ったが，妥当性要求の3要素については，分析の便宜上，客観的妥当性を排出削減の実効性，社会的妥当性を先行規範との整合性，そして，誠実性を誠実性に関する評判に置き換えて分析を行った。しかし，どのように置き換えるかは先行研究によって様々であり，妥当性要求の判断基準としてどのようなメルクマールが適当か，さらに検証が必要であると考えられる。

　第2に，本書においては各規範的アイデアの変化・発展に着目しているが，国内要因との相関については分析枠組の中で捉えきれていない。ポスト京都議定書を巡る多国間交渉の一連の過程における各規範的アイデアの相互作用を通じて，各規範的アイデアは，その妥当性を高める方向で変化・発展を志向するが，その程度は国内要因にも相当程度左右されると考えられる。今後は，こうした観点も含めて，規範的アイデアの衝突と調整の政治力学を分析することが

199

課題として残されている。

　第3に，本書においては，規範的アイデア提唱国・提唱グループの発言力の要因は基本的に変数ではなく定数として分析を行ったが，事例によっては変数として分析すべきであったとも考えられる。例えば，ダーバン会議においては，京都議定書に基づく排出削減義務を負っている附属書Ⅰ国のうち，日本，ロシア，カナダの3か国が京都議定書第2約束期間に参加しないとの立場を表明したため，EUの参加なくして京都議定書第2約束期間の設定は実質的に意味がないものとなった。この結果，EUの二酸化炭素排出量は変わらないにもかかわらず，各アクターの認識においてEUの発言力は大きなものへと変化したと考えられる。パワーの認識自体が変化することは，コンストラクティヴィズムの立場からの先行研究においてもしばしば指摘されている[49]。しかしながら本書においては，こうしたパワーの認識の変化については十分に分析対象に含めることができておらず，今後の課題として残されている。

　また，主要国・主要交渉グループの核心的な経済的利益の侵害の程度に関して，何が核心的な経済的利益に該当するか自体についても，主要国・主要交渉グループの認識自体が変化する場合もあると考えられる。したがって，核心的な経済的利益の侵害の程度について着目するのであれば，主要国・主要交渉グループの交渉当事者の利益認識にまで踏み込んだ分析が必要と考えられるが，本書においてはそこまで踏み込んだ分析は行っておらず，各国・各交渉グループのステイトメント等を手掛かりに推定したに過ぎない。この点は今後の課題として残されている。

第2項　規範的アイデアの妥当性と説得力

(1)　ポスト京都議定書を巡る一連の多国間交渉の結果と教訓

　ここで指摘しておきたい点は，コペンハーゲン合意，カンクン合意，そしてダーバン合意を全て足し合わせ，ポスト京都議定書を巡る一連の多国間交渉の結果の全体像をみた場合，日露加の規範的アイデアの中核的要素の1つである京都議定書第2約束期間設定反対という点を除き，主要国・主要交渉グループの規範的アイデアの中核的要素が，実は主要な要素としてほぼ全てポスト京都議定書の国際レジームに反映された形となっていることである。

具体的には，京都議定書第1約束期間終了後から2020年までの国際枠組に関しては，G77/中国の規範的アイデアを反映して，京都議定書第2約束期間の設定が盛り込まれるとともに，米国の規範的アイデアを反映した形で，全ての主要国の参加による自主目標の設定とその達成に向けた取組状況の国際的なレビューの仕組みを柱とする包括的な国際枠組の構築が盛り込まれることとなった。そして，この2020年までの国際枠組においては，中国・インドの規範的アイデアを反映して，新興諸国を含む途上諸国については法的な排出削減義務を課さないこととされた。
　一方，2020年以降の国際枠組に関しては，法的拘束力までは明言されなかったものの，EUの規範的アイデア（AOSIS諸国の規範的アイデアは，ダーバン会議終盤にEUの規範的アイデアと一体化）を反映して，京都議定書に代わる全ての締約国を対象とした1つの法的枠組（正確には，「議定書，法的文書または法的効力を有する合意成果（a protocol, another legal instrument or an agreed outcome with legal force）」）を構築することとされたところである。このように2020年を境として，その前後で，主な規範的アイデアが棲み分けを図ったとも考えられる。
　こうした中で，ポスト京都議定書の新たな国際レジームにおいて主要な要素として盛り込まれなかったのが，日露加の規範的アイデアの中核的要素の1つであった京都議定書第2約束期間設定反対という部分であった。
　このように日露加の規範的アイデアと他の主要国・主要交渉グループの規範的アイデアの間での優劣の差をもたらしたものは，本書の分析結果を踏まえれば，先行規範との整合性の違いが一番大きかったのではないかと考えられる。ポスト京都議定書の一連の多国間交渉の過程は，主な規範的アイデアの要素を，先行規範と整合性を図りながら，1つ1つ既存の気候変動レジームの一要素として取り入れ，制度化していく調整の過程であったとも捉えることができる。こうした中で，先行規範との整合性が弱い規範的アイデアであった日露加の規範的アイデアは，そうした制度化に向けての調整のプロセスにうまく乗ることができなかったと考えられる。
　先行規範との整合性の確保に関し，特筆すべきはEUの対応である。EUの規範的アイデアの中核的要素は，全ての主要国を対象とした法的拘束力のある包括的な国際枠組の構築であった。そして，EUは，自らの規範的アイデアの

最大の弱点が先行規範との整合性の点にあることを一連の多国間交渉の過程で学習し，自らの規範的アイデアの非中核的要素（京都議定書第2約束期間の取扱いなど）を先行規範に合わせて柔軟に見直しただけでなく，先行規範自体の解釈も自らに有利なように変更を企図したのである。すなわちEUは，途上諸国（特に中国・インド）がその主張の根拠とする共通だが差異のある責任の原則の意味内容について，今日の現実に照らした柔軟な解釈が必要であるとの主張を展開し，共通だが差異のある責任の原則についての従来の解釈を盾に途上諸国に対する法的な排出削減の義務付けに反対していた中国やインドの主張を強く牽制したといえる。こうしたEUの試みは一定の成果を上げたと考えられ，ダーバン会議終盤において，EUの規範的アイデアに関し，共通だが差異のある責任の原則との不整合を強く主張する国は中国とインドにほぼ限られ，大多数の国々はもはやこの点を問題視しなくなっていた。この結果，EUの規範的アイデアは，ダーバン会議において主導権を獲得できたものと考えられる。

(2) 日本の戦略的な気候変動外交に向けて

本書で明らかにしたように，規範的アイデアの衝突と調整の局面において，規範的アイデアの妥当性の要因による作用が大きいことを踏まえれば，今後日本が気候変動外交で主導的な影響力を発揮するためには，パワーや経済的利益の要因に着目するだけでなく，その規範的アイデア自体の妥当性にも着目した対応が必要であると考えられる。

そして，本書の分析結果を踏まえれば，討議の論理が通用する理念的な状況に近い場合においては，ある規範的アイデアが有力な規範的アイデアとして議論の俎上に載り，さらには主導権を獲得するためには，妥当性要求の3要素（排出削減の実効性，先行規範との整合性，誠実性に関する評判の3要素）の全てを概ね満たすことが必要であると考えられる。気候変動交渉を巡る日本国内の議論においては，日本として国際社会に訴える主張の妥当性の重要性は広く認識されているものと考えられるが，日本国内における議論においては，ともすれば排出削減の実効性に専ら着目した議論（例えば，京都議定書は実効性にかけ不十分など）や，誠実性に関する評判に専ら着目した議論（例えば，日本として高い排出削減目標を掲げることにより国際交渉をリードすべきなど）となり，先行規範との整合性の問題は，そうした議論の前にしばしばなおざりにされてしまっていた

第6章　規範的アイデアの衝突と調整の政治力学

のではないかと考えられる。排出削減の実効性という観点に立てば，京都議定書第2約束期間の設定は実効性に欠け不適当であるという日本の規範的アイデアは正論である。そして，そうした観点に立って，日本は正論を貫くべきだという主張がしばしばなされる[50]。しかしながら，本書の分析結果を踏まえれば，そうした正論が説得力を持つためには，先行規範との整合性も含め妥当性要求の3要素全てを概ね満たすことが必要であると考えられる。国際レジームの形成・維持・変容を巡る多国間交渉のプロセスは，先行規範が存在しない真空状態で展開されるのではなく，既存の先行規範の体系の中に新しい規範的アイデアを制度として組み込んでいくプロセスであり，先行規範とこれに挑戦する規範的アイデアの衝突と調整のプロセスにほかならない[51]。そうした点からみれば，先行規範との整合性が高い規範的アイデアであればあるほど，既存の先行規範の体系の中に組み込まれやすいと考えられる。そして本書における分析は，この点を裏付けるものであった。

　もちろん，国際レジームの発展プロセスを推し進めていくためには，既存の国際レジームの1要素として制度化された先行規範との衝突は避けて通れないことが多く，先行規範との整合性を完全に確保することは困難であると考えられる。しかしながら，先行規範との整合性を全く無視することも適当ではなく，先行規範と何らかの形で折り合いを付けながら，一歩一歩，先行規範の変容を求め，国際レジームの発展につなげていくことが，最も現実的な対応であると考えられる。こうした観点に立った場合，ポスト京都議定書を巡る一連の多国間交渉におけるEUの対応は，日本にとっても示唆に富むものであったと考えられる。この点に関連して加納は[52]，新たな国際枠組は，全くの更地からではなく，これまでの積み重ねを踏まえたものとなるため，その提案に当たっては，各国に幅広く受け入れられるよう，随時見直していく柔軟さが求められると指摘しているが，EUの対応はこうした柔軟さを備えたものであったといえる。ただし，このことは，日本がEUと同じ戦略をとるべきだったということを意味するものではない。EUのこうした柔軟な対応を可能とした主な要因の1つとしては，京都議定書第2約束期間の設定がEUの核心的な経済的利益を必ずしも侵害するものではなかったことを挙げることができ，国内要因による制約の面で，EUと日本とでは事情が大きく異なっていた点にも留意すること

203

が必要である。

　本書は専らポスト京都議定書を巡る多国間交渉に関するものであるが，本書で得られた知見は，貿易分野等の他の分野における国際レジームの形成・維持維持・発展を巡る多国間交渉における対応を検討する上でも，1つの手掛かりを与えるものであり，国際レジームの形成・維持・発展を巡る多国間交渉においては，自らが提唱する規範的アイデアの妥当性についての不断の検証を行い，その説得力を高めていくことが重要であると考えられる。

第3項　エピローグ：ダーバン会議（COP17・CMP7）後の展開

　2011年のダーバン会議後の一連の多国間交渉は，ダーバン合意を受けて，新たな局面に移ったといえる。ダーバン会議以前の気候変動交渉と異なり，ダーバン会議後の一連の多国間交渉（2012年のドーハ会議（COP18・CMP8），2013年のワルシャワ会議（COP19・CMP9），そして2014年のリマ会議（COP20・CMP10））においては，京都議定書第2約束期間を設定するかどうかはもはや争点ではなくなり，ダーバン合意に基づき京都議定書に代わる新たな国際枠組について，2015年までに採択し，2020年から発効させることが主要な課題となっている。この2020年以降の新しい法的枠組については，2015年11月30日から12月11日までの予定でフランス・パリで開始されるCOP21において採択することを目指して交渉が現在進められているが，この2020年以降の新たな国際枠組が，ダーバン会議で中国やインドが主張したように法的拘束力のないものとして，単なるCOP決定（気候変動枠組条約会議決定）として採択されるのか，またはEUが主張したように法的拘束力のあるものとなり，新たな議定書として採択されるのかは本書の執筆時点ではまだ決まっていない。2014年12月に開催されたリマ会議（COP20・CMP10）でCOP決定として採択された「気候行動のためのリマ声明」においても，2015年での採択を目指す合意の法的性格については，「議定書，法的文書または法的効力を有する合意成果（a protocol, another legal instrument or an agreed outcome with legal force）」と記載されているのみである[53]。ポスト京都議定書を巡る多国間交渉と同じく，新たな国際枠組の採択を目指したパリ会議（COP21/CMP11）における多国間交渉は，様々な規範的アイデアの衝突と調整を伴う，困難なものとなることが予想される。こうした中，日本は

2030年度に2013年度比で26％削減（2005年度比で25.4％削減）という目標を掲げ、全ての国が参加する公平かつ実効的な枠組構築に向けて、引き続き積極的な役割を果たすことを標榜している。その目的達成に向けて、今後の一連の多国間交渉の過程で、如何に妥当性の高い規範的アイデアを提唱できるか、そこに日本の環境外交の手腕が試されているといえよう。

---

1) 法的拘束力があることは、排出削減の実効性を常に保証するとは限らないが、法的義務を課すことにより排出削減の実効性を担保する重要な要素であると考えられることから、本書においては、法的拘束力がある場合には、排出削減の実効性の観点は十分に満たしているものとして評価を行った。法的拘束力の有無と実効性との関係については、高村ゆかり「気候変動レジームの意義と課題：国際法学の観点から」亀山康子・高村ゆかり編『気候変動と国際協調：京都議定書と多国間協調の行方』（慈学社、2011）、74-77.
2) なお、先進諸国が表明した中期目標は低すぎて不十分との批判が途上諸国からなされているが、気候変動問題に関する姿勢において、先進諸国の誠実性に疑念を差し挟むような特段の批判はなされていない。
3) 阪口功『地球環境ガバナンスとレジームの発展プロセス：ワシントン条約とNGO・国家』（国際書院、2006）、53. なお、阪口は、アクターが国際レジームの目的を共有し、国際レジームの存在を長期的に必要としている限り、「討議のテストケース」に該当する提案については、それに反対する議論を論理的に維持できなくなるとしている。Ibid., 271.
4) この点については例えば、Mark Lynas, "How do I know China Wrecked the Copenhagen Deal? I Was in the Room," *The Guardian*, December 22, 2009, accessed April 14, 2014, http://www.theguardian.com/environment/2009/dec/22/copenhagen-climate-change-mark-lynas; 加納雄大（元外務省国際協力局気候変動課長）『環境外交：気候変動交渉とグローバル・ガバナンス』（信山社、2013）、32.
5) IPCC, *Climate Change 2007: Synthesis Report* (Geneva: IPCC, 2007), 52.
6) *Earth Negotiatios Bulletin* 12, no. 459 (December 22, 2009), 29.
7) 環境省編『環境・循環型社会・生物多様性白書』平成23年版（日経印刷、2011）、123.
8) 気候変動枠組条約（抄）
    第17条　議定書
    1．締約国会議は、その通常会合において、この条約の議定書を採択することができる。
    2．議定書案は、1の通常会合の少なくとも六箇月前に事務局が締約国に通報する。
    3．議定書の効力発生の要件は、当該議定書に定める。
    4．この条約の締約国のみが、議定書の締約国となることができる。
    5．議定書に基づく決定は、当該議定書の締約国のみが行う。
9) *The Cancun Agreements: Outcome of the Work of the Ad Hoc Working Group on Long-Term Cooperative Action under the Convention,* Decision 1/CP.16 (FCCC/CP/2010/7/Add.1, March 15, 2011), para. 143.
10) Ibid., para. 145.
11) *Revised Proposal by the Chair* (FCCC/KP/AWG/2010/CRP.4/Rev.4, December 10, 2010), 3.

12) *The Cancun Agreements: Outcome of the Work of the Ad Hoc Working Group on Further Commitments for Annex I Parties under the Kyoto Protocol at Its Fifteenth Session*, Decision 1/CMP.6 (FCCC/KP/CMP/2010/12/Add.1, March 15, 2011), n1.
13) *The Cancun Agreements: Outcome of the Work of the Ad Hoc Working Group on Further Commitments for Annex I Parties under the Kyoto Protocol at Its Fifteenth Session*, Decision 1/CMP.6 (FCCC/KP/CMP/2010/12/Add.1, March 15, 2011), para. 1.
14) *Revised Proposal by the Chair* (FCCC/KP/AWG/2010/CRP.4/Rev.4, December 10, 2010), 3.
15) WWFジャパン「気候変動枠組条約第17回締約国会合及び京都議定書第7回締約国会合報告（COP17・COP/MOP7 ダーバン会議報告）」WWF ジャパン、2012年1月10日、アクセス日：2014年1月3日、http://www.wwf.or.jp/activities/upfiles/20120110_douban_report_wwfjapan.pdf.
16) *The Cancun Agreements: Outcome of the Work of the Ad Hoc Working Group on Further Commitments for Annex I Parties under the Kyoto Protocol at Its Fifteenth Session*, Decision 1/CMP.6 (FCCC/KP/CMP/2010/12/Add.1, March 15, 2011), para. 1.
17) ただし、京都議定書第2約束期間に対する各国の立場を害しない旨脚注で明記されていたため、日露加として京都議定書第2約束期間設定に反対すること自体は、カンクン合意に反するものではない。Ibid., n1.
18) データは非 OECD 諸国の排出量を集計。
19) IEA データを基に筆者集計。なお、IEA のデータには AOSIS 諸国の多くの国々のデータが掲載されていないが、IEA のデータに掲載されている AOSIS 諸国に限って、その排出量を全て合計すると世界全体の排出量に占める割合は約0.5%であり、その約4割をシンガポールの排出量が占める。"CO_2 Highlights 2013: Excel Tables," IEA, accessed December 23, 2013, http://www.iea.org/media/freepublications/2013pubs/CO_2HighlightsExceltables.XLS.
20) Detlef Sprinz and Tapani Vaahtoranta, "The Interest-Based Explanation of International Environmental Policy," *International Organization* 48, no. 1 (Winter 1994): 77-105.
21) 山田高敬「気候変動のグローバル・ガバナンス論：規範的空間と調整コスト」『財政と公共政策』33巻1号（2011年5月）：68-82.
22) Council of the European Union, *United Nations Framework Convention on Climate Change (UNFCCC): 15th Session of the Conference of the Parties (COP 15), 5th Session of the Conference of the Parties Serving as the Meeting of the Parties to the Kyoto Protocol (CMP 5), 31st Session of the Subsidiary Body for Implementation (SBI 31) and of the Subsidiary Body for Scientific and Technological Advice (SBSTA 31), 10th Session of the Ad Hoc Working Group on Further Commitments for Annex I Parties under the Kyoto Protocol (AWG-KP) and 8th Session of the Ad Hoc Working Group on Long-Term Cooperative Action under the Convention (AWG-LCA) (Copenhagen, 7-18 December 2009); Compilation of EU Statements* (17733/09, December 23, 2009), 20-23, accessed December 28, 2013, http://www.consilium.europa.eu/uedocs/cmsUpload/st17733.en09.pdf; "Statement by European Commissioner for Climate Action, Connie Hedegaard, at the Opening of the High-Level Segment of COP-16/CMP-6, Tuesday 7 December 2010," UNFCCC, accessed December 31, 2013, http://unfccc.int/files/meetings/cop_16/statements/application/pdf/101209_cop16_hls_eu.pdf; "Statement Mrs. Joke Schauvilege,

Chair of the European Council for Environment, Flemish Minister for Environment, Nature and Culture, Opening High Level Segment COP-16/CMP-6, Cancún, 7 December 2010," UNFCCC, accessed December 31, 2013, http://unfccc.int/files/meetings/cop_16/statements/application/pdf/101209_cop16_hls_eu.pdf; "Statement at the Opening of the High-Level Segment of COP17 by Connie Hedegaard, European Commissioner for Climate Action," UNFCCC, December 6, 2011, accessed January 3, 2014, http://unfccc.int/files/meetings/durban_nov_2011/statements/application/pdf/111206_cop17_hls_european_union.pdf; "Statement at the Opening fo the High-Level Segment of COP17 by Marcin Korolec, Minister of the Environment, President of the Council of the European Union," UNFCCC, December 6, 2011, accessed January 3, 2014, http://unfccc.int/files/meetings/durban_nov_2011/statements/application/pdf/111206_cop17_hls_european_union.pdf.

23) Council of the European Union, *Brussels European Council, 8/9 March 2007: Presidency Conclusions* (7224/1/07/REV 1, Brussels, May 2, 2007), paras. 31-32.

24) 追加的に CO_2 を 1 トン削減するために要する費用（＄／トン CO_2）。

25) 独立行政法人国立環境研究所掲載データを基に筆者集計。「附属書Ⅰ国の温室効果ガス排出量データ（1990〜2011年）」独立行政法人国立環境研究所，更新日：2013年11月6日，アクセス日：2014年2月13日，http://www-gio.nies.go.jp/aboutghg/data/2013/UNFCCC-GHG_J_131106.xls.

26) 「産業構造審議会環境部会地球環境小委員会政策手法ワーキンググループにおける議論の中間整理」経済産業省，2010年9月，アクセス日：2014年1月18日，http://www.meti.go.jp/committee/summary/0004672/report_01_01j.pdf.

27) 例えば，石油連盟・セメント協会・電気事業連合会・電子情報技術産業協会・日本化学工業協会・日本ガス協会・日本自動車工業会・日本製紙連合会・日本鉄鋼連盟「COP16へ向けての緊急提言」2010年12月9日，アクセス日:2011年1月13日，http://www.fepc.or.jp/about_us/pr/sonota/_icsFiles/afieldfile/2010/12/09/press1209.pdf.

28) 米国の立場の背景については，例えば，山田高敬「地球環境：『ポスト京都』の交渉における国際規範の役割」大矢根聡編『コンストラクティヴィズムの国際関係論』（有斐閣，2013），138-39; 久保文明「米国：国内政治から見た気候変動政策」オバマ政権下の地球環境政策をめぐる政治的対立の構図」亀山康子・高村ゆかり編『気候変動と国際協調：京都議定書と多国間協調の行方』（慈学社，2011）．

29) "Expressing the Sense of the Senate Regarding the Conditions for the United States Becoming a Signatory to Any International Agreement on Greenhouse Gas Emissions under the United Nations Framework Convention on Climate Change, S. Res. 98, 105th Cong.," *Congressional Record,* vol. 143, no. 107 (July 25, 1997): S8138-39.

30) "Remarks by the President at the Morning Plenary Session of the United Nations Climate Change Conference," White House, December 18, 2009, accessed December 28, 2013, http://www.whitehouse.gov/the-press-office/remarks-president-morning-plenary-session-united-nations-climate-change-conference; "COP16 Plenary Statement of U.S. Special Envoy for Climate Change Todd Stern," UNFCCC, accessed December 31, 2013, http://unfccc.int/files/meetings/cop_16/statements/application/pdf/101209_cop16_hls_usa.pdf; "U.S. Statement at COP 17," U.S. Department of State, accessed January 3, 2014, http://www.state.gov/e/oes/rls/remarks/2011/178458.htm.

31) "Statement on Behalf of the Group of 77 and China by H.E. Dr. Nafie Ali Nafie, Head of Delegation of the Republic of the Sudan, at the Joint High-Level Segment of the Fifteenth Session of the Conference of Parties of the Climate Change Convention and the Fifth Conference of Parties Serving as a Meeting of Parties to the Kyoto Protocol (COP/CMP 5)," Copenhagen, Denmark, December 16, 2009, accessed December 29, 2013, http://www.g77.org/statement/getstatement.php?id=091216; "Statement on Behalf of the Group of 77 and China by H.E. Mr. Abudlrahman Fadel Al-Eryani, Head of Delegation of the Republic of Yemen, at the Joint High-Level Segment of the Sixteenth Session of the Conference of the Parties of the Climate Change Convention and the Sixth Session of the Conference of the Parties Serving as a Meeting of the Parties to the Kyoto Protocol (COP16/CMP6) (Cancun, Mexico, 7 December 2010)," UNFCCC, accessed December 31, 2013, http://unfccc.int/files/meetings/cop_16/statements/application/pdf/101207_cop16_hls_yemen_g77.pdf; "Statement on Behalf of the Group of 77 and China by H.E. Ambasador Mr. Alberto Pedro D'alotto, Vice Minister of Foreign Affairs of Argentina, at the Joint High-Level Segment of the Seventeenth Session of the Conference of the Parties of the Climate Change Convention and the Seventh Session of the Conference of the Parties Serving as the Metting of the Parties to the Kyoto Protocol (COP 17/CMP 7) (Durban, South Africa, 6 December 2011)," accessed November 29, 2013, http://unfccc.int/files/meetings/durban_nov_2011/statements/application/pdf/111206_cop17_hls_argentina_behalf_g77_china.pdf.
32) IPCC, *Climate Change 2007: Synthesis Report* (Geneva: IPCC, 2007), 52.
33) 2009年時点の排出量データでみれば，エネルギー起源の二酸化炭素排出量に関し，世界全体の排出量に占める割合は，中国が23.7％，インドが5.5％である。"CO$_2$ Highlights 2013: Excel Tables," IEA, accessed December 23, 2013, http://www.iea.org/media/freepublications/2013pubs/CO2HighlightsExceltables.XLS.
34) 2009年時点の排出量データでみれば，国民1人当たりのCO$_2$排出量は，中国が5.42トン，インドが1.36トンであるのに対し，OECD諸国の平均は9.81トン。Ibid.
35) 経済産業省『通商白書 2008: 新たな市場創造に向けた通商国家日本の挑戦』（日経印刷，2008），296.
36) IEA, *World Energy Outlook 2007: China and India Insights* (Paris: IEA, 2007), 199, table 5.1.
37) 中国のステイトメントに関しては，"Address by H.E. Wen Jiabao Premier of the State Council of the People's Republic of China at the Copenhagen Climate Change Summit Copenhagen", Ministry of Foreign Affairs, People's Republic of China, December 18, 2009, accessed November 22, 2013, http://www.fmprc.gov.cn/eng/wjdt/zyjh/t647091.htm; "Speech at the High Level Segment of COP16 & CMP6, Delivered by Vice Chairman XIE ZHENHUA, National Development and Reform Commission, P.R.China, Cancun, Mexico, Dec. 8th, 2010," UNFCCC, accessed December 31, 2013, http://unfccc.int/files/meetings/cop_16/statements/application/pdf/101208_cop16_hls_china.pdf; "Statement of Minsiter Xie Zhenjua of China," UNFCCC, December 7, 2014, accessed November 29, 2013, http://unfccc.int/files/meetings/durban_nov_2011/statements/application/pdf/111207_cop17_hls_china.pdf. インドのステイトメントに関しては，"PM's Remarks at the Infromal Plenary of HOS/Gs at the 15th COP at Copenhagen," Prime Minister of In-

dia, accessed January 19, 2014, http://pmindia.gov.in/content_print.php?nodeid=837&nodetype=2; "Speech by Mr. Jairam Ramesh, Minister of Environment & Forests, India and Leader of Indian Delegation, Delivered at Cancun in the Conference of Parties to the UNFCCC (COP-16), December 8, 2010," UNFCCC, accessed January 19, 2014, http://unfccc.int/files/meetings/cop_16/statements/application/pdf/101209_cop16_hls_india.pdf; "Statement by Ms. Jayanthi Natarajan, Minsiter of Environment & Forests, Government of India, High Level Segment, 17th Conference of Patries (COP 17), Durban (December 7, 2011)," UNFCCC, accessed November 29, 2013, http://unfccc.int/files/meetings/durban_nov_2011/statements/application/pdf/111207_cop17_hls_india.pdf.
38) IPCC, *Climate Change 2007*, 52.
39) "Prime Minister Tillman Thomas – Copenhagen, Denmark, December 16, 2009," Media Center: Audio, The Official Website of Government of Grenada, Windows Media Player video file, accessed January 27, 2014, http://www.gov.gd/egov/media/audio/pm_thomas_cop15_16-12-09.mp3; "Statement on Behalf of the Alliance of Small Island States by Honourable Tillman J. Thomas, Prime Minister of Grenada and Chairman of AOSIS at the Opening UNFCCC COP 16, Cancun, Mexico, Tuesday 7, 2010," UNFCCC, accessed December 31, 2013, http://unfccc.int/files/meetings/cop_16/statements/application/pdf/101207_cop16_hls_grenada.pdf; "Statement delivered by Grenada on Behalf of the Alliance of Small Island States (AOSIS), High-Level Segment of the COP and CMP, Durban, South Africa, 6 December 2011," UNFCCC, accessed November 29, 2013, http://unfccc.int/files/meetings/durban_nov_2011/statements/application/pdf/111206_cop17_hls_grenada_behalf_alliance_small_island_states.pdf.
40) 阪口『地球環境ガバナンス』50.
41) Thomas Risse, "'Let's Argue!': Communicative Action in World Politics," *International Organization* 54, no. 1 (Winter 2000): 1-39.
42) 阪口『地球環境ガバナンス』269-74.
43) Ibid.
44) Ann Florini, "The Evolution of International Norms," *International Studies Quarterly* 40 (1996): 363-89.
45) パワーやリーダーシップの要因に着目したものとしては，例えば，蟹江憲史『地球環境外交と国内政策：京都議定書をめぐるオランダの外交と政策』（慶應義塾大学出版会，2001）。専らパワーの要因に着目したものとしては高沢剛史「気候変動交渉を支配するパワー：COP15におけるレジーム形成過程を事例にして」『防衛学研究』44号（2011年3月）：23-44。また，特に経済的利益の要因に着目したものとしては，例えば澤昭裕『エコ亡国論』（新潮社，2010）.
46) ユルゲン・ハーバーマス『コミュニケイション的行為の理論（上）』河上輪逸・M.フーブリヒト・平井俊彦訳（未来社，1985）；ユルゲン・ハーバーマス『コミュニケイション的行為の理論（中）』藤沢賢一郎ほか訳（未来社，1986）；ユルゲン・ハーバーマス『コミュニケイション的行為の理論（下）』丸山高司ほか訳（未来社，1987）.
47) Risse, "Let's Argue!"
48) 阪口『地球環境ガバナンス』.
49) 例えば，大矢根聡「コンストラクティヴィズムの視座と分析：規範の衝突・調整の実証的分析へ」『国際政治』143号（2005年11月）：126.

50) 例えば，澤昭裕「日本は理ある主張を毅然と貫き通せ」『Business i. ENECO』2011年12月．
51) Florini, "The Evolution," 376-77; 大矢根「視座と分析」131-32.
52) 加納『環境外交』196-97.
53) *Lima Call for Climate Action,* Decision 1/CP.20（FCCC/CP/2014/10/Add.1, February 2, 2015），para. 6.
54) 地球温暖化対策推進本部「日本の約束草案」（地球温暖化対策推進本部決定，2015年7月17日）．

■ 主要参考文献

1．理論的考察に関するもの
【日本語文献】

阿部悠貴「コンストラクティヴィズムにおける『規範の衝突』：ボスニア内戦に対するドイツの対応を事例に」『国際政治』172号（2013年2月）：73-86.

石田　淳「コンストラクティヴィズムの存在論とその分析射程」『国際政治』124号（2000年5月）：11-26.

一政祐行「WMD不拡散と国連安保理による規範の形成：ガバナンス論の視座から」『国際政治』155号（2009年3月）：61-75.

遠藤誠治「国際政治における規範の機能と構造変動」藤原帰一・李鍾元・古城佳子・石田淳一編『国際政治講座④　国際秩序の変動』東京大学出版会，2004.

太田　宏「国際関係における規範の役割に関する一考察」『青山国際政経論集』63号（2004年5月）：157-77.

———「国際関係論と環境問題：気候変動問題に焦点を当てて」『国際政治』166号（2011年8月）：12-25.

大八木時弘「地球環境問題へのグローバル・ガバナンス・アプローチ」信夫隆司編著『地球環境レジームの形成と発展』国際書院，2000.

大矢根聡『日米韓半導体摩擦：通商交渉の政治経済学』有信堂，2002.

———「コンストラクティヴィズムの視座と分析：規範の衝突・調整の実証的分析へ」『国際政治』143号（2005年11月）：124-40.

———「レジーム・コンプレックスと政策拡散の政治過程：政策アイディアのパワー」日本国際政治学会編『日本の国際政治学　第2巻：国境なき国際政治』有斐閣，2009.

———編『コンストラクティヴィズムの国際関係論』有斐閣，2013.

沖村理史「気候変動レジームの形成」信夫隆司編著『地球環境レジームの形成と発展』国際書院，2000.

———「グローバル・イシューズとしての地球環境」大芝亮編著『国際政治学入門』ミネルヴァ書房，2008.

蟹江憲史『環境政治学入門：地球環境問題の国際的解決へのアプローチ』丸善，2004.

亀山康子「国際関係論の到達点と今後」『環境科学会誌』22巻2号（2009）：133-36.

———「序論　環境とグローバル・ポリティクス」『国際政治』166号（2011年8月）：1-11.

「国際関係論からみた気候変動レジームの枠組み」亀山康子・高村ゆかり編『気候変動と国際協調：京都議定書と多国間協調の行方』慈学社, 2011.
来栖薫子「人間安全保障『規範』の形成とグローバル・ガヴァナンス：規範複合化の視点から」『国際政治』143号（2005年11月）：76-91.
阪口　功「地球環境レジームの形成と発展における知識共同体の役割と限界：アフリカ象の国際取引規制問題を中心として」『国際政治』144号（2006年2月）：51-68.
　　　　『地球環境ガバナンスとレジームの発展プロセス：ワシントン条約とNGO・国家』国際書院, 2006.
　　　　「IWCレジームの変容：活動家型NGOの戦略と規範の受容プロセス」『国際政治』153号（2008年11月）：42-57.
信夫隆司「地球環境レジーム論における制度形成交渉モデル」『総合政策』1巻1号（1999）：1-19.
　　　　「地球環境レジーム論」信夫隆司編著『地球環境レジームの形成と発展』国際書院, 2000.
　　　　「国際変動の進化論的アプローチ：理論的サーヴェイ」『総合政策』4巻1号（2002）：1-33.
鈴木基史「現代国際政治理論の相克と対話：規範の変化をどのように説明するか」『国際政治』155号（2009年3月）：1-17.
瀬川恵子「多国間環境交渉過程における国家間の連合に関する研究」『環境科学会誌』24巻3号（2011）：198-206.
高橋若菜「欧州長距離越境大気汚染レジーム：パワー，利益，アイディア，アクター，制度の相互作用」『国際政治』166号（2011年8月）：71-84.
鶴田　順「『国際環境法上の原則』の分析枠組」『社會科學研究』57巻1号（2005）：63-81.
都留康子「『海洋の自由』から『海洋の管理』の時代へ：環境問題との連関による国際海洋漁業資源の規範変化の過程」『国際政治』143号（2005年11月）：106-23.
中村耕一郎『国際『合意』論序説：法的拘束力を有しない国際『合意』について』東信堂, 2002.
中本義彦「国際関係論における規範理論」『法政研究』10巻2号（2005）：1-41.
納家政嗣「序文　国際政治学と規範研究」『国際政治』143号（2005年11月）：1-11.
野村一夫『リフレクション：社会学的な感受性へ』新訂版．文化書房博文社, 2003.
ハーバーマス，ユルゲン『コミュニケイション的行為の理論（上）』河上倫逸・M. フーブリヒト・平井俊彦訳．未来社, 1985.
　　　　『コミュニケイション的行為の理論（中）』藤沢賢一郎・岩倉正博・徳永恂・平野嘉彦・山口節郎訳．未来社, 1986.

―――『コミュニケイション的行為の理論（下）』丸山高司・丸山徳次・厚東洋輔・森田数実・馬場孚瑳江・脇圭平訳．未来社，1987．

平田恵子（山崎由希子訳）「捕鯨問題：日本政府による国際規範拒否の考察」『社會科學研究』57巻2号（2006）：162-90．

三浦　聡「行為の論理と制度の理論：国際制度への三つのアプローチ」『国際政治』124号（2000年5月）：27-44．

光辻克馬・山影進「国際政治学における実証分析とマルチエージェント・シミュレーションの架橋：国際社会の基本的規範の交代をめぐって」『国際政治』155号（2009年3月）：18-40．

宮岡　勲「国際規範の正統性と国連総会決議：大規模遠洋流し網漁業の禁止を事例として」『国際政治』124号（2000年5月）：123-36．

―――「コンストラクティビズム：実証研究の方法論的課題」日本国際政治学会編『日本の国際政治学　第1巻　学としての国際政治』有斐閣，2009．

宮脇昇・近藤敦・玉井雅隆・後藤玲子・清水直樹・藤井禎介・西村めぐみ「国際・国内社会における規範の競合と破約的行動の発生：＜as if game＞モデルをてがかりに」『政策科学』17巻1号（2009）：117-37．

宮川公男『政策科学入門』第2版．東洋経済新報社，2002．

山田高敬「『複合的なガバナンス』とグローバルな公共秩序の変容：進化論的コンストラクティビズムの視点から」『国際政治』137号（2004年6月）：45-65．

―――「地球環境領域における国際秩序の構築」藤原帰一・李鍾元・古城佳子・石田淳一編『国際政治講座④　国際秩序の変動』東京大学出版会，2004．

―――「地球環境」山田高敬・大矢根聡編『グローバル社会の国際関係論』新版．有斐閣，2011．

―――「気候変動のグローバル・ガバナンス論：規範的空間と調整コスト」『財政と公共政策』33巻1号（2011年5月）：68-82．

―――「地球環境：『ポスト京都』の交渉における国際規範の役割」大矢根聡編『コンストラクティヴィズムの国際関係論』有斐閣，2013．

山梨奈保子「国際関係における規範概念の再検討」『法学政治学論究』55号（2002）：125-55．

山本吉宣『国際レジームとガバナンス』有斐閣，2008．

柳　始賢「国際政治学における構成主義（Constructivism）の研究動向」『学校教育学研究論集』17号（2008年3月）：91-99．

横田匡紀「グローバル・ガバナンス論の再検討」『政経研究』91号（2008年11月）：19-29．

―――「地球環境ガバナンスの現状に関する一考察」『政経研究』96号（2011年6月）：

108-18.

渡辺昭夫・土山實男編『グローバル・ガヴァナンス：政府なき秩序の模索』東京大学出版会, 2001.

渡邉智明「研究諸事例におけるコンストラクティビズム：方法論としての可能性」『九大法学』86号（2003）: 341-64.

─── 「地球環境政治の制度化：枠組み条約の『フレーム』と『規範』」『政治研究』53号（2006年3月）: 31-60.

【英語文献】

Barkdull, John, and Paul G. Harris. "Environmental Change and Foreign Policy: A Survey of Theory." *Global Environmental Politics* 2, no. 2 (May 2002): 63-91.

Barnett, Michael, and Raymond Duvall. "Power in Global Governance." In *Power in Global Governance*, edited by Michael Barnett and Raymond Duvall, 1-32. Cambridge: Cambridge University Press, 2005.

Bernstein, Richard J. ed. *Habermas and Modernity*. Cambridge: Polity Press, 1985.

Checkel, Jeffrey T. "The Constructivist Turn in International Relations Theory." *World Politics* 50 (January 1998): 324-48.

Crawford, Neta C. *Argument and Change in World Politics: Ethics, Decolonization, and Humanitarian Intervention*. Cambridge: Cambridge University Press, 2002.

───. "Understanding Discourse." *Qualiative Methods* 2, no. 1 (Spring 2004): 22-25.

de Nevers, Penee. "Imposing International Norms: Great Powers and Norm Enforcement." *International Studies Review* 9 (2007): 53-80.

Drezner, Daniel W. *All Politics Is Global: Explaining International Regulatory Regimes*. Princeton: Princeton University Press, 2007.

Finnemore, Martha, and Kathryn Sikkink. "International Norm Dynamics and Political Change." *International Organization* 52, no. 4 (Autumn 1998): 887-917.

Florini, Ann. "The Evolution of International Norms." *International Studies Quarterly* 40 (1996): 363-89.

George, Alexander L., and Andrew Bennett. *Case Studies and Theory Development in the Social Sciences*. Cambridge, Massachusetts: MIT Press, 2005.

Goldstein, Judith, and Robert O. Keohane. "Ideas and Foreign Policy: An Analytical Framework." In *Ideas and Foreign Policy: Beliefs, Institutions, and Political Change*, edited by Judith Goldstein and Robert O. Keohane, 3-30. Ithaca: Cornell University Press, 1993.

Haas, Ernst B. *When Knowledge Is Power: Three Models of Change in International Organizations*. Berkeley: Univeristiy of California Press, 1990.

Haas, Peter M. *Saving the Mediterranean: The Politics of International Environmental Cooperation*. New York: Columbia University Press, 1990.

———. "Introduction: Epistemic Communities and International Policy Coordination." *International Organization* 46, no. 1 (Winter 1992): 1-35.

Hasenclever, Andreas, Peter Mayer, and Volker Rittberger. *Theories of International Regimes*. Cambridge: Cambridge University Press, 1997.

Jacobsen, John Kurt. "Much Ado about Ideas: The Cognitive Factor in Economic Policy." *World Politics* 47 (January 1995): 283-310.

Katzenstein, Peter J. "Introduction: Alternative Perspectives on National Security." In *The Culture of National Security: Norms and Identity in World Politics*, edited by Peter J. Katzenstein, 1-32. New York: Columbia University Press, 1996.

Keohaen, Robert O. *After Hegemony: Cooperation and Discord in the World Political Economy*. Princeton: Princeton Unviersity Press, 1984.

Kingdon, John W. *Agendas, Alternatives, and Public Policies*. 2nd ed. New York: HarperCollins College Publishers Longman, 1995.

Krasner, Stephen D. "Structural Causes and Regime Consequences: Regimes as Intervening Variables." In *International Regimes*, edied by Stephen D. Krasner, 1-21. Ithaca: Cornell University Press, 1983.

———. "Regimes and the Limits of Realism: Regimes as Autonomous Variables." In *International Regimes*, edited by Stephen D. Krasner, 355-68. Ithaca: Cornell University Press, 1983.

Legro, Jeffrey W. "Which Norms Matter? Revisiting the 'Failure' of Internationalism." *International Organization* 51, no. 1 (Winter 1997): 31-63.

Litfin, Karen T. *Ozone Discourses: Science and Politics in Global Environmental Cooperation*. New York: Columbia University Press, 1994.

Miyaoka, Isao. *Legitimacy in International Society: Japan's Reaction to Global Wildlife Preservation*. Houndmills: Palgrave Macmillan, 2004.

Müller, Harald. "Arguing, Bargaining and All That: Communicative Action, Rationalist Theory and the Logic of Appropriateness in International Relations." *European Journal of International Relations* 10, no. 3 (September 2004): 395-435.

Osherenko, Gail and Oran R. Young. "The Formation of International Regiems: Hypotheses and Cases." In *Polar Politics: Creating International Environmental Regimes*, edited by Oran R. Young and Gail Osherenko, 1-21. Ithaca: Cornell University Press, 1993.

Pouliot, Vincent, "'Sobjectivism': Toward a Constructivist Methodology," *International*

Studies Quarterly 51, no. 2 (June 2007): 359-84.

Putnam, Robert D. "Diplomacy and Domestic Politics: the Logic of Two-Level Games." *International Organization* 42, no.3 (1988): 427-60.

Risse, Thomas. "'Let's Argue!': Communicative Action in World Politics." *International Organization* 54, no. 1 (Winter 2000): 1-39.

Sabatier, Paul A. "An Advocacy Coalition Framework of Policy Change and the Role of Policy-Oriented Learning Therein." *Policy Sciences* 21 (1988): 129-68.

Sprinz, Detlef, and Tapani Vaahtoranta. "The Interest-Based Explanation of International Environmental Policy." *International Organization* 48, no. 1 (Winter 1994): 77-105.

Underdal, Arild. "Leadership Theory: Rediscovering the Arts of Management." In *International Multilateral Negotiation: Approaches to the Management of Complexity*, edited by I. William Zartman, 178-97. San Francisco: Jossey-Bass Publishers, 1994.

Walt, Stephen M. "International Relations: One World, Many Theories." *Foreign Policy* (Spring 1998): 29-44.

Waltz, Kenneth. N. *Theory of International Politics*. Boston: McGraw-Hill, 1979.

Wendt, Alexander. "Anarchy is What States Make of It: The Social Construction of Power Politics." *International Organization* 46, no. 2 (Spring 1992): 391-425.

———. *Social Theory of International Politics*. Cambridge: Cambridge University Press, 1999.

Young, Oran R. "Regime Dynamics: The Rise and Fall of International Regimes." In *International Regimes*, edited by Stephen D. Krasner, 93-113. Ithaca: Cornell University Press, 1983.

———. "The Politics of International Regime Formation: Managing Natural Resources and the Environment." *International Organization* 43, no.3 (Summer 1989): 349-75.

———. "Political Leadership and Regime Formation: On the Development of Institutions in International Society." *International Organization* 45, no. 3 (Summer 1991): 281-308.

———. *International Governance: Protecting the Environment in a Stateless Society*. Ithaca: Cornell University Press, 1994.

———. *Institutional Dynamics: Emergent Patterns in International Environmental Governance*. Cambridge, Massachusetts: MIT Press, 2010.

——— and Gail Osherenko. "International Regime Formation: Findings, Research Priorities, and Applications." In *Polar Politics: Creating International Environmental Regimes*, edied by Oran R. Young and Gail Osherenko, 223-61. Ithaca: Cornell University Press, 1993.

Zartman, I. William ed. *International Multilateral Negotiation: Approaches to the Management of Complexity*. San Francisco: Jossey-Bass Publishers, 1994.

2．気候変動問題を巡る多国間交渉に関するもの
【日本語文献】

赤尾信敏（元外務省地球環境担当大使）『地球は訴える：体験的環境外交論』世界の動き社，1993．

井口正彦「地球温暖化交渉における次期枠組みの一考察：COP15以降の交渉テキストの分析を中心に」『嘉悦大学研究論集』54巻 1 号（2011年10月）：63-81．

─── ・大久保ゆり「気候変動問題における地球環境ガバナンス：COP17での議論の帰結と展望」『嘉悦大学研究論集』55巻 1 号（2012年10月）：39-55．

池上彰・手嶋龍一『武器なき"環境"戦争』角川SSコミュニケーションズ，2010．

上垣　彰「ロシア：国内の政治経済と気候変動政策」亀山康子・高村ゆかり編『気候変動と国際協調：京都議定書と多国間協調の行方』慈学社，2011．

臼井陽一郎「気候変動問題の構成と国際共同行動の展開（ 1 ）：気候変動レジーム・国連環境計画・欧州連合」『慶應法学』 5 号（2006年 5 月）：69-128．

───「気候変動問題の構成と国際共同行動の展開（ 2 ）：気候変動レジーム・国連環境計画・欧州連合」『慶応法学』 6 号（2006年 8 月）：129-202．

───「気候変動問題の構成と国際共同行動の展開（ 3 ・完）：気候変動レジーム・国連環境計画・欧州連合」『慶応法学』 7 号（2007年10月）：75-118．

遠藤真弘「地球温暖化対策の国際動向」『調査と情報』689号（2010年10月19日）：1-10．

大江　博「ポスト京都へのリーダーシップ」『外交フォーラム』2008年 1 月．

大久保ゆり「気候変動の次期国際枠組みの行方：コペンハーゲン会議の結果と政治的背景」『人間と環境』36巻 1 号（2010）：95-101．

───「気候変動の次期国際枠組みの行方：カンクン会議（COP16/CMP6）の結果と残された課題」『人間と環境』37巻 1 号（2011）：49-53．

太田　宏「国際関係論と環境問題：気候変動問題に焦点を当てて」『国際政治』166号（2011年 8 月）：12-25．

沖村理史「気候変動レジームの形成」信夫隆司編著『地球環境レジームの形成と発展』国際書院，2000．

蟹江憲史『地球環境外交と国内政策：京都議定書をめぐるオランダの外交と政策』慶應義塾大学出版会，2001．

───「気候変動問題をめぐる政治力学」『外交フォーラム』2008年 1 月．

───「気候変動国際政治の『二〇一三年問題』：日本は国際制度設計の先鞭をつけら

れるのか」『世界』2008年7月.
加納雄大（元外務省国際協力局気候変動課長）『環境外交：気候変動交渉とグローバル・ガバナンス』信山社，2013.
亀山康子『新・地球環境政策』昭和堂，2010.
———「気候変動問題への国際的取り組み：COP15の評価と今後の課題」『海外事情』2010年2月.
———「国際社会は気候変動に対処できるのか」「環境・持続社会」研究センター編『カーボン・レジーム：地球温暖化と国際攻防』オルタナ，2010.
———「地球温暖化問題に関する国際交渉の動向：COP16への動きを検証」『資源環境対策』46巻12号（2010）：21-26.
———「地球温暖化問題と対策-COP16/CMP6報告：COP17・ダーバンに向けた確かな一歩」『資源環境対策』47巻2号（2011）：14-19.
———「国際関係論からみた気候変動レジームの枠組み」亀山康子・高村ゆかり編『気候変動と国際協調：京都議定書と多国間協調の行方』慈学社，2011.
———「地球温暖化：地球温暖化問題に関する国際交渉の動向；COP17への動きを検証」『資源環境対策』47巻13号（2011）：26-31.
———「地球温暖化問題と対策：COP17/CMP7；果たしてCOPでは温暖化を防げるのか？」『資源環境対策』48巻2号（2012）：45-50.
———・田村堅太郎・高村ゆかり「気候変動レジームの行方：レジームの観点からの考察」亀山康子・高村ゆかり編『気候変動と国際協調：京都議定書と多国間協調の行方』慈学社，2011.
環境省編『環境白書』平成18年版．ぎょうせい，2006.
———『環境・循環型社会白書』平成19年版．ぎょうせい，2007.
———『環境・循環型社会白書』平成20年版．日経印刷，2008.
———『環境・循環型社会・生物多様性白書』平成21年版．日経印刷，2009.
———『環境・循環型社会・生物多様性白書』平成22年版．日経印刷，2010.
———『環境・循環型社会・生物多様性白書』平成23年版．日経印刷，2011.
———『環境・循環型社会・生物多様性白書』平成24年版．日経印刷，2012.
———『環境・循環型社会・生物多様性白書』平成25年版．日経印刷，2013.
———『環境・循環型社会・生物多様性白書』平成26年版．日経印刷，2014.
———『環境・循環型社会・生物多様性白書』平成27年版．日経印刷，2015.
環境省地球温暖化影響・適応研究委員会『気候変動への賢い適応：地球温暖化影響・適応研究委員会報告書』環境省，2008.
木村ひとみ「COP14/COPMOP4（ポズナニ）からCOP15/COPMOP5（コペンハーゲン）に至る将来枠組みの交渉経緯と分析」『環境研究』157号（2010）：163-82.

―――「COP15/COPMOP5（コペンハーゲン）の概要と評価」『環境研究』158号（2010年8月）: 176-207.

―――「COP16/COPMOP6（カンクン）の概要と評価」『環境研究』160号（2011年2月）: 145-56.

―――「COP17/COPMOP7（ダーバン）の概要と評価」『環境研究』166号（2012年5月）: 154-66.

久保文明「米国：国内政治から見た気候変動政策；オバマ政権下の地球環境政策をめぐる政治的対立の構図」亀山康子・高村ゆかり編『気候変動と国際協調：京都議定書と多国間協調の行方』慈学社，2011.

経済産業省『通商白書2008: 新たな市場創造に向けた通商国家日本の挑戦』日経印刷，2008.

ゲルシンコワ，ディナーラ「京都議定書及びポスト京都議定書に関するロシア連邦の政策」『ERINA REPORT』2010年5月.

河野　勝「国内政治からの分析：日本の温室効果ガス削減の事例」渡辺昭夫・土山實男編『グローバル・ガヴァナンス：政府なき秩序の模索』東京大学出版会，2001.

国立国会図書館調査及び立法考査局「地球温暖化をめぐる国際交渉」国立国会図書館，2008.

阪本浩章・植田和弘・林宰司「地球温暖化問題と責任の論理：回顧的責任と展望的責任の接合」新澤秀則編著『温暖化防止のガバナンス』ミネルヴァ書房，2010.

澤　昭裕『エコ亡国論』新潮社，2010.

―――「日本に問われる国際枠組み構想力」「環境・持続社会」研究センター編『カーボン・レジーム：地球温暖化と国際攻防』オルタナ，2010.

―――「日本は理ある主張を毅然と貫き通せ」『Business i. ENECO』2011年12月.

衆議院調査局環境調査室『地球温暖化対策：25％削減に向けた課題』衆議院調査局環境調査室，2010.

白戸千啓「COP16の概要及びCOP17に向けての我が国の課題：気候変動次期枠組交渉に向けて」『立法と調査』316号（2011年5月）: 77-89.

杉山晋輔（元外務省国際協力局地球規模課題審議官）「地球規模の諸課題と国際社会のパラダイム・シフト：気候変動枠組交渉と日本の対応（１）」『早稲田法學』86巻4号（2011）: 263-76.

―――「地球規模の諸課題と国際社会のパラダイム・シフト：気候変動枠組交渉と日本の対応（２・完）」『早稲田法學』87巻1号（2011）: 67-88.

関山　健「自国の発展が第一の中国：裏切られたオバマの期待」『エコノミスト』2010年5月18日.

高沢剛史「気候変動交渉を支配するパワー：COP15におけるレジーム形成過程を事例に

して」『防衛学研究』44号（2011年3月）：23-44.
高村ゆかり「地球温暖化交渉の10年：その到達点と課題」『環境と公害』37巻4号（2008年4月）：46-52.
─── 「次期枠組み交渉から見た中期目標の位置と評価」『環境と公害』39巻2号（2009年10月）：43-49.
─── 「COP15コペンハーゲン合意『留意』の意味」『外交フォーラム』2010年2月.
─── 「コペンハーゲン会議の評価とその後の温暖化交渉の課題」『環境と公害』39巻4号（2010年4月）：46-50.
─── 「地球温暖化防止の国際的枠組み形成に関わる法的問題」『RIETI HIGHLIGHT』30号（Summer 2010）：38-41.
─── 「『ポスト京都』をめぐる国際交渉：その現状と課題」佐和隆光編著『グリーン産業革命』日経BP，2010.
─── 「気候変動レジームの意義と課題：国際法学の観点から」亀山康子・高村ゆかり編『気候変動と国際協調：京都議定書と多国間協調の行方』慈学社，2011.
─── 「ダーバン会議（COP17）における合意とその評価：気候変動レジームの展望と課題」『環境と公害』41巻4号（2012年4月）：66-71.
─── ・亀山康子編『地球温暖化交渉の行方：京都議定書第一約束期間後の国際制度設計を展望して』大学図書，2005.
田邊敏明（元外務省地球環境問題担当大使）『地球温暖化と環境外交：京都会議の攻防とその後の展開』時事通信社，1999.
田畑伸一郎「ロシア：エネルギー政策と気候変動政策」亀山康子・高村ゆかり編『気候変動と国際協調：京都議定書と多国間協調の行方』慈学社，2011.
田村堅太郎「国際気候変動レジームにおける中国の交渉ポジションと国内政治」亀山康子・高村ゆかり編『気候変動と国際協調：京都議定書と多国間協調の行方』慈学社，2011.
─── 「ダーバン会議の結果と次期枠組みの行方」『産業と環境』2012年2月.
─── 「長期的かつダイナミックな国際気候枠組みに向けて：COP20の成果と今後の見通し」『環境研究』178号（2015年6月）：112-19.
─── ・福田幸司「気候資金を巡る国際交渉と今後の展望」亀山康子・高村ゆかり編『気候変動と国際協調：京都議定書と多国間協調の行方』慈学社，2011.
鄭　方婷『『京都議定書』後の環境外交』三重大学出版会，2013.
羅　星仁『地球温暖化防止と国際協調：効率性，衡平性，持続可能性』有斐閣，2006.
─── 「地球温暖化防止と持続可能な発展：持続可能な発展が国際交渉に与えた影響」新澤秀則編著『温暖化防止のガバナンス』ミネルヴァ書房，2010.
新澤秀則「京都議定書の現状と課題：2013年以降に向けて」新澤秀則編著『温暖化防止

のガバナンス』ミネルヴァ書房, 2010.
日本国政府『京都議定書目標達成計画（平成20年3月28日全部改訂）』日本国政府, 2008.
日本. 地球温暖化対策推進本部「日本の約束草案」地球温暖化対策推進本部決定, 2015年7月17日.
野口剛嗣「気候変動レジームにおける途上国参加問題」『社学研論集』8号（2006）: 117-32.
濱崎博「25％削減の意味と企業競争力維持のための国際枠組みのあり方」『環境管理』46巻5号（2010）: 28-33.
浜中裕徳（元環境省地球環境審議官）・久保田泉「マラケシュ合意後：京都議定書の発効と実施, および第1約束期間後の国際枠組み交渉の開始」浜中裕徳編『京都議定書をめぐる国際交渉：COP3以降の交渉経緯』改訂増補版. 慶應義塾大学出版会, 2009.
平田仁子「COP16/CMP6の成果と, 国際会議におけるNGOの役割」『資源環境対策』47巻2号（2011）: 20-25.
―――「ダーバンの合意：危険な気候変動を防ぐには遠いが, 将来枠組みへ重要な舵を切った」『資源環境対策』48巻2号（2012）: 51-56.
福田幸司「インドの気候変動政策」亀山康子・高村ゆかり編『気候変動と国際協調：京都議定書と多国間協調の行方』慈学社, 2011.
古沢広祐「転機に立つ世界と地球環境政策：『カーボン・レジーム』形成の今後」「環境・持続社会」研究センター編『カーボン・レジーム：地球温暖化と国際攻防』オルタナ, 2010.
星野三喜夫「地球温暖化防止と日本のリーダーシップ」『新潟産業大学経済学部紀要』34号（2008年3月）: 23-52.
松下和夫「誰が地球に責任を負うのか：COP15の『成果』と先進国の責務」『外交フォーラム』2010年3月.
松本龍（元環境大臣）『環境外交の舞台裏』日経BP社, 2011.
村瀬信也「気候変動枠組条約：柔軟性と拘束性の相克」『ジュリスト』1409号（2010年10月15日）: 11-20.
毛利勝彦「気候変動ガバナンスの政治力学：コペンハーゲン会議はどう動いたか」『外交フォーラム』2010年3月.
文部科学省・気象庁・環境省『日本の気候変動とその影響』2012年度版. 文部科学省・気象庁・環境省, 2013.
山岸尚之「鳩山政権の気候変動国内政策の課題：コペンハーゲン会議以降の文脈の中で」『環境と公害』39巻4号（2010年4月）: 51-56.

山口建一郎「COP16の成果と意義」『環境管理』47巻3号（2011）：69-72.
山田高敬「国際レジーム形成に関する認識論的アプローチの可能性と限界：気候レジーム形成を事例として」『社會科學研究』50巻2号（1999）：3-32.
———「気候変動のグローバル・ガバナンス論：規範的空間と調整コスト」『財政と公共政策』33巻1号（2011年5月）：68-82.
———「地球環境：『ポスト京都』の交渉における国際規範の役割」大矢根聡編『コンストラクティヴィズムの国際関係論』有斐閣，2013.
山本美紀子「『1990年比25％削減』の意味とこれからの日本の選択：COP15を踏まえ戦略練り直しも」『みずほ総研論集』2010年Ⅱ号（2010）：83-124.
横田匡紀「ポスト京都議定書の国際枠組み：地球環境ガバナンスに向けて」『海外事情』2008年10月.
和達容子「EU気候変動政策とエネルギー：政策文書と内在する国際的リーダーシップの脆弱性」『長崎大学総合環境研究』12巻1号（2009年12月）：1-13.

【英語文献】

Adelle, Camilla, and Sirini Withana. "Public Perceptions of Climate Change and Energy Issues in the EU and the United States." In *The New Climate Policies of the European Union: Internal Legislation and Climate Diplomacy*, edited by Sebastian Oberthür and Marc Pallemaerts, 309-35. Brussels: Brussels University Press, 2010.

Aldy, Joseph E., and Robert N. Stavins, eds. *Architectures for Agreement: Addressing Global Climate Change in the Post-Kyoto World*. Cambridge: Cambridge University Press, 2007.

———, eds. *Post-Kyoto International Climate Policy: Implementing Architectures for Agreement*. Cambridge: Cambridge University Press, 2010.

Andonova, Liliana B., and Assia Alexieva. "Continuity and Change in Russia's Climate Negotiaons Position and Strategy." *Climate Policy* 12, no. 5 (2012): 614-29.

Bailer, Stefanie. "Strategy in the Climate Change Negotiations: Do Democracies Negotiate Differently?" *Climate Policy* 12, no. 5 (2012): 534-51.

Bang, Guri, Jon Hovi, and Detlef F. Sprinz. "US Presidents and the Failure to Ratify Multilateral Environmental Agreements." *Climate Policy* 12, no. 6 (2012): 755-63.

Betzold, Carola, Paula Castro, and Florian Weiler. "AOSIS in the UNFCCC Negotiations: From Unity to Fragmentation?" *Climate Policy* 12, no.5 (2012): 591-613.

Biermann, Frank. "Between the USA and the South: Strategic Choices for European Climate Policy." *Climate Policy* 5, no. 3 (2005): 273-90.

Brenton, Anthony. "'Great Powers' in Climate Politics." *Climate Policy* 13, no. 5 (2013): 541-46.

Brunnée, Jutta, and Charlotte Streck. "The UNFCCC as a Negotiation Forum: Towards Common but More Differentiated Responsibilities." *Climate Policy* 13, no. 5 (2013): 589-607.

Dai, Xinyuan. "Global Regime and National Change." *Climate Policy* 10, no. 6 (2010): 622-37.

Douma, Wybe Th., Michael Kozeltsev, and Julia Dobrolyubova. "Russia and the International Climate Change Regime." In *The New Climate Policies of the European Union: Internal Legislation and Climate Diplomacy*, edited by Sebastian Oberthür and Marc Pallemaerts, 281-308. Brussels: Brussels University Press, 2010.

Dubash, Navroz K., and Lavanya Rajamani. "Beyond Copenhagen: Next Steps." *Climate Policy* 10, no. 6 (2010): 593-99.

Fisher, Dana R. "Bringing the Material Back In: Understanding the U.S. Position on Climate Change." *Sociological Forum* 21, no. 3 (September 2006): 467-94.

Grubb, Michael. "Copenhagen: Back to the Future?" *Climate Policy* 10, no. 2. (2010): 127-30.

———. "Cancun: The Art of the Possible." *Climate Policy* 11, no. 2 (2011): 847-50.

———. "Durban: The Darkest Hour?" *Climate Policy* 11, no. 6 (2011): 1269-71.

Guérin, Emmanuel, and Matthieu Wemaere. *The Copenhagen Accord: What Happened? Is It a Good Deal? Who Wins and Who Loses? What Is Next?* Paris: Institut du Dévelopment Durable et des Relations Internationales (IDDRI), 2009. Accessed December 28, 2013. http://www.iddri.org/Publications/Collections/Idees-pour-le-debat/Id_082009_guerin_wemaere_copenhagen%20accord.pdf.

Gupta, Joyeeta. "Negotiating Challenges and Climate Change." *Cliamte Policy* 12, no. 5 (2012): 630-44.

Hallding, Karl, Marie Jürisoo, Marcus Carson, and Aaaro Atteridge. "Rising Powers: The Evolving Role of BASIC Countries." *Climate Policy* 13, no. 5 (2013): 608-31.

Hallding, Karl, Marie Olsson, Aaron Atteridge, Antto Vihma, Marcus Carson, and Mikael Román. *Together Alone: BASIC Countries and the Climate Change Conundrum*. Copenhagen: Nordic Council of Ministers, 2011.

Hamdi-Cherif, Meriem, Céline Guivarch, Philippe Quirion."Sectoral Targets for Developing Countries: Combining 'Common but Differentiated Responsibilities' with 'Meaningful Participation.'" *Climate Policy* 11, no. 1 (2011): 731-51.

Hare, William, Claire Stockwell, Christian Flachsland, and Sebastian Oberthür. "The Architecture of the Global Climate Regime: A Top-Down Perspective." *Climate Policy* 10, no. 6 (2010): 600-14.

Harris, Paul G. "Europe and the Politics and Foreign Policy of Global Climate Change." In *Europe and Global Climate Change: Politics, Foreign Policy and Regional Cooperation*, editied by Paul G. Harris, 3–37. Cheltenham, UK: Edward Elgar, 2007.

———. "Explaining European Responses to Global Climate Change: Power, Interests and Ideas in Domestic and International Politics." In *Europe and Global Climate Change: Politics, Foreign Policy and Regional Cooperation*, edited by Paul G. Harris, 393–406. Cheltenham, UK: Edward Elgar, 2007.

———. "Sharing the Burdens of Global Climate Change: International Equity and Justice in European Policy." In *Europe and Global Climate Change: Politics, Foreign Policy and Regional Cooperation*, edited by Paul G. Harris, 349–90. Cheltenham, UK: Edward Elgar, 2007.

IEA. *World Energy Outlook 2007: China and India Insights*. Paris: IEA, 2007.

———. CO_2 *Emissions from Fuel Combustion: Highlights*. 2011 ed. Paris: IEA, 2011.

———. CO_2 *Emissions from Fuel Combustion: Highlights*. 2013 ed. Paris: IEA, 2013.

IPCC. *Climate Change: The IPCC Scientific Assessment*. Cambridge: Cambridge University Press, 1990.

———. *Climate Change: The IPCC Impacts Assessment*. Canberra: Australian Government Publishing Service, 1990.

———. *Climate Change: The IPCC Response Strategies*. Geneva: IPCC, 1990.

———. *IPCC Second Assessment: Climate Change 1995*. Geneva: IPCC, 1995.

———. *Climate Change 2001: Synthesis Report*. Cambridge: Cambridge University Press, 2001.

———. *Climate Change 2007: Synthesis Report*. Geneva: IPCC, 2007.

———. *Contribution of Working Group III to the Fourth Assessment Report of the Intergovernmental Panel on Climate Change*. Cambridge: Cambridge University Press, 2007.

———. *Climate Change 2014: Synthesis Report*. Geneva: IPCC, 2014.

Jaggard, Lyn. "The Reflexivity of Ideas in Climate Change Policy: German, European and International Politics." In *Europe and Global Climate Change: Politics, Foreign Policy and Regional Cooperation*, edited by Paul G. Harris, 323–47. Cheltenham, UK: Edward Elgar, 2007.

Kahn, Greg. "The Fate of the Kyoto Protocol under the Bush Administration." *Berkeley Journal of International Law* 21, no. 3 (2003): 548–71.

Kanie, Norichika. "Middle Power Leadership in the Climate Change Negotiations: Foreign Policy of the Netherlands." In *Europe and Global Climate Change: Politics,*

Foreign Policy and Regional Cooperation, edited by Paul G. Harris, 87-112. Cheltenham, UK: Edward Elgar, 2007.

Kelly, Claire Roche, Sebastian Oberthür, and Marc Pallemaerts. "Introduction." In *The New Climate Policies of the European Union: Internal Legislation and Climate Diplomacy*, edited by Sebastian Oberthür and Marc Pallemaerts, 11-25. Brussels: Brussels University Press, 2010.

Lacasta, Nuno S., Suraje Dessai, Eva Kracht, and Katharine Vincent. "Articulating a Consensus: The EU's Position on Climate Change." In *Europe and Global Climate Change: Politics, Foreign Policy and Regional Cooperation*, edited by Paul G. Harris, 211-31. Cheltenham, UK: Edward Elgar, 2007.

Levi, Michael A. "Copenhagen's Inconvenient Truth: How to Salvage the Climate Conference." *Foreign Affairs* 88, no. 5 (September/October 2009): 92-104.

Massai, Leonardo. "The Long Way to the Copenhagen Accord: Climate Change Negotiations in 2009." *Review of European Community & International Environmental Law* 19, no.1 (2010): 104-21.

Michaelowa, Katharina, and Axel Michaelowa. "India as an Emerging Power in International Climate Negotiations." *Climate Policy* 12, no. 5 (2012): 575-90.

———. "Negotiating Climate Change." *Climate Policy* 12, no. 5 (2012): 527-33.

Morgan, Jennifer, and David Waskow. "A New Look at Climate Equity in the UNFCCC." *Climate Policy* 14, no. 1 (2014): 17-22.

Müller, Benito. *Copenhagen 2009: Failure or Final Wake-up Call for Our Leaders?* Oxford: Oxford Institute for Energy Studies, 2010. Accessed November 9, 2010. http://:www.oxfordenergy.org/pdfs/EV49.pdf.

Oberthür, Sebastian, and Dennis Tänzler. "Climate Policy in the EU: International Regimes and Policy Diffusion." In *Europe and Global Climate Change: Politics, Foreign Policy and Regional Cooperation*, edited by Paul G. Harris, 255-77. Cheltenham, UK: Edward Elgar, 2007.

Oberthür, Sebastian, and Marc Pallemaerts. "The EU's Internal and External Climate Policies: A Historical Overview." In *The New Climate Policies of the European Union: Internal Legislation and Climate Diplomacy*, edited by Sebastian Oberthür and Marc Pallemaerts, 27-63. Brussels: Brussels University Press, 2010.

Parker, Charles F., and Christer Karlsson. "Climate Change and the European Union's Leadership Moment: An Inconvenient Truth?" *Journal of Common Market Studies* 48, no. 4 (2010): 923-43.

Paterson, Matthew. "Post-Hegemonic Climate Politics." *British Journal of Politics & In-*

ternational Relations 11 (2009): 140-58.

Rajamani, Lavanya. "The Making and Unmaking of the Copenhagen." *International and Comparative Law Quarterly* 59 (July 2010): 824-43.

Schmidt, John R. "Why Europe Leads on Climate Change." *Survival* 50, no. 4 (August/September 2008): 83-96.

Stern, Nicholas. *The Economics of Climate Change: The Stern Review*. Cambridge: Cambridge University Press, 2006.

Terhalle, Maximilian, and Joanna Depledge. "Great-Power Politics, Order Transition, and Climate Governance: Insights from International Relations Theory." *Climate Policy* 13, no. 5 (2013): 572-88.

UNEP. *The Emissions Gap Report: Are the Copenhagen Accord Pledges Sufficient to Limit Global Warming to 2° C or 1.5° C?; A Preliminary Assessment*. Nairobi: UNEP, 2010.

van Schaik, Louise. "The Sustainability of the EU's Model for Climate Diplomacy." In *The New Climate Policies of the European Union: Internal Lesislation and Climate Diplomacy*, edited by Sebastian Oberthür and Marc Pallemaerts, 251-80. Brussels: Brussels University Press, 2010.

Walker, Ronald A., and Brook Boyer. *A Glossary of Terms for UN Delegates*. Geneva: United Nations Institute for Training and Research, 2005.

Weiler, Florian. "Determinants of Bargaining Success in the Climate Change Negotiations." *Climate Policy* 12, no. 5 (2012): 552-74.

Winkler, Harald, and Judy Beaumont. "Fair and Effective Multilateralism in the Post-Copenhagen Climate Negotiations." *Climate Policy* 10, no. 6 (2010): 638-54.

Winkler, Harald, and Lavanya Rajamani. "CBDR&RC in a Regime Applicable to All." *Climate Policy* 14, no. 1 (2014): 102-21.

Yamin, Farhana, and Joanna Depledge. *The International Climate Change Regime: A Guide to Rules, Institutions and Procedures*. Cambridge: Cambridge University Press, 2004.

3．ポスト京都議定書を巡る多国間交渉の交渉過程に関する主な一次資料

　交渉過程の詳細については，会議の詳細な議事概要を一日ごとにまとめて発行している *Earth Negotiations Bulletin* の他に，各種新聞記事，気候変動枠組条約事務局がインターネット上で提供している会議の録画中継，同事務局の会議報告資料，日本政府公表の会議結果報告資料，会議参加者による会議報告レポート等の公表資料を参考にした。

主要参考文献

【2009年コペンハーゲン会議】

Earth Negotiations Bulletin 12, no. 448（December 7, 2009）
Earth Negotiations Bulletin 12, no. 449（December 8, 2009）
Earth Negotiations Bulletin 12, no. 450（December 9, 2009）
Earth Negotiations Bulletin 12, no. 451（December 10, 2009）
Earth Negotiations Bulletin 12, no. 452（December 11, 2009）
Earth Negotiations Bulletin 12, no. 453（December 12, 2009）
Earth Negotiations Bulletin 12, no. 454（December 14, 2009）
Earth Negotiations Bulletin 12, no. 455（December 15, 2009）
Earth Negotiations Bulletin 12, no. 456（December 16, 2009）
Earth Negotiations Bulletin 12, no. 457（December 17, 2009）
Earth Negotiations Bulletin 12, no. 458（December 18, 2009）
Earth Negotiations Bulletin 12, no. 459（December 22, 2009）

"UNFCCC Webcast: United Nations Climate Change Conference, Dec 7 – Dec 18 2009 Copenhagen," UNFCCC, accessed December 27, 2013, http://unfccc4.meta-fusion.com/kongresse/cop15/templ/archive.php?id_kongressmain=1&theme=unfccc.（コペンハーゲン会議の録画中継）

UNFCCC. *Report of the Conference of the Parties on Its Fifteenth Session, Held in Copenhagen from 7 to 19 December 2009*（FCCC/CP/2009/11 and Add.1, March 30, 2010）.

―――. *Report of the Conference of the Parties Serving as the Meeting of the Parties to the Kyoto Protocol on Its Fifth Session, Held in Copenhagen from 7 to 19 December 2009*（FCCC/KP/CMP/2009/21 and Add.1, March 30, 2010）.

【2010年カンクン会議】

Earth Negotiations Bulletin 12, no. 487（November 29, 2010）
Earth Negotiations Bulletin 12, no. 488（November 30, 2010）
Earth Negotiations Bulletin 12, no. 489（December 1, 2010）
Earth Negotiations Bulletin 12, no. 490（December 2, 2010）
Earth Negotiations Bulletin 12, no. 491（December 3, 2010）
Earth Negotiations Bulletin 12, no. 492（December 4, 2010）
Earth Negotiations Bulletin 12, no. 493（December 6, 2010）
Earth Negotiations Bulletin 12, no. 494（December 7, 2010）
Earth Negotiations Bulletin 12, no. 495（December 8, 2010）
Earth Negotiations Bulletin 12, no. 496（December 9, 2010）
Earth Negotiations Bulletin 12, no. 497（December 10, 2010）

Earth Negotiations Bulletin 12, no. 498（December 13, 2010）

"UNFCCC Webcast: 16th UNFCCC Conference of the Parties, Cancun, Mexico," UNFCCC, accessed December 27, 2013, http://unfccc.int/resource/webcast/player/app/ovw.php?id_collection=87.（カンクン会議の録画中継）

UNFCCC. *Report of the Conference of the Parties on Its Sixteenth Session, Held in Cancun from 29 November to 10 December 2010*（FCCC/CP/2010/7 and Adds.1-2, March 15, 2011）.

―――. *Report of the Conference of the Parties Serving as the Meeting of the Parties to the Kyoto Protocol on Its Sixth Session, Held in Cancun from 29 November to 10 December 2010*（FCCC/KP/CMP/2010/12 and Adds. 1-2, March 15, 2011）.

【2011年ダーバン会議】

Earth Negotiations Bulletin 12, no. 523（November 28, 2011）
Earth Negotiations Bulletin 12, no. 524（November 29, 2011）
Earth Negotiations Bulletin 12, no. 525（November 30, 2011）
Earth Negotiations Bulletin 12, no. 526（December 1, 2011）
Earth Negotiations Bulletin 12, no. 527（December 2, 2011）
Earth Negotiations Bulletin 12, no. 528（December 3, 2011）
Earth Negotiations Bulletin 12, no. 529（December 5, 2011）
Earth Negotiations Bulletin 12, no. 530（December 6, 2011）
Earth Negotiations Bulletin 12, no. 531（December 7, 2011）
Earth Negotiations Bulletin 12, no. 532（December 8, 2011）
Earth Negotiations Bulletin 12, no. 533（December 9, 2011）
Earth Negotiations Bulletin 12, no. 534（December 13, 2011）

"UNFCCC Webcast: COP 17/CMP 7, Durban, South Africa," UNFCCC, accessed December 27, 2013, http://unfccc4.meta-fusion.com/kongresse/cop17/templ/ovw_onDemand.php?id_kongressmain=201.（ダーバン会議の録画中継）

UNFCCC. *Report of the Conference of the Parties on Its Seventeenth Session, Held in Durban from 28 November to 11 December 2011*（FCCC/CP/2011/9 and Adds.1-2, March 15, 2012）.

―――. *Report of the Conference of the Parties Serving as the Meeting of the Parties to the Kyoto Protocol on Its Seventh Session, Held in Durban from 28 November to 11 December 2011*（FCCC/KP/CMP/2011/10 and Adds.1-2, March 15, 2012）.

■ 索　引

あ　行

アフリカ・グループ　42
アンブレラ・グループ　41
エネルギーと気候変動に関する主要経済国
　フォーラム　49
温室効果ガス　31

か　行

核心的な経済的利益　181
環境十全性グループ(EIG)　41
カンクン会議(COP16・CMP6)　83
カンクン合意　108, 109
間主観性　4, 199
気候行動のためのリマ声明　204
気候変動に関する国際連合枠組条約→気候
　変動枠組条約
気候変動に関する国際連合枠組条約の京都
　議定書→京都議定書
気候変動に関する政府間パネル(IPCC)
　3
気候変動問題　1
気候変動レジーム　30
気候変動枠組条約　30
　――第17条　91
気候変動枠組条約の下での長期的協力の行
　動のための特別作業部会(AWG-LCA)
　39
気候変動枠組条約締約国会議(COP)　37
起草グループ　88
議長の友会合(Friends of Chair)　63
規　範　2
　――のライフサイクル　6
規範企業家　4, 5, 6
規範的アイデア　2, 4, 14
　――の衝突　192, 194
　――の衝突と調整　14, 192

　――の妥当性　15, 161
　――の調整　195
　――の変化・発展　197
共通だが差異のある責任の原則　17, 31
共通の生活世界　11
京都議定書　30, 31
　――第3条第9項　32
　――第21条第7項　105
京都議定書の下での附属書Ⅰ国の更なる約
　束に関する特別作業部会(AWG-KP)
　37
京都議定書締約国会合(CMP)　37
京都メカニズム　32
経済的な「調整コスト」　20
経済的利益の要因　20, 181
限界削減費用　182, 183
衡平性，衡平の原則(equity)　27, 134, 142
国際的な協議・分析(ICA)　66
国際的な計測・報告・検証(MRV)　51
国際レジーム　3
国民1人当たりの二酸化炭素排出量　184
国連環境計画(UNEP)　101, 127
国連気候変動サミット　49
コペンハーゲン会議(COP15)　47
コペンハーゲン合意　66, 67, 70, 83, 84
コミュニケイション的合理性　10
コンストラクティヴィズム　21, 200
コンセンサス　107
コンセンサス方式　15, 39
コンタクト・グループ　62, 89, 127

さ　行

首脳級少人数会合　64
唱道連携グループ　9
真理性　16, 17
政策アイデア　8
政策志向的学習　9

229

政策の原始スープ　8
誠実性　16, 17
　　——に関する評判　18
政治的な「調整コスト」　20
生態学的脆弱性　20
正当性　16, 17
世界全体の温室効果ガスの排出削減の実効性　16, 18
先行規範との整合性　17, 18

た 行

ダーバン会議(COP17・CMP7)　122
ダーバン合意　145
第1約束期間　31, 37
第2約束期間　32, 37
対策コスト　20
妥当性の程度(妥当性要求の3要素の充足度)　18
妥当性要求の3要素　11, 12, 16, 18, 199
　　——の充足度　18
知識共同体　16
中期目標　49, 50
適応策　39
デンマーク・テキスト　53, 54
討　議　10, 11
　　——のテストケース　163, 192, 194
　　——の論理　11
道具的合理性　12

は 行

排出削減の実効性　162, 205
バリ会議(COP13・CMP3)　38
パリ会議(COP21・CMP11)　204
バリ行動計画　38
パワーの要因　19, 181
附属書I国　31, 32
プロセス・トレーニング　22
米州ボリバル同盟諸国(ALBA)　42
ベルリン・マンデート　93, 140

法的拘束力　162, 205
ポスト京都議定書　1
ポズナン会議(COP14・CMP4)　47

や 行

緩やかに社会化された状況　12, 15, 194

A～Z

ALBA　42
AOSIS諸国　42
AWG-KP　37
AWG-LCA　39
BASICグループ　41
BAU　50
Byrd-Hagel決議［米国］　33, 183
CMP　37
COP　37
Earth Negotiations Bulletin　22
EIG　41
equity　27, 134, 142
EU　40
EU・AOSIS諸国・LDC諸国の共同ステイトメント　138
Friends of Chair　63
G77/中国　41
G8ラクイラ・サミット　48
ICA　66
INDABA　136
IPCC　3
　　——第3次評価報告書　35, 36
　　——第4次評価報告書　36
　　——第4次評価報告書第3作業部会報告書　36
LDC諸国　42
MRV　51
NAMA　39
Point of Order　58
UNEP　101, 127

■著者紹介

角倉　一郎（すみくら　いちろう）

東京大学法学部卒業，政策研究大学院大学博士課程修了，博士（政治・政策研究）。1991年環境庁（現環境省）入庁，英国 Imperial College 客員研究員，滋賀県庁，環境省地球環境局，内閣官房などを経て，現在環境省勤務。

〔主要著書〕

"A Brief History of Japanese Environmental Administration: A Qualified Success Story?" *Journal of Environmental Law* 10 (1998): 241-54.

"Environmental Voluntary Agreements and the Rule of Law in England and Japan: A Common Law Perspective and a Civil Law Perspective." *elni Newsletter* 1 (2000): 57-70.

「温暖化対策としての自主協定」大塚直編著『地球温暖化をめぐる法政策』昭和堂，2004.

「カーボン・オフセット市場の活性化による地球温暖化対策の推進：キャップなき排出量取引の展望と課題」『季刊環境研究』146（2007）：41-59.

「カーボン・オフセットはまやかしか？：わが国の具体的事例の検証」『環境情報科学』37巻1号（2008）：39-44.

Horitsu Bunka Sha

ポスト京都議定書を巡る多国間交渉
―― 規範的アイデアの衝突と調整の政治力学

2015年12月1日　初版第1刷発行

編　者　　角倉一郎
発行者　　田靡純子
発行所　　株式会社　法律文化社

〒603-8053
京都市北区上賀茂岩ヶ垣内町71
電話 075(791)7131　FAX 075(721)8400
http://www.hou-bun.com/

＊乱丁など不良本がありましたら，ご連絡ください。お取り替えいたします。

印刷：中村印刷㈱／製本：㈱藤沢製本
装幀：白沢　正
ISBN 978-4-589-03721-3

©2015 Ichiro Sumikura Printed in Japan

JCOPY　〈(社)出版者著作権管理機構　委託出版物〉

本書の無断複写は著作権法上での例外を除き禁じられています。複写される場合は，そのつど事前に，(社)出版者著作権管理機構（電話 03-3513-6969，FAX 03-3513-6979, e-mail: info@jcopy.or.jp）の許諾を得てください。

吉川 元・首藤もと子・六鹿茂夫・望月康恵編
グローバル・ガヴァナンス論
Ａ５判・326頁・2900円

人類は平和構築・予防外交などの新たなグッド・ガヴァナンスに希望を託せるのか。地域主義やトランスナショナルな動向をふまえ、グローバル・ガヴァナンスの現状と限界を実証的に分析し、求められるガヴァナンス像を考察する。

上村雄彦編
グローバル協力論入門
―地球政治経済論からの接近―
Ａ５判・226頁・2600円

地球社会が抱える諸問題の克服へ向けて実践されている様々な〈グローバル協力〉を考察し、問題把握のための視座と克服のための実践方法を提示する。課題に果敢に挑戦するための知識と、意識を涵養するためのエッセンスを提供する。

周 瑋生編
サステイナビリティ学入門
Ａ５判・224頁・2600円

「サステイナビリティ」(持続可能性)の学問体系の構築と普及を試みた入門的概説書。地球環境の持続可能性という同時代的要請に応えるために、どのような政策が追究されるべきかを問う視座と具体的なアジェンダを提起する。

増田啓子・北川秀樹著
はじめての環境学〔第２版〕
Ａ５判・224頁・2900円

私たちが直面するさまざまな環境問題を、まず正しく理解したうえで解決策を考える。歴史、メカニズム、法制度・政策などの観点から総合的に学ぶ入門書。初版(09年)以降の動向をふまえ、最新のデータにアップデート。

大塚 直編〔〈18歳から〉シリーズ〕
18歳からはじめる環境法
Ｂ５判・104頁・2300円

法がさまざまな環境問題をどのようにとらえ、解決しようとしているのかを学ぶための入門書。通史をふまえた環境法の骨格と、環境問題の現状と課題を整理。3.11後の原発リスクなど最新動向にも触れる。

―法律文化社―

表示価格は本体(税別)価格です